外军装备维修保障研鉴

陆 凡 著

国防工业出版社

·北京·

内 容 简 介

本书紧盯军事科技进步和战争形态演变，着眼抢占装备维修保障领域制高点，在界定装备维修保障内涵与外延、基本矛盾、发展重点等基础上，系统、深入地阐述外军装备维修保障发展历程、基础理论、策略、政策与法规、体制、体系与力量、组织实施，以及近几场战争中的做法，最后提出展望。全书共八章，体系完整、内容翔实、实例丰富，形成了系统、专业的研究成果。

本书从基础理论到政策法规、从体制体系到组织实施、从平时管理到战时运用，形成清晰的研究链路，特别是厘清了本领域原有的一些模糊概念、理论和方法，对于完善军事装备理论体系、指导装备维修保障实践活动具有重要价值，可供相关领域人员学习和参考。

图书在版编目(CIP)数据

外军装备维修保障研鉴/陆凡著. —北京：国防工业出版社，2024.4
ISBN 978-7-118-13174-1

Ⅰ.①外… Ⅱ.①陆… Ⅲ.①军事装备—装备保障—研究—国外 Ⅳ.①E145.6

中国国家版本馆 CIP 数据核字(2024)第 066573 号

※

国防工业出版社出版发行
(北京市海淀区紫竹院南路23号 邮政编码100048)
北京虎彩文化传播有限公司印刷
新华书店经售

开本 710×1000 1/16 印张 13½ 字数 240 千字
2024 年 4 月第 1 版第 1 次印刷 印数 1—1000 册 定价 96.00 元

(本书如有印装错误，我社负责调换)

国防书店：(010)88540777　　书店传真：(010)88540776
发行业务：(010)88540717　　发行传真：(010)88540762

前　言

他山之石，可以攻玉。第二次世界大战前，德军关注英军装甲战演习、跟研苏军大纵深作战理论，从而发展出"闪击战"；越南战争后，美军剖析第四次中东战争、捕捉"先进技术将引发新军事革命"等苏军论断，从而迅速走出阴影、领跑军事竞争。这都说明，研究外军而为己所用，已成为一国军队加快推动自身发展的有效途径。

当前，世界强国军队均拥有大量先进的装备和类型丰富的电子设备，都要进行日常维护和应急修理，以确保国家安全目标。而技术的复杂性、供需的矛盾性、支撑的关键性，使得装备维修保障已成为各国军队建设的焦点和难点。紧盯军事科技进步和战争形态演变，高度重视、开拓创新，抢占装备维修保障领域制高点，业已成为军事理论界的共识。在此大背景下，深入研究外军装备维修保障的发展历程、基础理论、政策法规、体制体系、力量建设、战时实施等问题，并结合典型战例进行实证分析，具有重要的理论和实践价值。

然而，一直以来外军装备保障研究存在两种误区：一种是全盘端来的一套"洋话剧"，未能整理出普遍接受的逻辑框架和内容体系；另一种是断章取义、自由发挥的一篇"臆断文"，未能探究其内在的发展脉络和运行机理。由于外军大多长期实行"后装合一"的保障体制，具体专业勤务不易清晰剥离和提炼，加之基于原始材料研究的繁剧纷扰，以上两种误区在装备维修保障研究领域体现得尤为明显。回望军事历史：第三次中东战争中，埃军不加分析消化、脱离自身实际地照抄苏军坦克战法；苏军将领巴甫洛夫考察西班牙内战后，用"密集坦克集群不适应现代战场"的盲目论断误导统帅部。这些都是在研究借鉴过程中浮于表面、走样跑偏，从而带来不利影响的例证。

本书在写作的过程中,本着科学、客观的态度,结合先验知识和自身研究经验,在两个极端之间找到研究的平衡点。既忠于原文、原貌、实际情况,又结合专业成熟理论进行体系化、条理化、简明化,力求达到去粗取精、去伪存真、比对甄选、融会贯通的效果。以铜为鉴,可正衣冠;以古为鉴,可知兴替;以人为鉴,可明得失。我们应把握历史脉搏、顺应时代潮流,通过系统研鉴外军装备维修保障,快速抢占先机,走稳从跟跑、并跑到领跑的自强之路。

作者
2023 年 10 月

目 录

第1章 绪论 ··· 1
1.1 装备维修保障内涵与外延 ································· 1
1.2 装备维修保障基本矛盾 ··································· 6
1.3 装备维修保障发展重点 ··································· 8
1.4 装备维修保障决策 ······································· 10

第2章 装备维修保障的发展历程 ··························· 15
2.1 美军装备维修保障发展历程 ······························ 15
2.2 俄军装备维修保障发展历程 ······························ 26
2.3 其他国家军队装备维修保障发展历程 ···················· 30

第3章 装备维修保障基础理论 ······························ 41
3.1 综合保障 ··· 41
3.2 装备维修工程 ·· 45
3.3 精益维修 ··· 49
3.4 MRO 流程再造 ·· 57
3.5 战场精确化维修保障 ····································· 61

第4章 装备维修保障策略、政策与法规 ·················· 63
4.1 美军装备维修保障策略、政策与法规 ··················· 63
4.2 俄军装备维修保障策略、政策与法规 ··················· 77
4.3 其他国家军队装备维修保障策略、政策与法规 ········· 88

第5章 装备维修保障体制、体系与力量 ·················· 101
5.1 美军装备维修保障体制、体系与力量 ··················· 101
5.2 俄军装备维修保障体制、体系与力量 ··················· 120
5.3 其他国家军队装备维修保障体制、体系与力量 ········· 135

第 6 章　战时装备维修保障组织实施 ······ 141
6.1　美军战时装备维修保障组织实施 ······ 141
6.2　俄军战时装备维修保障组织实施 ······ 144
6.3　其他国家军队战时装备保障组织实施 ······ 152

第 7 章　近几场战争装备维修保障分析 ······ 165
7.1　海湾战争装备维修保障 ······ 165
7.2　科索沃战争装备维修保障 ······ 172
7.3　伊拉克战争装备维修保障 ······ 179
7.4　叙利亚战争装备维修保障 ······ 186

第 8 章　装备维修保障展望 ······ 192
8.1　装备维修保障面临严峻挑战 ······ 192
8.2　装备维修保障发展重要趋势 ······ 197
8.3　装备维修保障建设关键点 ······ 200

参考文献 ······ 206

第 1 章　绪　　论

当今,军事装备信息化程度及技术复杂性极大提高,对装备维修保障提出了新的要求。世界各军事强国拥有大量先进的武器装备和类型丰富的电子设备,需要进行日常维护和应急维修,以确保满足国家安全目标。以铜为鉴,可正衣冠;以古为鉴,可知兴替;以人为鉴,可明得失。研究和借鉴这些国家装备维修保障领域的做法和经验,借他山之石以攻玉,对满足未来联合作战需要意义重大。

1.1　装备维修保障内涵与外延

1.1.1　定义

对于"军事装备维修保障"或"装备维修保障"的概念,不同国家的军队、不同历史时期有不同的界定。美军由于没有建立相对独立的装备保障系统,把装备器材供应和装备维修纳入后勤保障范畴,因而只在后勤保障的概念之下,分别有装备器材供应和装备维修两种概念。受苏联军事传统影响,俄军建立有独立于后勤之外自成体系的装备保障系统,并沿用卫国战争时期形成的技术保障概念。但是,随着2008年以来的"新面貌"军事改革,俄军着力打造统一的物资与技术保障系统,"装备维修保障"的内涵得到丰富。综合考虑,仍以"为保持、恢复军事装备完好技术状态和改善、提高军事装备性能,以便遂行战备、训练、作战和其他任务而采取的技术措施及组织实施的相应活动的统称",这一"装备维修保障"的概念来作为逻辑起点,属于这一范畴内的外军装备维修保障活动都纳入本书的研究范围,并关注其理论和实践中具体内容的差异。

从"装备维修保障"的概念中可以看出,其主要内容包括两个部分:一是"技术措施",包括装备检测、故障隔离、拆卸、安装、更换或修复零部件等;二是"相应活动",包括装备维修计划的制订、活动组织和控制、资源配置和优化、法规标准制定、科学研究等。其中,"技术措施"是装备维修保障本质性的活动,也就是"装备维修保障"中的"维修"。通俗地讲,装备维修,就是对装备维护和修理的简称。维修是伴随着生产工具的使用而出现的,随着生产工具的发展,机器设备大规模地使用,人们对维修的认识也在不断深化。

美国国防部对装备维修(Maintenance of Military Materiel①)一词的正式定义包括三个方面:①使装备保持可用状态或恢复可用性而采取的所有行动。它包括检查、测试、维护、可维修性分类、修复、重建和回收;②为保持部队执行任务的状态而采取的所有补给和修理行动;③使设施(厂房、建筑物、结构、地面设施、公用设施系统或其他不动产)保持在可按其原始或设计的能力和效率持续用于其预期目的的状态所需的例行重复性工作。可以看出,美军的装备维修超出此前界定范畴的是第三方面,即对于"设施"的维修。这可以认为是"后勤"方面的内容,本书不做重点研究。

俄军对装备维修保障的定义主要体现在"装备技术保障"这一概念中,可以从三个方面理解:一是技术保障任务,包括为部队提供武器装备,确保武器装备的可靠运行,向部队提供导弹和弹药,修复武器装备,为部队提供军用技术物资装备,对人员进行技术和专门培训;二是技术保障基本原则,包括兵力和技术保障装备随时准备执行分配给它们的任务,在战役期间直接解决部队技术保障问题,优先完成对部队战备和战斗力有决定性影响的技术保障任务,聚焦满足在最重要领域执行主要任务的集群的利益,使兵力和装备尽可能靠近所需保障的部队集群;三是技术保障形式,包括导弹技术保障,火炮技术保障,坦克技术保障,车辆技术保障,航空技术保障,工程技术保障,辐射、化学和生物防护技术保障,通信和自动化指挥系统技术保障,海上武器技术保障,计量技术保障等。可以看出,俄军装备技术保障的概念基本涵盖了此前界定的"装备维修保障"的范畴。

总的来看,虽然各国对装备维修保障的定义略有区别,但基本上都认为,维修是使装备保持、恢复和改善规定技术状态所进行的全部活动,维修贯穿于装备服役的全过程,包括使用与储存过程。一般维修的直接目的是保持装备处于规定状态,即预防故障及其后果,而当其状态受到破坏(发生故障或遭到损坏)后,使其恢复到规定状态。现代维修还扩展到对装备进行改进以局部改善装备的性能等方面,内容更加广泛。随着各门学科的不断融合和交叉,装备维修实质上已经形成了一门系统的、综合性的学科。而装备维修保障则既包含技术内容也包含维修管理内容,主要是指装备技术状态监控、检查、维护、修理、加改装、战场抢

---

① materiel and material:具有广泛性和通用性的英语单词 material 已经在语言中存在了几个世纪,而 materiel 是最近才来自法语的。在英语中,materiel 有一个狭义的定义:军事力量的装备、仪器和补给。它可以应用于武器、飞机、零件、支援设备、船只和几乎任何其他类型的军用装备。

救抢修,以及维修器材筹措、储备、保管和供应等具体军事活动和业务过程,其最终目的是提高装备的使用效能。以上认识较为准确地反映了装备维修保障的本质属性。

1.1.2 维修分类

从不同的角度出发,维修可有不同的分类方法。外军最常见的分类方法是按照维修的目的和时机,将其分为预防性维修(Preventive Maintenance,PM)、修复性维修(Corrective Maintenance,CM)、改进性维修(Improvement Maintenance,IM)和战场抢修(Battlefield Repair,BR)4种基本类型。

(1)预防性维修。预防性维修是指通过对设备的检查、检测发现故障征兆以防止故障发生,使设备保持在规定状态所进行的各种维修活动,包括擦拭、润滑、调整、检查和定时拆修等。这些活动是在装备故障发生前预先实施的,目的是消除故障隐患,防患于未然。其主要用于故障后果会危及安全和影响任务完成,或导致较大经济损失的情况。由于预防性维修的内容和时机是事先加以规定并按照计划进行的,因而预防性维修也称计划维修。根据人们长期积累的经验和技术的发展,预防性维修通常可分为定期维修(Scheduled Maintenance)、视情维修(On-Condition Maintenance 或 Predictive Maintenance)、预先维修(Proactive Maintenance)、故障检查(Failure Finding)等方式。这几种预防性维修方式各有其使用的范围和特点,并无优劣之分,正确运用定期维修与视情维修相结合的原则,适时进行装备故障检查,积极研究和适当应用预先维修,可以在保证装备战备完好性的前提下节约维修人力和物力。

(2)修复性维修。修复性维修是指装备发生故障后,使其恢复到规定技术状态所进行的维修活动,也称排除故障维修或修理。修复性维修包括故障定位、故障隔离、分解、更换、再装、调校、检验,以及修复损坏件等。由于修复性维修的内容和时机带有随机性,不能在事先做出确切安排,因而也称为非计划维修。

(3)改进性维修。改进性维修是利用完成装备维修任务的时机,对装备进行经过批准的改进和改装,以提高装备的战技性能、可靠性或维修性,或使之适合某一特殊的用途。它是维修工作的扩展,实质是修改装备的设计,对综合问题进行改进,一般属于基地级(制造厂或修理厂)的职责范围。改进性维修一般针对已定型或部署的装备进行,目的是改进装备的固有性能、用途或消除设计、工艺、材料等方面的缺陷。改进性维修又称改善性维修。

(4)战场抢修。战场抢修又称战场损伤评估与修复(Battlefiled Damage Assessment and Repair,BDAR),是指战斗中装备遭受损伤或发生故障后,在评估损伤的基础上,采用快速诊断和应急修复技术,对装备进行战场修理,使之全部或部分恢复必要功能或自救能力。战场抢修虽然属于修复性的,但维修的环境、条件、时机、要求和所采取的技术措施与一般修复维修不同,是一种独立的维修类型,直接关系到装备的使用完好和持续作战能力,因而可以把它看作一种独立的维修类型。

1.1.3 维修级别

维修级别(Level of Maintenance),是按装备维修的范围和深度及维修时所处场所划分的维修等级。维修级别的划分是根据维修工作的实际需要形成的。现代装备的维修项目很多,而每一个项目的维修范围、深度、技术复杂程度和维修资源各不相同,因而需要不同的人力、物力、技术、时间和不同的维修手段。事实上,不可能把装备的所有维修工作需要的人力、物力都配备在一个级别上,合理的方法就是根据维修的不同深度、广度、技术复杂程度和维修资源将其划分为不同的级别。因此,在不同国家或一个国家的不同军兵种之间,维修级别的划分不尽相同,而且还不断发生变化。

1.1.3.1 美军维修级别

目前,美军主要将装备维修分为基地级和野战级两个级别。

《美国法典》第10章第2460条,专门对"基地级维护和修理"的定义进行了界定。

(1)一般而言,在本章中,"基地级维护和修理"一词是指(除(2)小节规定的情况外)需要对零件、组件或子组件进行大修、升级或重建,以及必要时对设备进行测试和回收的材料维护或修理,无论维护或修理的资金来源或执行维护或修理的地点。该术语包括:①国防部于1995年7月1日将各方面的软件维护归为基地级维护和修理的内容;②临时承包商支持或承包商后勤支持(或任何类似的承包商支持),只要这种支持是为了履行前一句所述的服务。

(2)例外情况:①该术语不包括采购旨在提高计划性能的武器系统的重大修改或升级,或为航空母舰进行核加油或卸油,以及任何同时进行的复杂检修。这一例外所涵盖的重大升级计划可继续由私营或公共部门活动执行。②该术语也不包括采购用于安全改造的零件。但是,该术语确实包括为此目的安装零件。

美军的野战级维修,也就是场内维修。修理装备并将之归还给操作人员或使用者。其主要是在系统上或接近系统处作业,进行零部件更换、调整、校准、保养和故障诊断以及返回用户的工作。这些工作可能包括：大件替换，如开裂的外壳和(或)涡轮发动机、发电机、喷射/油泵等的更换；现场可更换单元(Line Replaceable Unit，LRU)可能通过更换/调整零部件进行修复，但主要是通过现场可更换模块(Line Replaceable Module，LRM)的更换进行修复。

1.1.3.2 俄军维修级别

俄军一般将装备维修分为基层级、中继级和基地级三个级别。

(1)基层级维修(Organizational Maintenance)。基层级维修是由直接使用装备的单位对装备所进行的维修，其主要完成日常维护保养、检查和排除故障、调整和校正、机件更换及定期检修等周期性工作。

(2)中继级维修(Intermediate Maintenance)。中继级维修一般是指基层级的上级维修单位及其派出的维修分队，其比基层级有较高的维修能力，承担基层级所不能完成的维修工作，其主要完成装备及其机件的修理、战伤修理、一般改装、简单零件制作等。

(3)基地级维修(Depot Maintenance)。基地级维修拥有最强的维修能力，能够执行修理故障装备所必要的任何工作，是由军兵种、战区修理机构或装备制造厂对装备所进行的维修，其主要完成装备的翻修、事故修理、现代化改装、零备件的制作等。

近年来，俄军在此基础上进行了一系列改进，中继级维修有明显弱化的趋势，而相应的能力也根据具体情况逐渐向基层级下沉或向基地级上浮。

1.1.3.3 发展趋势

装备维修级别的划分不仅要考虑维修本身的需要，还要考虑作战使用需求和作战保障的要求，并且要与作战指挥体系相结合，以便在不同的建制级别上组建不同的维修机构。目前，有的国家出于作战的考虑，积极探索提高部队的机动作战能力和独立保障能力的对策，减少维修层次，提出两级维修，即取消中间层级维修。20世纪90年代以来，美军开始推进装备保障体制改革，其核心环节就是适应作战需求，简化装备维修作业层级。这次改革是近年来美军装备维修领域改革中最为深刻、利益调整最大，也是难度最大的一次改革。美军两级维修作业体系改革从陆军起步，目前已经基本成熟。现美军两级维修作业体系已经覆盖了空军和海军，期间虽然历经波折和反复，但除个别特殊情况外，总的大趋势没有改变。特别是经过美军近几次战争的实践检验，基本满足了现代战争和武器装备对维修保障的需求。因此，其理论和经验对世界上其他国家军队的装备维修保障发展也产生了重要影响。

取消中间层级维修不仅意味着减少了装备对战场上地面维修保障的依赖，

提高了装备生存性,而且也意味着减少了战场的维修保障设施和保障人员,从而避免了不必要的伤亡和损失。应该说,装备维修保障的级别设置是与现有装备的特点和维修保障能力紧密联系的,武器装备信息化发展水平、高新维修技术应用、维修方式转型、信息化维修系统使用等因素决定了维修级别简化的发展趋势。同理,这也解释了不同国家军队、不同武器装备类型、不同发展时期的装备维修层级为何具有多样性。例如,在科索沃战争中,美国空军取消了中继级维修,导致装备完好率下降,在一定程度上影响了飞机装备作战效能的发挥。于是,在伊拉克战争中,美国空军又恢复了传统的中继级维修。一般来说,两级维修更适合于带有自我状态监测系统、具备外场可更换单元的装备,适用于信息化程度更高的军队。目前,即使取消了中间层级维修,装备维修的差异性依然客观存在,仍有一个相对最佳的维修级别设置和过渡期。

1.2 装备维修保障基本矛盾

任何装备都有从设计、制造、使用、维修、再使用、再维修,直到退役淘汰的不同的运动发展阶段。这实际上就是现在所提的装备全寿命周期的含义。全寿命周期装备维修保障的基本矛盾,就是故障与维修之间的相互作用及运行形式。这对于各国军队都是一致的。但对于军事装备,分析其矛盾既需从维修矛盾的基本面着手,也需要从更加深入和广泛的角度,特别是从军事的角度展开。装备维修保障的基本矛盾涉及的因素可分为客体因素和主体因素。装备维修保障的主体因素是参与维修保障的一切人员,装备维修保障的客体是产生维修任务的军事装备。另外,还必须注意装备维修保障离不开一定的外部环境,而装备维修保障的根本目的是提高装备的作战效能。从目的、主体、客体、环境四个方面,就可以比较透彻地把握装备维修保障工作的基本矛盾规律。装备维修保障的基本矛盾又可以从三个方面展现。

1.2.1 装备维修保障与装备作战需求的矛盾

装备作战能力或作战效能是衡量军事装备在特定条件下完成规定任务的根本尺度,无论对于直接火力杀伤武器系统(如坦克、战车、战斗装备、作战舰船等)还是非直接火力杀伤武器系统(如指挥自动化系统、作战信息系统等)而言都是如此,这也揭示了作战需求与装备发展之间必然的本质的联系。然而,装备作战效能的发挥与装备维修保障又是密不可分的,装备维修保障的一切活动都是为了满足装备平时和战时对维修的需要,以支持和保证装备作战为前提,随着装备作战样式的变化而发展。装备维修保障与装备作战需求之间的相互作用构成了一对矛盾体,这就是装备维修保障适应装备作战需求的规律。作战装备的多样性、作战行动的突然性与时限性决定了装备维修保障的多样性、时限性和超前性。如果装备维修保障不力,无法满足装备作战需求,则不仅会使保障对象难以得到及时有效的保障,而且会对整个作战行动产生消极的后果和影响。装备维修保障必须主动适应装备作战需求,预有准备,实行"保障先行";必须依据作战部署,合理配置维修力量,从维修装备数量、维修质量、维修时效上满足装备作战使用需求。

1.2.2 装备维修保障主体与客体的矛盾

装备维修保障主体与客体的矛盾是装备维修保障过程当中所产生的矛盾。装备维修保障主体是参与装备维修保障工作的人员,装备维修保障客体是军事装备及其维修保障资源。在这一矛盾当中,装备维修保障客体是矛盾的主要方面,有什么样的军事装备和维修保障资源,便要求具有相应素质的维修保障人员实施维修保障活动。随着科学技术的飞速发展和在军事上的广泛应用,军事装备迅速向信息化、智能化、精确化方向发展,大型、复杂、精良的高技术装备不断使用,使得在高技术战争中装备的出动强度大、战损率高,因而装备维修的难度加大,维修任务加重。这些都对维修保障人员的素质提出了更高和更新的要求,需要不断进行培训、调整和提高。装备维修保障客体规定和影响着装备维修保障主体,是装备维修保障活动存在的基础;同时,装备维修保障主体又反作用于装备维修保障客体,它选择维修保障目标和手段等。当维修保障主体能够全面把握维修保障客体时,便能科学地确定维修保障目标,合理地选择保障手段,恰当制订保障方案和计划,适时地确定和配置保障资源,并收到预期的保障实施效果。

1.2.3 装备维修保障与环境的矛盾

任何系统都与环境有着不可分割的联系。装备维修保障系统的建立、运行离不开各个国家的经济、政治和军事等外部环境的制约。这种环境的发展变化对装备维修保障系统的建立和运行会产生深刻的影响。环境制约装备维修保障系统的作用主要表现为,维修保障系统对环境的依赖性和环境对维修保障系统的导向作用。进入20世纪90年代以后,高技术的发展为维修保障提供了新的手段(如材料、制造业、工艺等),而高技术装备的维修又面临高费用、高难度、高风险等问题。科技发展水平和国防费用、装备维修费用推动或者限制着高技术维修手段的应用。这些因素必然影响装备维修手段的使用和对作战需求的满足程度。而且,随着环保因素在各国经济中的重要作用日益突出,"绿色维修""精确维修"等观念已经得到维修界的广泛关注,这些都是维修与环境矛盾的突出表现。

1.3 装备维修保障发展重点

综合梳理外军装备维修保障,特别是军事强国装备维修保障的发展情况,主要有以下重点。

1.3.1 装备维修保障概念和理论不断创新

装备维修保障作为一个过程,常常定义为能产生一定效果、有逻辑关系的一系列任务。随着装备维修保障实践的发展,对其认识已突破了传统的定义,其概念、内涵不断扩展,装备维修保障思想及策略等不断进步。从"事后维修"(Breakdown Maintenance,BM)发展到"预防维修""预测维修"(Predictive Maintenance,PDM),乃至"修复性维修"和"风险维修"等,移植了"并行工程"等理论,深化了"以可靠性为中心的维修"理论。基于信息网络等技术的发展,发达国家还提出了适用于满足分散程度和机动性越来越强的装备群的"精确保障""敏捷保障"等维修保障新理论。这些理论创新以维修技术进步为基础,并同时有效地引导了维修技术的发展。

1.3.2 更依赖维修技术应用基础研究

要从根源上预防和解决故障,维修技术必须能够针对维修实践中提出的科学技术问题,特别是对有关装备的磨损、腐蚀、老化、疲劳、失效和不稳定载荷的反应等机理性问题,以及装备寿命预测等规律性问题进行理论探索与试验研究,运用基础科学的理论为解决维修不同领域中的普遍性问题提供理论和试验依据。装备维修技术应用基础研究需要广泛结合材料、冶金、机械、力学等科学技术领域的基础研究或应用基础研究成果,以促进维修技术的发展。例如:新型润滑剂和腐蚀控制材料以及防污涂料等研究的基础是表面化学和应用材料研究;而材料、结构和数据分析方面的基础研究将进一步提高无损评估方法的灵敏度和耐久性等。

1.3.3 信息技术的带动作用愈加突出

信息技术以其广泛的渗透性、功能的整合性、效能的倍增性,以及军民两用性,在装备维修作业、维修管理、维修训练、维修组织等诸多方面都有着非常广泛的应用。并且,已经衍生了全资源可视化、虚拟维修、远程维修、交互式电子技术手册等,促进了传统监测与诊断技术的进步,产生了基于虚拟仪器的监测与诊断等新手段,推动了维修决策支持系统的智能化发展,提高了从各种完全不同的、分布极为分散的系统和数据库中检索信息的能力,加速了维修信息系统与作战指挥等系统的融合,特别是信息化带动了装备维修保障的精确化发展。信息技术的发展正在促使一些军事强国对装备维修保障的编制、模式、指挥控制等方面进行新的研究试验,依托"全资可视化"信息平台,以信息流引导物资流、技术流,达到适时、适地、适量、高质的保障效能,实现装备维修保障的即时化、综合化和经济性。

1.3.4 多学科综合交叉发展趋势明显

装备维修是一门较为典型的综合性工程学科,其发展和创新越来越依赖于多学科的综合、渗透和交叉。不仅新兴的装备维修研究领域很多都跨越了传统的学科分类,而且许多传统的维修研究领域也都通过更深入的开发、更高层次的创造,突破了原有的界限。例如,故障诊断系统已经逐步发展成为一个复杂的综合体,包含了模式识别技术、形象思维技术、可视化技术、建模技术、并行推理技术和数据压缩技术等。这些技术的综合,有效地改善了故障诊断系统的推理能力、并发处理能力、信息综合能力和知识集成能力,推动装备故障诊断向着信息化、网络化、智能化和集成化的方向发展。

1.3.5 向覆盖装备全系统、全寿命周期发展

适应装备全系统、全寿命发展要求,通过发展装备维修性指标论证、分析设计、试验评价等技术,可以有效地将现代维修思想、维修保障要求以及装备改进需求等反馈至装备方案论证、性能要求、功能设计等装备的研制以及改造过程。目前,装备维修性技术基本实现了规范化、标准化和应用制度化。未来装备维修性技术的综合化、计算机化和智能化发展,将进一步促进装备性能与维修性综合集成的一体化论证、试验、验证与评估方法研究,软件类产品的维修性技术研究,以及保障性等装备综合属性的研究。此外,随着装备维修保障与装备研制生产及改造的联系更加紧密,也将进一步促进装备维修技术与装备研制技术的结合。

先进装备维修技术与先进制造技术、先进材料技术、通用测试技术、可靠性共性技术、计算机技术和仿真技术等,同属于装备发展的重要支撑技术和共性基础技术,既紧密联系,又有其独特的研究范围。这些工作的相互交融、集成创新,是装备维修保障发展的重要趋势。

1.3.6 "现役、预备役、合同商"多元保障力量相结合

美军从研究高技术局部战争中,引申出了"牙齿与尾巴之比"的新思维。所谓"牙齿",是指作战系统;所谓"尾巴",是指以后勤和装备保障为主的支援保障系统。海湾战争后,这一思维得到进一步重视,即强调在部署一支数字化、火力猛、机动能力强的打击力量的同时,保持高比例的支援保障部队是必要条件。在伊拉克战争中,美军后勤保障力量约占整个兵员的45%。在后勤保障兵员中,负责弹药、油料、器材供应的占51%,维修保障人员占33%。这就要求不断拓展装备维修保障力量的来源和范围,"现役、预备役、合同商"多元保障力量相结合成为重要的发展趋势。海湾战争中,美军从预备役和民间征集了大量维修人员,以加强维修保障力量。"沙漠盾牌"行动一开始,仅陆军就组织了26个"合同商"厂家的技术专家,前往沙特阿拉伯协助部队建立和管理维修仓库,提供技术支援,进行现场维修。伊拉克战争中,20%的现役保障力量承担旅以下伴随综合保障任务,80%的预备役和合同商保障力量承担战略支援和战区直达保障任务。

1.4 装备维修保障决策

维修决策理论是现代维修理论和决策科学的高度融合,重点研究与维修决策相关的理论和方法问题,核心是研究各种维修策略下的维修目标建模和维修参数优化等决策问题。装备维修保障决策研究的目的是在保证系统安全性和可靠性的前提下,对成本和收益进行综合权衡,确定和调整维修时机、维修任务和维修内容,实现及时、有效和经济的维修。

1.4.1 装备维修保障决策研究范畴

装备维修保障决策理论和相关学科的关系如图1.1所示。

装备维修保障决策过程,经过不断的改进与重复组成了一个闭合的反馈环,优化了维修策略,如图1.2所示。

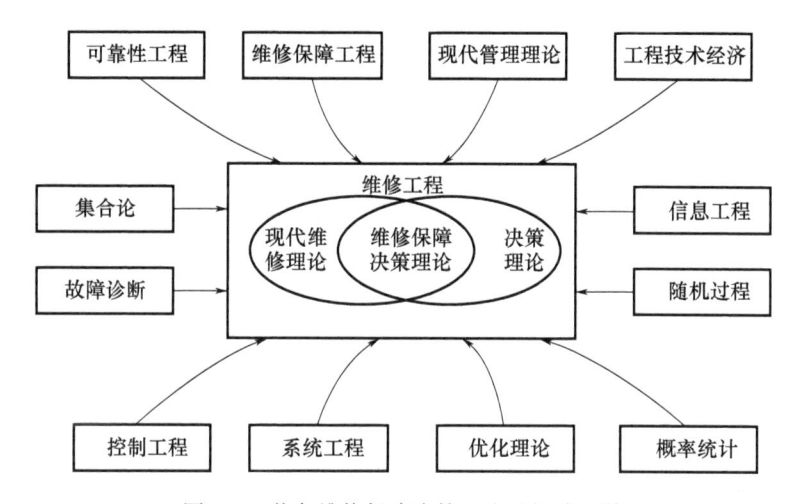

图 1.1　装备维修保障决策理论及相关学科

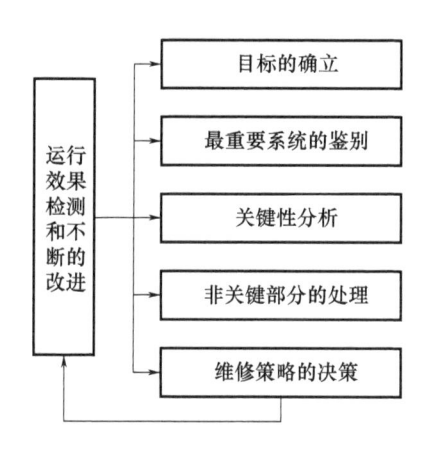

图 1.2　装备维修保障决策过程

1.4.2　装备维修保障决策框架内容

装备维修保障决策框架结构如图 1.3 所示,一个完整的装备维修保障决策要受到很多因素的影响。

1.4.3　装备维修保障决策突破方向

随着相关学科及领域的发展,可以预见,装备维修保障决策未来可能会主要集中在以下几个方面进行突破。

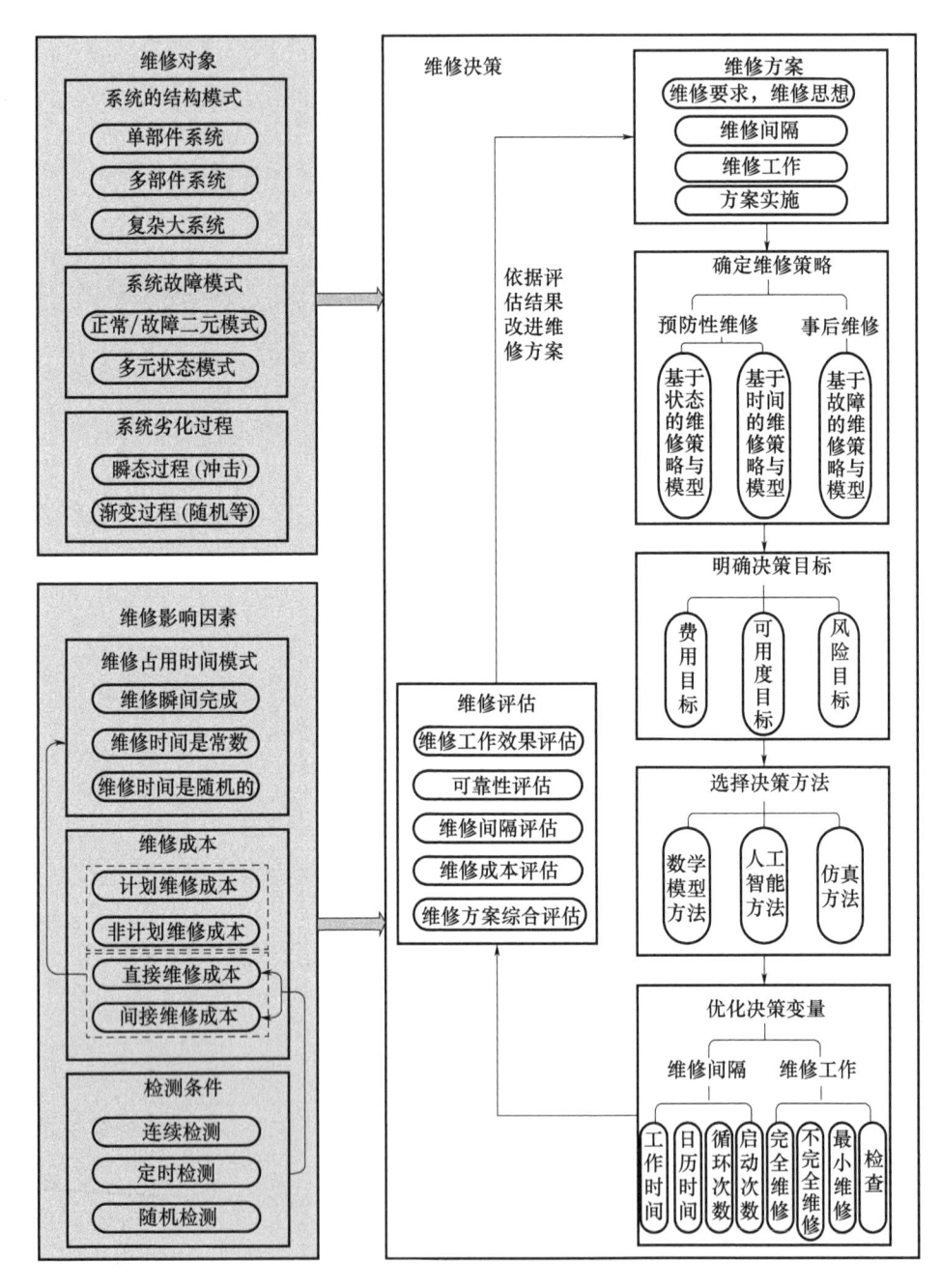

图 1.3 装备维修保障决策框架结构

1.4.3.1 维修思想的发展

随着维修工程实践和以可靠性为中心的维修（Reliability Centered Maintenance,RCM)、以业务为中心的维修(Business Centered Maintenance,BCM)、总生产性维修(Total Productive Maintenance,TPM)、生命周期成本(Life Cycle Cost, LCC,也称全寿命周期费用,简称全寿命费用)等为代表的维修思想的推广应用及演变,基于失效的维修(Failure Based Maintenance,FBM)、更改设计的维修(Design – Out Maintenance,DOM)、基于使用或时间的维修(Use or Time Based Maintenance,UBM 或 TBM)等各种维修思想会得到丰富和发展,其内涵也会不断延伸。近年来,也有学者提出主动维修的思想,这些维修思想及其内涵的变化,必然要对装备维修保障决策理论产生影响。

1.4.3.2 基于信息的维修保障决策

传统的装备维修保障决策是在假设信息完备的情况下做出的。这种假设简化了维修保障决策建模问题,也在一定情况下起到了指导维修的作用,但由于假设条件是一种理想状态,在一定程度上限制了维修保障决策方法的实际推广和应用。近年来,一些学者对不完全信息条件下的维修保障决策问题进行了大量研究,主要有以下三个方面。

(1)基于风险的维修保障决策:将风险的度量和决策者偏好、对风险的态度引入维修保障决策中,这在一定程度上降低了对信息的需求量。

(2)对现有信息进行模糊化和不确定性处理:研究基于模糊和不确定信息的维修保障决策方法,如基于模糊理论的马尔可夫(Markov)过程。

(3)基于信息融合的维修保障决策:将信息融合技术引入维修保障决策中,利用信息的多源性弥补单一信息的不足,以提高对维修保障决策支持的信息量。

另外,如果通过研究维修保障决策支持需要的信息量入手,在此基础上设计和选择合适的维修检测方法,则有可能使维修决策符合更广泛的实际情况,也是未来会有较大发展的研究方向。

1.4.3.3 系统维修保障决策

对于复杂装备系统开展维修保障决策研究,主要有以下四个方面。

1. 考虑相关性的维修保障决策

复杂系统的维修保障决策主要是针对多部件系统维修保障策略的研究,要考虑部件之间存在着经济、故障、结构三种相关性,由于这些相关性的存在,要求对多部件中的某一部件作维修保障决策时,必须考虑它与其他部件之间的相互影响问题。根据单部件维修策略确定的维修任务或维修间隔,从系统角度来看往往不是最优的。因此,针对多部件的维修必须应用相应的多部件维修保障策略。目前,在研究多部件的维修保障策略时只考虑三种相关性中的一种,如果要考虑两种以上的相关性问题,往往就会变得太复杂以至很难分析和解决,这是当前研究的一个难点。

2. 多级维修保障决策

由于复杂系统的层次性,不同层次之间的维修保障决策之间存在着一个相互协调机制,如何确定不同层次之间的维修保障决策,也是当前研究的热点问题之一。传统的多级维修保障决策模型只能处理上、下层决策单元,其收益函数具有单指标特性。在顶层决策追求多个目标、下层每个决策者只拥有一个目标,以及下层最优解或非劣解不唯一等情况下的维修保障决策研究,目前也越来越受到关注。

3. 复杂大系统的维修保障决策

复杂大系统之间的作用机制更加复杂,具有动力学性质,维修信息的收集和处理难度非常大。当前,有学者对网络系统的维修决策进行了初步的研究,尚不能满足工程实际的要求。但随着现代工程系统的组成规模和复杂性程度的不断增大,对复杂大系统的维修保障决策必将有着更加迫切的需求。

4. 智能化的维修保障决策

对于决策问题,少量的信息可以由决策者利用自己的智慧和经验做出合理的判断决策。但是对于存在许多不明确、不确定因素以及各个要素之间存在着复杂的非线性关系的数据,如民机维修规划决策过程中涉及的信息,仅凭决策者个人或小群体的学识、智慧和经验难以做出正确决策。20 世纪 70 年代末以来,随着管理科学、运筹学、计算机软件技术等的迅速发展,越来越多的人意识到,在决策过程中引入人工智能工具,将大大改善决策支持的质量,有效地协助决策者提高规划能力和水平。

第 2 章　装备维修保障的发展历程

已知最早的常备军是公元前 700 年左右亚述人的军队,他们有铁武器、盔甲和战车,并有相当数量的随从携带维持和维修所需的物资。第二次世界大战期间,军队装备遂行任务的持久力大大增强,如海军舰船可在海上停留数月甚至数年。这一方面得益于现代运输工具和行进中补给技术的出现,另一方面则是装备维修保障能力的提高和维修服务间隔时间的延长。正如普遍的理解,只要有组织的军队存在,装备维修保障的实践就一直存在。20 世纪以来,世界主要军事强国的装备保障总体分为"后装合一"和"后装分立"两大体系[①],但近年来后者有向前者转变的趋势,这也充分体现在装备维修保障的发展历程上。

2.1　美军装备维修保障发展历程

面对现代战争作战强度大、速战性强、技术含量高、消耗大的特点,武器装备由原来的按系统单独使用转为体系继承使用,维修保障的复杂性和难度不断增大。美军通过不断调整改革其装备维修保障,取得了较好的军事效益和经济效益。具体来看,美军装备维修保障模式历经变迁,装备维修保障的结构、作业体系、经费投入等都处于不断的变化之中,而第二次世界大战则是其发展历程中一个重要时间节点。

2.1.1　美军装备维修保障模式变迁

美军持续改进装备维修保障模式,并取得了比较好的效果。例如,KC-135 加油机基地维修周期由 400 天缩短至 215 天,扩展式机动战术卡车基地级维修周期从 2000h 缩短至 1100h,F404 发动机部件拆卸组装时间从 15.5 天缩短至 1.5 天,LAV-25 战车基地修理费用减少 25%~30%。

---

① 此前,以美国为首的西方国家采用的基本上是"后装合一";而以俄军为代表的独联体和东欧国家采用的则是"后装分立"。

2.1.1.1 美军装备维修保障模式阶段划分

美军装备维修保障模式从"第二次独立战争"开始,历经200年发展而形成,可分为三个阶段。

1. 初始起步阶段(1812年至第二次世界大战)

在1812年后,美军开始在部队建立装备维修保障机构,并逐渐完善。特别是两次世界大战期间,形成了分队级、团级、师旅级和基地级的四级装备维修体制;由于武器装备供应商全力从事新装备的生产,美军又建立并扩充了属于公立部门性质的后方级保障(后方级维修与后方仓库),来承担武器装备的维修任务。

2. 成熟发展阶段(20世纪后半期至冷战结束)

20世纪后半期为应对朝鲜、越南及"沙漠风暴行动"等作战,美军将四级维修模式改为现场级、中继级和后方级三级,而且将军队保障单位进一步扩大。同时,美国政府开始不断强化合同商保障在军队装备维修保障中的地位。在1988年制定的《美国法典》第10章2466节(10USC 2466)"执行装备后方级维修的限额"中规定:合同商的工作量可达到40%。

3. 改革调整阶段(20世纪末至今)

在冷战结束后美军推进改革,对装备维修保障模式进行调整。美国空军从20世纪90年代初期开始推行"两级维修体制",取消或缩小中继级维修规模,将发生故障的设备和部件直接送后方修理;陆军取消旅级以上常设保障机构,组建战区维持司令部、远征维持司令部、维持旅、旅保障营等新的保障机构,实现保障力量的模块化和资源的集中;海军航空兵成立6个"机群战备完好性中心",实现基地级与中继级维修力量的有效集成。

2.1.1.2 美军现有装备维修保障模式

经过历次调整与改革,美军形成了比较高效的装备维修保障模式。

1. 军队单位维修保障

军队单位维修保障是美军的核心装备维修保障力量,包括军队主管的后方级修理厂与后方仓库、中继级修理和世界各地军事基地修理站。根据2012财年数据,美国国防部拥有约64.5万名维修保障人员,其中7%是基地级维修联邦文职雇员,约93%是现场级、中继级和基地级维修保障人员。这些人员负责约1.48万架飞机、896枚战略导弹、38.66万辆地面车辆、256艘舰船和其他装备的维修保障。

2. 合同商维修保障

美军方委托装备生产厂家或第三方厂商进行维修保障,主要提供飞机和发动机大修、部附件的修理与补充、工程技术持续保障及供应链管理。从 2009 年美军装备维修保障统计情况可以看出,前十大维修保障承包商基本都属于装备供应商前 20 之列。

3. 军民一体化维修保障

作为军队单位保障和合同商保障相结合的混合式保障方式。在美军管理机构协调下,相关合同商与军方维修基地和维修站进行合作,促进双方的资金、技术、人员、工艺流程和项目管理等资源配置与优势互补。重点是引入合同商的先进维修技术和业务流程,提高军队维修单位设施和其他资源的利用率。例如,在 B-2 先进复合材料制造和维修项目上,合同商诺斯罗普·格鲁曼公司(Northrop Grumman,NGSC)和军方的奥格登航空后勤中心(Ogden Aviation Logistics Center,OO-ALC)有着紧密的合作,合作内容包括 11 种飞行控制面和 2 种雷达罩的基地维修,413 种盖板、舱门和蒙皮的制造与修理。通过合作,不仅能够很好地保证修理周期,还有效控制了费用支出。

2.1.1.3 美军装备维修保障模式的特点

1. 开放式竞争

美军在装备维修保障中始终保持多元化方式,形成开放竞争的格局,确保维修保障效率。例如,美国国防部指令(Department of Defense Directive,DoDD)4151.18"军用产品的维修":鼓励合同商承担武器装备维修保障任务,充分利用民间技术和资源,以提高先进复杂武器装备维修保障的专业化程度、效益和速度。让合同商承担了大量武器装备维修保障和技术保障等任务。

2. 深度融合

美军通过经常组织合同商全程参与训练和演习,探索出军队编制力量和社会力量结合运用的最佳方法。例如,1999 年 6 月,美军在本土宾夕法尼亚州卡林塞尔军营举行的"后勤民力增补计划"实兵演习,参演人员上至陆军总部,下至地方合同商共 2 万余人,模拟对一支 2.5 万人的维和部队实施后勤、装备保障。这是美军"民力增补计划"历史上最大规模、内容最为全面的一次演习。另外,美军在装备维修保障中倡导合同商与军队修理基地深入合作,以联合体方式提供服务。

3. 注重激励

美国国防部设立军队维修保养最高奖——凤凰奖(Phoenix Award),以奖励每年在现场级和中继级维修保障中的先进团体和单位。例如,2007 年该奖项得主为加利福尼亚州美国海军陆战队的彭德尔顿营海军陆战队远征部队第一维修大队。此外,美国国防部也设立了罗伯特·梅森奖奖励在基地级维修工作中表现杰出的单位。2008 年,该奖项获得者是北卡罗来纳州 H-1 飞机生产项目舰队准备中心东航空站樱桃点。

2.1.2 第二次世界大战期间装备维修保障

2.1.2.1 装备维修保障力量

1941 年,当美国在珍珠港遇袭后卷入第二次世界大战时,美军发现自己的准备严重不足。从德国在陆地和空中的"闪电战"中可以明显看出,这场战争将是一场机器发挥巨大作用的战争。工业界迅速动员起来建造这些机器,并训练部队进行操作,但每件机器都需要维护,而训练称职的机械师需要时间和经验。

1942 年,美国陆军部部分地解决了这个问题,他们在 1942 年求助于那些老牌的机器制造公司,并要求它们从雇员中招聘技术熟练的人员。尽管所有这些工厂大部分都在大量生产战争物资,但几乎所有的民用生产都停止了,政府显然认为,它可以从这些来源吸引训练有素的技术人员,而不会造成生产中断。

陆军选定的第一家农具公司是国际收割机公司(International Harvester Company,IH),该公司生产半履带、火炮牵引车、各种尺寸的卡车、轮式和履带式拖拉机、侦察车、救护车、坦克变速箱、加农炮、炮车、弹药、鱼雷,甚至血库冰箱。IH 于 1942 年 6 月 24 日接到请求,6 月 29 日开始组织员工入伍,到 7 月 6 日已超过入伍名额。志愿者来自总公司、各工厂和销售分公司以及经销商。从 1000 多名志愿者中选出的 900 多名士兵于 7 月 15 日到俄亥俄州佩里营报到,由陆军中校 D. L. Van Sycley 指挥。该部队组建为第 134 维持营,并被分配到第 12 装甲师,后来在 1944 年 11 月加入亚历山大·帕奇(Alexander Mc-Carreu Patch)将军的美国第 7 军,战争结束后在奥地利结束使命。一则关于收割机部队的新闻简报告诉我们,不仅有机械师,还有铁匠、焊工、木匠、油漆工、司机、电工、仓库管理员、文员、工程师、监督员、无线电专家、工具制造者以及皮革和帆布工人。有如此多训练有素的修理工在服役,以至在 1943 年,农场主的杂志上充斥着对缺乏技术人员来维持现有农机运转的抱怨。

接下来是迪尔公司(Deere&Company),1943 年 9 月也收到了同样的请求。该公司主要生产坦克变速器、飞机零件、弹药和移动洗衣机,同时还组装了 Cletrac MG-1 军用拖拉机。全国各地的迪尔工厂、分店和经销商都张贴了招聘海报,到 11 月,约 600 名迪尔前雇员被分配为第 303 兵团的一个营,并在北卡罗来纳州门罗附近的一个临时设施萨顿营接受基本训练。该部队后来在加利福尼亚州沙漠训练,然后于 1943 年 10 月下旬前往英国,重新指定第 608 基地装甲维修营,并被分配到巴顿的第 3 军。迪尔部队在法国和比利时服役,帮助减轻巴士托涅 101 空降师在隆格战役中的任务。如图 2.1 所示。

图 2.1　迪尔公司总裁伯顿·皮克与公司的第一批新兵握手
（摘自 1942 年 9 月号《农机设备杂志》）

大约在同一时间，制造炮弹、军用拖拉机和轰炸机机翼等军事产品的 J. I. Case 公司也被要求成立一家大型维修公司。这一要求与 IH 和 Deere 一样，受到了工厂、分公司和经销商员工的热情响应。在很短的时间内，这个 200 人的连队被招募、组织起来，并作为 518 重型维修连集结入伍。从 1943 年 11 月 20 日到 1944 年 5 月 8 日，518 连一直驻扎在爱尔兰梅奥郡的科梅约州诺克莫尔，之后是美国第一支军队的一部分，该军队最初是在奥马尔·布莱德雷（Omar Nelson Bradley）将军的领导下，在 1944 年 6 月进入法国时称为"霸王行动"，后来在科特尼·霍奇斯（Courtney Hodges）将军的领导下，成为第一支横穿欧洲的军队。

2.1.2.2　从保障补给转为保障战斗

美军装甲兵在运用观点上与苏军不同，编制上也没有建立类似集团军等大规模的坦克机械化集团。此外，美军对装备维修保障的传统认识也不同于苏军。所以，美军的装甲兵维修保障与苏军有很大不同。苏军采用的保障体制是把坦克装甲车辆作为独立的保障对象，其技术保障体制是与后勤保障体制相并列的单独单位。美军采用的则是一种将维修保障统一纳入后勤保障系统的综合维修体制。历史上，美国陆军的装甲维修力量一直从属于后勤部门。在"后勤即为补给"的观点支配下，维修任务仅限于在后勤供应范围内维修和保养各种装备。修好的装备并不直接送回部队，而是交给后勤部门作为补给品给部队换发。也就是说，维修是保障"补给"，而不是保障作战。第二次世界大战前，美军坦克分散编在步兵部队，而且数量很少。坦克装甲车辆和其他战斗车辆、运输车辆和军械系统等是统一由后勤系统的维修力量进行修理的。

1940 年 7 月，美军组建了装甲兵的最高编制单位——装甲师。坦克装甲车辆的维修保障从此也逐渐发生变化。这时,装甲兵的维修保障虽然沿用综合维修的体制,并从属于后勤系统,但其性质、任务和隶属关系发生了很大变化。首先,维修从后勤"仓库"解放出来,改由与作战行动关系密切的军械部门统一管理。其次,维修力量开始在战场上直接保障军队的作战行动,而不再仅仅对返修的补给品进行维修。为此,美军大量装备各种机动修理设备,以遂行"就地"抢修任务。在战斗营中,美军还增编了抢救、修理分队,以便在战斗时遂行"随伴保障"任务。这些变化使美军的维修保障向前迈进了一大步,从保障"补给"变成了直接保障战斗。第二次世界大战中,美军装甲兵作为美军作战力量的重要组成部分,参加了一系列的战役战斗,特别是在欧洲战场上的重大战役战斗行动。

美军装甲师在战斗中,通常将保障地域划分为抢救地带和后送地带。坦克营的抢修排在抢救地带后沿开设修理所,并与各连的修理组密切协同,采取以换件修理为主的修理方法实施车辆的简单抢修,同时遂行抢救任务。师军械营在后送地带的道路附近开设各种装备的综合修理所和损坏装备收集所,统一对所有武器装备进行维修。为协调抢救地带各机构的行动,军械营还可编组若干指挥联络组,由师直接掌握,负责指挥前方抢修工作。装甲师无力修复的武器装备,则后送到所属军的维修部队。战斗车辆的零配件一般由本土供应到战区,再统一调配给各军。补给实行直接换发制度,由装甲师向军后勤提出请领计划,交废领新,而后交军械营执行。军械营经常向坦克分队派出联络组,按各部队的要求供应。维修由后勤指挥部门通过有关业务机关负责组织。美军装甲师的维修抢救设备数量较多,质量也较好,具有相当强的抢修能力,如 M2 系列装甲救援车在战争中就发挥了很大的作用。

美军的这种综合维修保障体制,具有较大的通用性和灵活性,便于统一领导,可成建制地为各类型陆军部队提供维修保障。当部队得到某类兵器时,也不必另设保障机构。但是,这种体制的维修组织比较复杂,对武器装备的标准化程度要求高,与当时的装备发展水平有不相适应的地方。例如,美国的 M4 中型坦克,发动机就有 5 个型号,零部件品种有 5000 多种,统一组织维修有很多不便之处。此外,维修保障机构的跟进性差,编制较大,不能很好地适应装甲师快速机动作战的特点。在整个第二次世界大战中,维修零件的供应是美军维修工作中最困难的环节。虽然美军可根据经验数据判断零件的需求量,并在修理所建立零件储备制度,以免零件供应断档,但是美军仍然难于准确提前预计需求量,并难于有效地实施调控,把零件用到最需要的地方去。战地记者厄尼·派尔(Ernie Pyle)对此深有感触,他写道:"这不仅仅是一场较量弹药、坦克、火炮和卡车的战争。正因为它是一场使用大型装备的战争,所以又是确保零件补充使装备能在战斗中发挥作用的战争。"

2.1.3 第二次世界大战后有关改革调整

第二次世界大战后,美军对国防组织体制进行了多次改革。保障组织体制也随之进行了调整。对装备维修保障而言,其中比较重要的几次改革如下。

(1)1958年,美国国防部重组使装备保障指挥权和装备保障行政管理分离成两条线。当年,《美国国防部重组法案》实施,美军撤销了军种的作战指挥权,各军种的作战和勤务支援部队虽然编制仍属军种,但其作战指挥和运用权力划归为联合司令部或特种司令部;同时,将各联合司令部和特种司令部改由国防部长通过参谋长联席会议统一指挥。通过此次改革,装备保障指挥纳入总统、国防部长(通过参谋长联席会议)—各联合司令部和特种司令部的作战指挥渠道;保障行政管理纳入总统、国防部长—各军种部长/参谋长—各联合司令部下属的军种部队司令部的行政管理渠道。

(2)1961年,国防后勤局的前身——国防供应局成立,标志着美军通用保障能力建立。1961年10月,美军合并各军种的陆、海、空"三军"通用物资管理部门,成立由国防部直接领导、独立于各军种部的保障机构——国防供应局,迈出了总部联勤的重要一步。随后,由于国防供应局统管的全军通用物资和勤务范围逐步扩大,经过15年的发展,远远超过了供应范围,于1977年更名为"国防后勤局"。此后,国防后勤局对装备维修保障,尤其是全军备件供应保障能力越来越强,对平时和战时装备维修保障能力建设发展发挥了重要作用。

(3)1986—2019年,美国国防部数次重组中,国防部保障职能先后数次与采办、技术职能进行合并或分离管理,但从采办职能总体范围和业务管理模式来看,没有进行大范围调整。目前,美国国防部装备维修保障采取在总部统一领导的联勤体制下,"三军"各部队按建制组织实施保障的模式。

2.1.4 两级维修作业体系逐渐成型

20世纪90年代以后,冷战结束、苏联解体、东欧剧变,美国受到的威胁显著减小,其国防部为了降低国防开支,对现役部队进行了大规模的缩减,军队武器装备数量大大减少。但是,又出现了许多新情况、新要求,如在本土和近邻大规模作战机会大大减少,但远征作战机会有所增加,要求军队需要转型。而且维修保障体制的长期运行也暴露出一些问题,如:维修保障规模很大,在整个国防领域占有和消耗的人力、物力资源多;随着计算机在武器系统中的广泛应用,软件维护和保障越来越重要,消耗资源越来越多;维修保障系统机动性不好;装备维修花费大。因此,美军维修作业体系改革的理念,很早就在酝酿之中。

2.1.4.1 基本历程

1996年,美国陆军第一次提出"转型",但是该理念一直没有得到真正落实和推行。2001年,"911事件"发生后,美军下决心继续推进军队改革,维修作业体系改革随之得到实质性进展。经过数年论证和研讨,2005年转型理念得到普遍认可。2005年7月15日,对AR750-1《陆军装备维修政策》进行修订,提出贯彻执行两级维修政策,表明美军从四级维修向两级维修的维修作业体系转型已经迈出了实际改革的步伐。之后,《美国陆军野战手册》《装备维修手册》等也相继进行修订、调整,以使其操作程序适应两级维修作业体系。例如,2011年出版ATTP 4-33《维修作业》,针对两级维修作业体系对维修机构、维修管理、修理用零部件等做出调整与规定,从而取代2004年FM 4-30.33中针对四级维修作业体系制定的维修任务与作业流程。

1996年出版的《联合构想2010》指出:更加有力的指挥与管理,更加先进的智能化操作,新技术的广泛应用,使得指挥、作战、保护和后勤的传统职能都将进行转型。转型产生了主宰机动(Dominant Maneuver)、精确打击(Precision Engagement)、全维保护(Full Dimensional Protection)、聚焦后勤(Focused Logistics)4个作战概念,将为美军提供一个新的理论框架。转型的早期想法中就有把后勤包括在内,但是作为转型理念而被搁置,故未真正得到落实和执行。1997年3月,在国家训练中心(National Training Center,NTC)进行了关于转型理念的第一个主要综合试验,然而,后勤转型理念既没有开展试验,也没有得到充分的发展,因为1998年以前一直没有开始关于后勤转型的认真研讨,整整经过了7年,人们才普遍接受转型。

2001年9月11日之前,关于军事转型需求的认识存在已久,但直到"911事件"之后,军队转型才开始得到实质性推进。冷战结束,两大主要威胁战争(Major Theater War,MTW)构想被1-4-2-1构想取代。1-4-2-1构想要求美军能保护美国国内安全,能制止四大特定区域(4个特定区域是指欧洲、东北亚、东亚沿海和中东/西南亚)的侵略,遏制四大区域中两个区域的作战侵略,同时能够保证在后两个冲突中取得一个绝对性胜利。"911事件"的悲剧,使得国防部进一步完善了1-4-2-1战略,美军越来越集中地部署于美国本土之上,兵力投送能力显得越来越关键,下决心在进行两场全球恐怖主义战争(Global War on Terrorism,GWOT)的同时继续推进军队转型。为了使军队变得行动敏捷、部署迅速、打击致命、支援持续,有必要对美国部队进行调整以适应当前和未来的冲突。为满足新部队及理论需要,后勤必须部署更易、保障规模更小,更加模块化、更加适合、更加灵活、更具费效比,维修作业体系改革也随之发展。

2003年,美国陆军将两级维修作业体系在伊拉克战争中付诸实践,并验证了改革对于减少保障层次、提高部队部署能力的积极作用。

2.1.4.2 两级维修作业体系的形成

20世纪40年代以来,美国陆军装备一直采用四级维修作业体系,即基层级(Organization)维修、直接支援级(Direct Support,DS)维修、通用支援级(General Support,GS)维修、基地级(Depot)维修。这种梯次配置的维修作业体系适合过去的线式战场,但造成维修负担大、维修资源浪费严重等。除四级维修作业体系自身存在的问题外,美军两级维修作业体系的形成还与武器装备信息化发展水平、高新维修技术广泛应用、维修方式转型、信息化维修系统应用等因素密切相关。这些条件,客观上也促成了美军四级维修作业体系向两级维修作业体系的转变。

维修作业体系改革,是要使级别扁平化,贯彻落实"前方替换、后方修理"的维修理念。为此,将原来的直接支援级和通用支援级的工作分别安排到野战级维修(Field Maintenance,FM)和持续支援级维修(Sustainment Maintenance,SM)。野战维修由原来的操作人员/机组人员(设备操作人员与车辆机组人员)、分队和直接支援级(DS)的维修职责组成。持续支援维修,由原来的通用支援级(GS)维修、基地级维修,以及陆军商品专用维修项目(Army-wide Program for Commodity-Unique Maintenance)的维修职责组成,如图2.2所示。

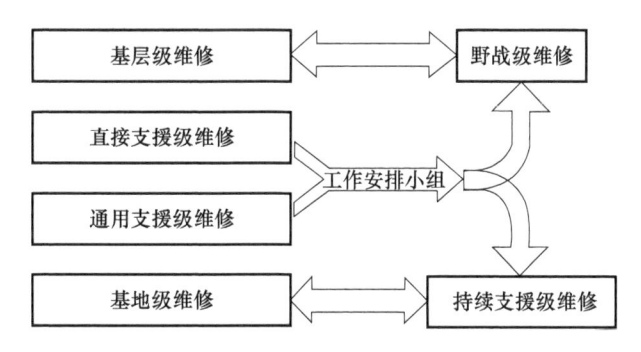

图2.2 美陆军四级维修作业体系向两级转变

野战级维修,也就是场内维修,修理设备并将之归还给操作人员或使用者。其主要是在系统上或接近系统处作业,进行零部件更换、调整、校准、保养和故障诊断,以及返回用户的工作。这些工作可能包括:大件替换,如开缝的外壳和(或)涡轮发动机、发电机、喷射/油泵等的更换;现场可更换单元(LRU)可能通过更换/调整零部件进行修复,但主要是通过现场可更换模块(LRM)的更换进行修复。持续支援级维修,也就是场外维修,对设备和组件进行主要的修理,并将之归还给供给系统。由离开系统的修理和返回供应的工作组成,这些工作要求恢复零部件、组件和(或)最终产品系统达到相应标准。典型的两级维修活动比较如表 2.1 所示。

表 2.1 野战级与持续支援级维修活动比较

维修性质	野战级维修	持续支援级维修
维修位置	在系统上进行	离开系统进行
维修方式	插上和移动部件	拆卸/安装
维修标准	修复到能执行任务状态	修复到国家标准
维修设备	需要较少的简单工具	需要各种精密仪器
维修工作	更换启动器	修理启动器
	更换绞盘	修理绞盘
	更换电子模块	修理电子模块
	更换连接的网络集线器	修理连接的网络集线器

两级维修与四级维修的维修级别划分理念发生了根本性变化。四级维修是基于任务完成能力进行维修等级划分;两级维修是瞄准装备战备完好性进行维修任务分配。较四级维修作业体系来说,两级维修作业体系具有很多优点,如:维修保障梯次排列减少;重复性修理工作大幅减少;撤退期间搬运处理工作大量减少;修理循环时间减少,战备完好性提高;后勤规模减小;维修保障灵活性和修理深度有所提高。但是,陆军系统太过庞大,以至不能对所有领域都同时进行转型,美国陆军维修作业体系改革是分单位或者分过程逐步开展的。

2.1.4.3 改革的关键环节

制约美国陆军两级维修作业体系改革的关键环节主要包括多技能维修人员、维修理论基础、组织机构、修理用零部件,以及改革对修理用零部件的影响。

1. 多技能维修人员

维修作业体系改革的一个核心问题,就是多技能维修人员的培训。野战级维修,要将完成基层级维修任务与某些直接支援级(DS)的原位(on – System)维修任务进行整合。这样就要求多技能维修人员,需要兼具直接支援级(DS)维修和基层级维修能力。而无论是从训练角度还是从资源角度,都很难实现,多技能维修人员短缺将成为维修作业体系改革的突出问题。首先,要按照两级维修对多技能维修人员进行设计,培训其部件替换能力,而非部件修理能力。而现有维修人员不具备全部的部件替换能力,这是由其在四级维修作业体系下所配备的设备(如工具盒诊断测试设备等)、提供的培训等造成的。例如,关于 M2AA2/3 布雷德利战车传输系统的直接支援技术就十分受限,以至一般的直接支援技术不能承担其传输系统的替换工作,除非受过专门的训练或有过专门的经验。其次,部件更换困难导致系统稳定性下降。其实,四级维修也存在这一问题,但四级体系内的技工拥有检测工具、知识、原件修复的实践经验。原来,直接支援级配备了诊断检测设备,如直接支援电子检测设备(Direct Support Electronic System Test Set,DSESTS)。但是,转型后它们将被置于靠后很多的维修系统中,即持续支援级维修。靠前(指所谓的师部/级)多技能维修人员将无权使用这一类型的诊断检测设备,这也为其执行部件替换带来极大障碍。

2. 组织机构

维修作业体系改革另一个关键环节,就是维修人员如何安置、维修结构如何调整的问题。维修作业体系改革最重要的结果之一就是产生了前方保障连(Forward Support Company,FSC)的编制。美军在设计部署模块化旅战斗队(Brigade Combat Team,BCT)时,以多种可靠的维修保障技术为基础,突出维修人员和维修设备的集中使用,将原机械化步兵营、装甲营和工程营的基层级和直接支援维修人员集中起来组成一个独立分队,将其维修能力集成为"一站式"(One-Stop)维修机构,称为前方保障连,所有基层级和直接支援维修人员及其维修设备成为"以旅为投送单位"计划的一部分。前方保障连(FSC)是嵌入受援单位的多功能保障连,基本上受援单位进行的全部维修作业都由前方保障连(FSC)在前方完成。这种一站式维修模型已经以维修保障组(Maintenance Support Team,MST)的形式存在多年,负责指导四级体系下战斗旅大部分的直接保障维修。唯一的变化就是机制的改变,前方保障连的能力将超出原来维修保障组的需求,而且其任务将由官方委派。而由于对修理用零部件的极大依赖,这一途径效果不会很好,其实际操作的指挥控制面临很多问题。

3. 修理用零部件

两级维修作业体系下"前方替换",指的是一旦部件被确定故障,就将从核准库存清单(Authorized Stockage List,ASL)中取得部件进行替换,并将故障部件送至持续支援级维修进行修理,最后将其返回供应系统或者报废处理。前方替换在任何时候都需要准备相当多的修理用零部件。前方替换同样需要增加运输资产,以方便运输更大的部件和较小的替换部件。修理用零部件一直面临着一个艰难而又无法改变的事实,就是修理用零部件没有库存。维修作业体系改革,可能使其变得更糟。陆军维修作业体系改革执行计划表明,两级维修系统的能力就是快速从故障点或就近位置获得零部件,以使装备战斗力快速再生,未来战争会对修理用零部件产生很大的需求,需要对当前修理用零部件政策进行设计和调整,使其拥有一个稳定、就近、灵活的供应系统。

2.2 俄军装备维修保障发展历程

俄军装备维修保障是包含在物资技术保障系统中的,其形成有着复杂的历史背景,既是对苏军后勤和装备保障系统的一种继承,也是冷战结束后一段时期内俄军装备建设改革发展的结果。

2.2.1 苏军装备维修保障

俄语中没有"可持续性"这个词,最接近的词是"生存能力"。这更广泛的背景,包括训练、武器装备的质量和数量、战斗部队的组织以及供应、维护、修理和增援等事项。苏军还依靠一种科学的作战计划方法,这种方法考虑军事历史,将不确定性降至最低,并对战场需求进行详细的定量评估。苏军在整个华沙公约中也有一个共同的军事理论和标准的作战程序。装备维修器材或备件是苏军的补给重点之一(依次是弹药、油料、备件和技术支持、食品和医疗用品以及衣物)。

以梯队为基础的作战人员和补给系统将苏军引入了武器更换和维修理念,这与西方任何一支军队都不一样[1]。根据第二次世界大战期间的经验,苏军采用了一套完整的武器更换系统。在那次战争中,苏军发现现代战场上一件装备的战斗寿命非常短。不仅现代战争中装备的损耗很高,而且在作战环境中受到的损坏和滥用的情况也非常严重,以至在野外条件下无法进行维修和维护。这导致苏军采用了一种哲学,即他们期望将坦克或其他军事装备投入战斗、炸毁,然后用新的武器替换。苏军认为,现代战场上装备的预期寿命如此之短,以至现代工业社会制造新的装备比修理损坏和磨损的装备更容易。苏联的规划者和武器设计者认为一件装备是短期的一次性物品,而不是长期的资本装备(就像西方军事思想家认为他们的装备一样)。因为苏军把武器当作消耗品,他们没有建立一个大规模的野战级维修和支援组织来支持其军队作战。在西方文献中,由于缺乏复杂的后勤和物资尾部,加上在维修区缺乏大型专用的训练基地,苏联初级军事人员的技术能力往往很低。这个分析可能并不全面。毫无疑问,如果苏军愿意,其可以发展一个更全面的后勤和维修保障结构。缺乏这种结构其实是整个武器更换理论的结果。整个武器更换理论提出了苏军计划如何支持其在战场上拥有的装备的问题。答案首先是设计,然后是同类竞争。苏军的武器更换和使用理念强调了设计的坚固性和简单性。苏军的设备是为有限的野战维护而设计的,由相对不熟练的人员进行。设计的位置是,如果你使它足够坚固,它就不会断裂,因此你不必修理它。

第二种支持方法,即同类化,是苏军在可能的情况下使用标准零部件的政策所促成的。苏军希望战场上到处都是被他们丢弃或遗弃的损坏装备。这种设备很容易被军队拆散,以提供维持设备运行所需的备件。拆箱操作在很大程度上是一项主要的部件更换操作,可以由"多样化机械师"进行,只需很少的培训,因此不需要向部队传授高水平的维修技能。苏军希望在动员后放弃他们"破旧"的训练装备,用崭新的装备开战。训练设备将留给预备役部队,这些预备役部队将跟随在其营地中撤离的动员部队,或者将被送到由战争废墟组成的梯队替换系统的参谋机构。按照苏军的做法,可以预期,大部分被遗弃的训练设备将被剥离出可用的零部件,以补充前进战斗部队的非正式前方维修库存。因此,可以预见,预备役部队在动员方面最紧迫的任务之一是将被遗弃的训练设备恢复到某种表面上的工作状态。苏联的设计者知道,他们的军事体系是建立在一支庞大的应征军队的基础上的,他们入伍和训练的时间相对较短,技术和作战技能相对较低。因此,苏联的武器设计师在建造简单的、能抵御士兵攻击的装备方面努力工作,远远超过了西方国家。正如一位使用美国和苏联装备的以色列将军所言:"美国的武器是由工程师为其他工程师设计的;而苏联的武器是为战斗士兵研制的。"

苏联的政策要求用一个单位的一小部分装备训练军队人员,把大部分装备留在仓库里。这样,可在战争爆发之际,保持待更换的作战车辆和备件处于良好状态。按照西方的标准,这些库存规模很大,它们的规模来自苏军重数量、轻质量和保留旧装备的政策。尽管一些西方观察家认为,苏联军事机构从不丢弃任何东西,但事实上,苏军确实有一套精确的方法来决定何时扔掉旧装备,何时将其放入深度长期储备库(封存)。这一方法是由苏联的国家会计制度推动的,根据该制度,军事装备和军备被视为资本存量,并在 15 年内以高比率折旧。此时,装备的"账面价值"完全贬值,并宣布装备已磨损,以便进行会计核算。装备可能在其使用寿命期间从一个机组移动到另一个机组,在其寿命结束时,它是从一线机组转移到 C 类备用机组的。大多数装备几乎没有使用过,因此在西方国家有很高的剩余(或废料)价值。苏联人把这些装备放在备用库存里,以保证其剩余的"可用寿命"往往能达到 30 年。

2.2.2　冷战后俄军有关调整

冷战结束后,俄军装备技术保障基本继承了苏联的保障体系,在国防部设有总后勤部和总装备部两个平行的保障机构,分别负责全军通用物资保障和装备保障。同时,俄军为适应现代化战争多军兵种联合作战的要求,也对武器装备保障体系做出相应调整,采取了统一管理、分级组织实施的管理体制。俄罗斯国防部总装备部和各级装备部门负责全军通用武器装备的维修保障,在各军种司令部设立技术保障部门负责本军种专用装备的维修保障。总装备部通过下设的二部一局对全军的装备工作实施领导,即导弹军械部和汽车装甲坦克部各编有5~7个处,分别负责武器装备的采购、调配、使用、管理、修理和保养,并对新型和改进型武器装备的战斗技术性能提出要求。各军种司令部也相应设立了导弹军械部、汽车装甲坦克部和合理化建议委员会,由主管装备的副司令领导,负责本军种通用武器装备的采购、调配、使用、管理、修理和保养等业务。这一时期,为使军队保障体制与市场经济接轨,俄军在高度集中统一的保障体制基础上建立起具有区域联勤性质的划区保障,并通过建立划区保障中心来具体实施。其中,平时的维修保障由各军区设立的综合性技术维修中心承担。技术维修中心属于非建制单位,设有若干修理厂和修理所,拥有一定的业务自由度和经济自主权,平时可开展有偿出租仓储设施和提供运输及维修等服务。建制维修机构则主要组织实施战时装备的维修保障。

2001年,俄军联勤保障开始实施。为彻底改革军队保障体制,节约军费开支,合理使用资源,俄军从2001年起逐步实现保障体制的一体化,具体方案是:撤销各军种和强力部门的保障业务领导机关,组建隶属于联邦总统(或联邦安全会议)的一体化联勤保障委员会,负责统一计划和协调国防部所有部队的综合保障。该委员会下设若干物资技术保障基地,以应对平时的突发事件。国防部所属各军区原有的3~5个保障区,将根据强力部门部队及其保障力量的配置情况,在数量和规模上做相应调整。各军区特种物资保障旅将改为保障部(分)队,其编成视保障区大小和保障对象的多少而定。纳入一体化联勤保障系统的各部门本身还将保留一定数量的保障部队,用以向本系统部队提供专用物资和特种勤务保障。师、团、营建制的后勤、技术修理、运输部(分)队不编入该系统,不负责平时本部队的保障,只参加军事训练和专业训练,以保持高度的战备水平和规定标准的物资储备。

2010年7月6日,俄罗斯总统梅德韦杰夫颁布第843号命令《关于俄联邦武装力量的编成》,确定俄联邦武装力量新的指挥体系,要求建立统一的物资技术保障系统。根据这道命令,撤销国防部副部长兼武装力量后勤部长、国防部副部长兼武装力量装备主任职务,原先分别由后勤部长和装备主任负责的后勤部和装备部合并建立统一物资技术保障系统,原国防部副部长兼武装力量后勤部长布尔加科夫被任命为统一物资技术保障系统负责人,原国防部副部长兼装备主任波波夫金则不再负责装备工作,只负责国家武器纲要的落实。原装备主任主管的技术保障与装备采购两项职能分离,其下属的三个技术保障部门(汽车装甲坦克部、导弹军械部、计量局)与武装力量后勤下属的各个勤务部门合并,而装备采购职能移交给了其他机构。

2.2.3 装备维修保障改革取得一定成效

随着俄罗斯"新面貌"改革深入推进,从俄罗斯国防部到军种再到基层部队都相应地对装备维修保障进行重大调整,调整后的组织机构设置上下对应、全军一致、相对稳定,这对快速响应部队装备维修保障任务需求提供了有力的组织保障,也有利于后勤保障与技术保障的统筹管理。俄军装备维修保障改革对其他国家军队优化装备维修保障提供了重要参考和借鉴。

俄军当前的物资技术保障体系为作战部队提供了及时有效的战时/非战时后勤和装备保障服务。在工业与军方的协同下,俄军装备和技术设施的完好性已达到98%,而2012年时只有84%。2015—2016年,各军区的维修后送团和导弹技术基地使维修技术和后送能力提高了20%,导弹运输和定期服务能力提高了50%,像"阿尔玛特""库尔干人""飞镖"这样的新型装备的使用寿命和可靠性较当前正在运行的同类型装备提高了20%。

(1)装备维修保障机构设置和力量编配机动化,适应未来作战需要。在"新面貌"改革后,俄罗斯国防部组建新的战区,并采用了机动保障力量和固定保障力量相结合的方式重组优化建制装备维修力量,使机构设置更加灵活,力量运用更为机动,更好满足作战需要。

(2)装备维修保障与市场经济接轨。以"新面貌"军事改革为契机,将原军队大修厂由建制力量转型为国防部控股的公司,靠市场机制盘活资产,解决了军队统包统揽、经济效益差、技术水平低等沉疴顽疾。

(3)实行集中化管理。例如,俄罗斯空军严格按照作战指挥体系,设置航空工程勤务部门和机构,实行一长制,各级均设有主管航空工程勤务的副职,航空工程勤务管理畅通,效率高。

(4)更加依靠工业部门力量,向工业部门全寿命周期保障转变。俄罗斯国防部拟将80%的航空大修厂由俄罗斯国防部控股公司逐步移交给地方工厂负责,由生产商对装备实行全生命周期维护,更加依靠工业部门维修保障力量开展装备维修保障工作。

2.2.4 装备维修保障能力有待提高

从空军情况看,俄罗斯大部分战机都有 20~25 年的使用寿命,这本身并不一定是场灾难。但经过多年的维修和保养,特别是在 20 世纪 90 年代和 21 世纪初,这些机队的大部分都处于非常糟糕的维修状态。标准空军团在 1998 年有 24 架战斗飞机,加上一些教练机,但很少有真正值得飞行的。举例来说,库尔斯克的 14 战斗机航空团在 2007 年只有 15 架适合飞行的米格 - 29 飞机,甚至这些飞机的旧发动机也快到达寿命的尽头。这种情况,特别是在发动机方面,是俄罗斯空军部队的典型情况。2008 年,两架米格 - 29 战机在飞行途中因腐蚀的尾翼脱落而坠毁,这是俄罗斯空军机队技术状况的可怕警告。在整个机队停飞接受检查后,仍在服役的米格 - 29 飞机中有 80% 也存在同样的问题。至少有 1/3 的米格 - 29 受到严重影响,俄罗斯空军不得不停飞好几个月等待修理。

再来看海军的情况,除了军舰,另一个重要的资产是海军基地,如果俄罗斯海军不得不在远离本土的地方进行长时间的作战,这一点就显得尤为重要。俄罗斯船只在打击索马里沿海海盗的行动中扮演着重要角色,但是为了到达那里,俄罗斯海军必须从其在北部、波罗的海和太平洋的基地出发,覆盖非常长的距离。在俄罗斯海军撤离之前,他们很难进行额外的维修。另一个紧迫的优先事项是用新船取代黑海舰队现有的船只,起码要开展批量的结合修理升级改造,以便它们能够参加地中海和西印度洋的各种国际行动。

2.3 其他国家军队装备维修保障发展历程

对于美国、俄罗斯以外其他国家军队装备维修保障的情况,本书主要研究英国、德国等欧洲国家。同时,考虑在基本条件、组织管理、策略方法等方面的差异性,视情兼顾印度军队和日本自卫队装备维修保障的有关情况。

2.3.1 英国、德国等欧洲国家军队

2.3.1.1 总体情况

在冷战时期,欧洲国家军队通常采用内部解决方案进行设备维护和维修。工业企业专注于设备的开发和生产,而军队则负责设备的维护。冷战结束后,由于国防装备市场更加开放,许多国家的军队越来越多地转向私营部门,以满足装

备生命周期各个阶段的需要。军队和私营部门之间的合作往往源于这样一个简单的事实:一些非核心活动对军队来说是不可避免的,但同时也是许多私营公司的主要活动。执行军事行动是军队的核心职能,装备维修和备件管理是保障职能。这种情况也常常反映在员工的薪酬和激励上。欧洲发达国家正在改变其军队的装备维修活动,以期找到更具成本效益的解决办法。

1. 公私伙伴关系的发展

英国是使用公私合作伙伴关系(Public – Private Partnership,PPP)的旗舰国家之一。自1992年政府推出一项后来被称为私人金融倡议(Private Finance Initiative,PFI)的方案以来,英国已启动了许多大型项目。该方案采取跨部办法,几乎涵盖所有部门。作为自2010年底以来实施的预算削减的一部分,已决定将国防支持集团私有化,该集团为英国武装部队的陆地车辆、飞机、设备和电子系统提供维护和维修服务,执行校准程序,并履行其他后勤保障职能。此外,英国国防部(Ministry of Denfence,MoD)正在为专业后勤保障提供者的私有化做准备,其中包括负责维修英军装备机构。自冷战结束以来,德国联邦国防军(此后简称"德军")的新职能和预算削减使其对PPP更感兴趣,主要目标是降低成本和提高服务质量。这将通过实施三种模式来实现:促进内部活动(即德国国防军开展的活动)、公私合作和私有化。根据瑞典军队的PPP战略,PPP项目主要是出于削减成本的考虑。在过去的几十年里,有几次将现有国有资产移交给企业,并从中购买了运营商服务(包括集中储存和分发备件、密码设备修理、造船厂、模拟机和教练机)。芬兰国防部在过去10年才对与私营部门更密切的合作感兴趣。这一点在装备维护和维修方面尤为明显,为此,与私营部门合作成立了一家企业——米洛(Millog Oy)。米洛的榜样很可能会在其他领域被效仿。

2. 装备维护与修理

在德国,陆军装备的维护和修理由陆军维修后勤连(HIL)负责。HIL的所有者是德意志联邦共和国(49%)和一家控股公司(51%),其股东包括三家主要的德国国防企业:Krauss Maffei Wegmann、Rheinmetall Landsystemevi和Diehl Defencevi(各自直接或间接控制控股公司的三分之一)。如今,HIL负责维护和修理陆军几乎所有的装备,包括车辆、武器和电子部件。HIL保证所服务装备70%的可用性。该公司约有2200名雇员,年营业额约为2.5亿欧元。它只为德军提供维修服务。这背后的原因部分与HIL不承担人员或基础设施相关成本这一事实有关。芬兰国防军装备(包括武器和电子部件)的三级和四级维护和修理工作由Millog进行。它的大股东是帕特里亚西(55%),后者又由芬兰政府(73%)和欧洲宇航防务集团(27%)持有。Millog的其他股东包括Instaxii(34%)、Raskonexii(8%)和Oricopaxiv(3%)。芬兰国防部在Millog拥有所谓的黄金股,并在董事会中有自己的代表。除设备维护和修理外,Millog还提供这些活动所需的备件(动员库存仍归芬兰国防军所有)。Millog于2009年1月投入运营。2010年,它的营业额为7600万欧元,雇用了665名员工,其中大部分是平民。Millog也可以为其他客户提供服务。按照冷战的传统,瑞典军队大多倾向于设备维护和修理的内部解决方案。由于大规模的重组和缩小规模,瑞典军队的车间有大量的过剩产能,这使得目前的物流组织效率低下。由于所购装备大部分是进口的,而且装备的技术复杂性继续增加,瑞典国防工业政策的目标已经降低,以使瑞典不能自行生产和修理其所有设备,并能够依赖外国政府和公司。在荷兰,私营公司参与荷兰军队的日常行动在很大程度上取决于资源的可用性,他们的主要目标是削减成本。目前,荷兰军队不打算建立类似于德国和芬兰的合资企业。军队的装备维修活动通常采用内部解决方案。空军飞机和海军船只的维护与修理是在私营部门的密切合作下进行的。在登海尔德,有一个国有车间租给了一家私人公司,用于油漆海军部件和装备。由于产能过剩,其现有运营商可利用其闲置资源为其他客户提供服务。

2.3.1.2 英军装备维修保障

第二次世界大战后,英国作为军事大国之一,一直保有强大的装备维修保障力量。在马岛海战和海湾战争中,英国军队保障体系为作战部队提供了超远距离远征作战维修保障支援,确保英军海外军事行动的成功实施。冷战结束后,英国在国际事务中的影响力显著下降。1997年,工党上台后,英国政府根据国家安全需要和军事战略的调整,对国防保障体制进行了大力改革。改革前,英军的保障体制为陆、海、空"三军"自行保障,是标准的军种负责制;改革后,英军组建了并列并独立于"三军"之外的保障体系,形成联勤程度较高的总部联勤框架。此后,英国国防部陆续采取了一系列改革措施,调整英军装备保障业务方式。对英军装备维修保障而言,其中比较重要的几次改革依次如下:

(1)2000年,英军成立"三军"联勤保障机构。英国军队于2000年建立了国防保障组织(也译为"国防部保障部")。国防保障组织是英军联勤工作最高领导机关,设8个综合职能部、7个直属业务局和10类在役装备维修管理项目组,负责在国防部直接领导下实施"三军"联勤保障。国防保障组织的职责包括领导全英军武器装备维修和改造工作,负责协调英军装备和保障物资的储存与分配,领导管理后方仓库、军港、机场和运输部队、联合保障旅等保障实体,在军事行动或军事演习的各个阶段向英国军队提供全方位装备保障,年度预算近90亿英镑,占国防预算的20%以上。

（2）2004年，英国国防部成立了由国防保障组织牵头、各军种主要领导参加的国防保障管理委员会，负责重大事项的决策。2005年，英国国防部又对国防保障组织的机关进行了调整，撤销了各军种保障部（局），专门编设4名少将军官，分别担任陆、海、空"三军"保障主任和联合作战保障主任（辖精干工作班子），负责国防保障组织与陆、海、空军参谋部和常设联合作战司令部之间的协调。

（3）2007年，英军成立装备全寿命保障机构。英国国防部将国防采购局和国防保障组织合并成立了国防装备与保障总署。这次合并一方面意味着英国武装部队的装备保障工作彻底合并到一个主管部门；另一方面对装备保障而言，这次合并意味着英军武器装备保障实现了全寿命管理。国防装备与保障总署将负责所有武器装备的全寿命周期管理工作，从装备设计、采办、交付、使用、维修一直到退役。合并后，英国国防装备与保障总署管理着约160亿英镑的预算，占英国国防预算的43%，雇员约29000人。这次合并旨在更有效地管理武器装备，尤其是在装备维修、技术升级和成本控制等方面。国防装备与保障总署全权负责英国陆、海、空军全部装备的维修保障管理，业务范围覆盖舰船、飞机、车辆、武器、信息系统、卫星通信等各类装备，同时负责维护军队联合供应链和皇家海军基地，向前线部队提供优质的服务。维修保障工作主要由相应的一体化小组和保障小组负责管理。此外，英国国防装备与保障总署也负责管理使用工业合作伙伴，与众多国防工业企业保持密切的合作关系，双方通过合作协议向部队提供有效的保障。

（4）2014年，英国国防部对国防装备与保障总署进行了组织模式商业化改革。改革后的国防与装备保障机构不再是国防部的一个管理机关，而是成为一个"定制贸易实体"（Bespoke Trading Entity）[①]。这次改革的本质是以商业化管理运作模式改造英国国防装备采购与保障业务。改革后的国防装备与保障总署是国防部下属的一个按商业模式运营的实体单位。所谓的"定制贸易实体"，是指国防装备与保障总署将完全按商业化方式运行，业务承包给专业的管理服务商，对业务运营具有高度自由的自主决定权，根据政府规定的运营成本要求，可自行决定员工的招聘、奖励和管理方式，包括各级管理人才按市场化薪酬招聘并根据绩效给予经济奖励，从而实现引入私企管理人才和管理技能的目的。这次

---

① Bespoke Trading Entity，这个词在国内没有对应的词。大致可理解为英国国防部的一个负责采购的直属机构，但是采用商业化运作模式，主要成员除军种和国防部派驻成员外均为从地方企业高薪外聘的专业管理人员。

改革是英国政府改造国防部采购和保障部门计划的一部分,改革过程中引起多方诸多争议,连定制贸易实体也是各方博弈的结果。改革的主要动因是,在国防装备与保障总署管理期间,装备采购的"拖进度、降性能、涨成本"问题。2009年,英国政府的一项调查认为,国防部的装备方案严重过热,订购了太多类型的装备,铺开的摊子过大、技术性能过高,根据任何可能的未来预算预测,在经济上都是无法承受的。国防装备与保障总署的人员在技能上无法满足项目管理的需求。改革后,管理服务商在国防装备采购与保障机构中扮演的角色、与国防部的关系以及和其他承包商之间的关系引起了各方广泛关注。国防装备与保障总署的这次改革其实是国防部对其结构和运营模式进行全面改革的一部分,是英国国防部力图改进其装备采办与保障管理能力所做出的努力,通过这一方式引入企业化运营方式和企业管理人才,英国政府希望将国防采办与保障机构打造成卓越的国防装备管理机构,成为一个具有世界级管理水平的项目管理组织。

2.3.1.3 德军装备维修保障

冷战结束后,德军装备保障领导与组织实施体制经历了几次大的变革。

(1)冷战结束后部队规模大削减。1990—1992年两德重新统一后,原联邦德国的联邦国防军全盘接收了原东德人民军,军队人数曾经一度高达67万。施托尔滕贝格(Jens Stoltenberg)任国防部长期间,重点工作就是消化人民军的人员及装备。1992—2000年的改革期,德军的工作重点是改革庞大的军事体制。通过撤并精简部分军事机构,到2000年,军队员额削减至35万。以海军为例,这一时期德国海军大部分苏制舰艇装备被出售或报废,仅有少部分专业技术人员经过考核后被纳入海军继续服役。这一时期的海军基本保持4万人规模,装备3艘老式驱逐舰和数量众多的小型水面舰艇、小型潜艇,研制了8艘F-122型护卫舰,海军航空兵保持着1个联队50余架"狂风"战机的规模,成为中北欧地区具有较强近海综合作战能力的轻型海上力量。在装备维修保障方面,两德合并后,旧有保障力量同样被大规模削减,军种根据各自部队和装备结构、规模,各自保留必要的保障力量。

(2)2000年,联勤保障体系建立。2000—2010年的转型期,在施特鲁克(Peter Struck)任国防部长期间,相继出台了《国防政策指南》《武装力量发展指南》和《国防军规划》三部转型纲领性文件,从"三军"抽调装备保障力量,组建联合保障部队,探索"三军"大联勤体制,开始全面军事转型。在本轮改革中,国防部高度重视引入地方力量,支撑军队保障任务。2000年,国防部和工业界合作建立隶属于国防部、由地方企业运营的维修零件仓库,把器材管理任务交给了私营企业管理,以节约成本。2002年,国防军车队管理公司接管了军队车队管理,目的是减轻不属于核心能力的军事职能,优化装备使用,提高保障效率。2005 年,陆军装备维修公司成立,开始接管陆军装备的维修工作。

(3)2011 年启动的第三轮军事转型。在古滕贝格(Zu Guttenberg)任国防部长期间,修改了《国防政策指南》,2011 年 5 月,时任国防部长德迈齐埃(Thomas de Maizière)颁布了新的"国防部组织机构"。本轮改革主要是对前 10 年军队转型运行情况进行总结,重点调整国防部机构和军队指挥体制,强化军队联合作战指挥能力,以提高指挥效率、适应海外维和军事行动。在本轮改革中,国防部监察总长地位进一步提升,联合作战保障指挥和规划能力进一步提升。

2.3.2 印度军队

印度军队陆、海、空军武器装备绝对称得上是"高大上",拥有的现代化先进作战武器装备的质量和数量符合一个军事大国的标准。但是,从枪支弹药到飞机大炮、航空母舰战斗群没有几件是印度国产。世界各武器制造大国设计生产制造的先进武器,印度军队都编配。美系、英系、法系、俄系,将来还要引进韩系、日系制式的武器装备。所以说印度军队的武器装备是标准的"万国制"和"万国牌"。这对其装备维修保障建设有较大的影响。

2.3.2.1 引进装备维修保障能力滞后

如果说当今世界上他国装备种类以及数量最多的国家,相信印度当仁不让,这点也被瑞典斯德哥尔摩国际和平研究所的研究报告所证实。在 2016 年的报告中,美国和俄罗斯两国居于世界军火出口前两位,而印度则成为世界军火进口的最大国家。从法国的"阵风"战机,"鲉鱼"级潜艇,俄罗斯的苏 - 27、苏 - 30、苏 - 35 和米格 - 29K 战斗机,到各型防空导弹,来自他国的各型装备不断装备印度。面对如此多的装备,印度真能维护得过来吗?关于这一点,不妨看看印度近年的案例。

就在 2018 年初,印度海军的一架米格 - 29K 战斗机在进行陆地起飞训练时冲出跑道,如图 2.3 所示,幸好飞行员及时弹射才保全了性命。然而,战斗机前起落架直接折断,战机整体损毁极为严重,如果不报废也需要大修了,尴尬的是凭借印度自身能力根本无法修理,只能交由俄罗斯来进行,如图 2.4 所示。除此之外,有专家分析此次事故很可能是因为战机维护不当,长期处于劳损状态,加之飞行员对战机使用并不熟悉,导致了最终的惨剧发生,从这一点可以看出,印度在该型战机的维修能力方面不强。

图 2.3　印度米格-29K 战斗机冲出跑道

图 2.4　印度打算自行维修米格-29K 战斗机

不过,印度却始终不认为是自身维修能力不够造成的惨剧,反而一味地谴责是俄罗斯战机质量有问题,甚至还有印度高层官员表示这是俄方维修保养不当造成的一系列事故,原因就是当年俄方曾答应为印度提供大修,然而大修能够提供,平时的保养还要俄罗斯来做吗? 这究竟是印度空军战机还是俄罗斯空军战机? 面对这一系列的问题,印度甚至还扬言要购买美军的 F/A-18 战斗机用来替换现有舰载机。

印军修理能力不足是一个方面,另一个方面甚至还请求美国帮助来修理他国装备,这个犯了国际军火市场的大忌。据俄罗斯卫星网 2017 年 10 月 4 日报道,印度海军租借俄罗斯的一艘"查克拉"-2号核潜艇回到印度军港接受维修,如图2.5所示。据称该艇在执行任务途中潜艇声纳触碰海底导致严重损毁,印度海军只好将其停放在军港内,不过据俄方报道该艇已经停放了至少一个月,在这一个月时间内印度并没有通知俄方,而是偷偷寻求美方提供帮助,因为印度并没有能力维修声纳,并且还不想通知俄方,只好寻求美国帮助。不过,这可是俄国海军的一艘核潜艇,让美国来参观维修,实在让俄罗斯难以接受。

图2.5 印度租借的"查克拉"-2号核潜艇

尽管印度近年来在世界军火市场上大肆购买装备,各种先进装备全都装进了自己的袋子中,不过印度却没有想过这对自己的维修保障能力是多大考验,在此情况下一味地购买,只能带来更大的悲剧。现代战争打的其实是保障,"杂货铺"一样的复杂的武器装备系统真的考验印度军队的极端管理能力。从美国的F-16战斗机,到俄罗斯的苏-30、米格-21、米格-29战斗机,法国的幻影战斗机,俄罗斯的潜艇、航空母舰、坦克。从天上飞的、地上跑的、海里游的,哪怕是手中的枪,甚至是枪里的子弹都需要进口。这么多的武器都依赖进口,而且分属于不同国家,不同国家的装备体系是不同的,就连最简单的步枪的口径都不一样,弹药的保障就很困难。各种武器的系统之间也不匹配,把它们整合到一块,也是一个很复杂的系统工程。

但印度有个好处就是,可以买,而且别的国家也愿意卖。印度对于武器的进口下血本,一般进口武器都会附加技术转让,或者在本国建立生产线,这样武器就可以国产,实现国产化的保障,日常的维修可以在国内进行。例如,著名的印度斯坦航空公司,负责印度空军军机的生产、维护、修理。印度斯坦航空公司可是印度的明星公司,但据统计,经该公司之手组装或大修过的主力军用飞机故障率非常高,甚至发生了不少机毁人亡的事情。

第二条路就是通过外国来保障,如一些装备的升级改装,就交给外国公司。印度看上了俄罗斯的一艘老旧航空母舰,自己没有能力改造,那就交给俄罗斯,这下被俄罗斯给钓上了,航空母舰工期一拖再拖,改造费用也涨到了 30 亿美元,但距验收交付却遥遥无期,而且费用还可能继续增加。2017 年,印度海军不幸,大价钱购得俄制 42 架米格-29K 舰载机遭遇起落架问题,印度一怒之下要将其全部退役,如果其海军当真,那么使用多年的"维克拉玛蒂亚"号航空母舰将遭遇无机可用的尴尬境地,包括打造中的国产航空母舰"维克拉特"号,亦将陷入未入役就不能使用的窘境。

2.3.2.2 打开装备维修保障市场

据毕马威(KPMG)在印度发布的消息称,随着国防政策放宽,仅将印度空军的维修需求外包,就可能创造出价值 30 亿美元的产业和 5 万多个就业岗位,这无疑给私营企业增加了机会。

莫迪(Narendra Damodardas Modi)上台后,推崇印度制造,所有进口的武器装备都要求在本国组装生产,以促进印度制造能力,否则一切免谈。这在方向上是合乎逻辑的,通过组装来提高武器装备自造水平。但现实往往与想象不同,其"北极星"直升机就是一个明显的例子。自从 1992 年首飞到现在,由于自己不掌握所有关键技术,生产质量太差,勉强卖出去一架给厄瓜多尔,摔去一半后,再不敢飞,挂到网上按二手机等待出售。免费送予马尔代夫,但被其退了回去。制造正是其技术能力的体现,一个没有完成工业化的国家,其武器装备制造是很难靠得住的,更谈不上维修能力。

从印度的装备建设来看,追求世界上最先进的武器装备,也曾经取得了一定的短期效益。但是,引进高科技武器装备是一把双刃剑:一方面买来即可投入使用,迅速增强国防实力,但长远来看,对本国制造和维修的负面影响不容忽视。一是装备价格高昂,购买数量受到限制,量少,难以形成体系化的运用优势。二是使用成本太高,自己不会修,还需请制造国家来修。例如,购买米格-29K 舰载机时,为了节省就没有签订维护协议,本国又没有能力修,再请俄罗斯来修,就会是一大笔费用。这样长期下去,无助于武器装备产业进步,造也造不了,修也修不了,同时维修保障能力不足又导致现有装备技术状态质量下降,陷入了一种负面的循环。在此情况下,要形成国内的装备维修保障市场,并有效支撑军队装备建设和军事行动保障需求实在是任重而道远。

2.3.3 日本自卫队

日本自卫队(Self-Defense Force,SDF)没有经过战争考验[2],因为日本在第二次世界大战中失败后就没有卷入过武装冲突。根据和平宪法,自卫队不拥有攻击性航空母舰或远程轰炸机。日本1947年宪法第9条放弃发动战争解决国际争端的权利,并禁止维持军队。但这一条款被延伸了,不仅是为了自卫而维持武装力量,而且允许海外军事活动,包括2004年在伊拉克部署非战斗任务的部队。日本2013年放宽了对武器出口的自我禁令,此举旨在为其国防承包商创造新市场,并促进在军事装备和技术开发方面的跨境合作。

2.3.3.1 装备维修保障模式

日本自卫队以军工企业为核心,建立新的军地合作装备维修保障模式,装备维修保障呈现多样化的军地联修联供合作方式[3]。

日本自卫队根据装备科研机构力量单薄,又没有专用军工厂等特点,逐步建立起军民结合的装备发展和保障体系,依靠地方企业的力量参与进行装备全寿命的保障工作。技术研究本部是研究发展军用武器装备与保障装备的综合性科研机构,但由于编制人员有限,又无生产手段,无力承担从装备的情报信息调研到设计、试制、生产与应用等全面任务。因此,在研制新装备时:对自卫队内有能力承担的科研项目,通常由技术研究本部承担;自卫队内无力承担的科研项目,一般全部委托私人企业承担,或者由军内研究所承担研究,私人企业完成试制,或者由军内研究所与私人企业合作开发。

日本自卫队通过《维修管理规则》,专门规定了利用民力实施维修的原则、分类和要求,并建立了军外维修系统。日本自卫队编配的各型飞机有上千架,飞机的补给维修大部分委托给地方企业实施。作战车辆的4级以上的军外维修主要由该装备的生产厂家——三菱重工公司与小松制作所负责实施;特种车辆的4级以上维修主要由小松制作所负责实施。日本舰船有近80%的修理工作是在日本私人船厂参与下完成的,这也是日本海上自卫队舰船维修的特点。

为提高装备维修保障人才培养的效费比,日本自卫队规定,在下列情况下,可以利用地方教育机构为军队培养人才:一是军队教育在拓宽相关知识和提高技能方面有困难的;二是即便军内可以教育培养,但从经济上考虑不适宜的;三是不限于单纯的知识和技能教育,而是通过同地方人员的接触开阔眼界与扩展思维。

2.3.3.2 提高装备维修保障效率

日本的装备维修工业非常发达,这也为其自卫队的装备维修保障奠定了良好的基础。目前,日本工业界正探索15种操作方法,从而减少维修及维修人员、降低维修成本,并且使设备可以更可靠地运行更长时间。这15种方法中,大多数是操作和维修方面的新主题。这也被日本自卫队装备维修保障所充分借鉴,每种方法都可以减少装备停机时间,节省资金,并提高运行时间和性能。15种操作方法如下。

(1)日本的维修艺术——改进文化。

(2)精准维修——精准思维。

(3)价值流映射——删除不必要的;支持价值流。

(4)实时维修——可靠性"随时可用"。

(5)利用操作员——维修人员的概念发挥作用。

(6)让维修保障机构更容易控制准确度。

(7)生命周期利润优化——可靠性和低成本设计。

(8)成功的计划和调度"怎么做"。

(9)新的维修资产管理标准。

(10)内部维修质量控制与保证。

(11)使用维修点知识。

(12)维修标准化的许多其他好处。

(13)多功能维修团队实现最佳表现。

(14)改变维修保障的关键绩效指标。

(15)通过丰富技能持续改进。

2.3.3.3 增加装备维修保障费用

经费投入是保障活动开展的重要基础,为有效实施和推进装备维修保障工作,近年来,日本不断加大装备维修费的投入。随着国外采购和国产装备数量的增加及性能的提升,装备维修费用增加明显。从20世纪90年代的4000亿日元增加到2016年的8671亿日元,增长了1倍。2017年度,陆上自卫队投入约393亿日元采购4架MV-22"鱼鹰"运输机,同时投入392亿日元采购相关补给维修器材。据日本防卫省估计,以陆上自卫队购买的17架"鱼鹰"运输机为例,未来20年间的维修费总额约达到4600亿日元,占陆上自卫队所有飞机维修费用的近一半。2017年,航空自卫队投入946亿日元用于采购6架F-35A联合攻击机及相关维修器材。计划购买的42架F-35战斗机,30年间的维修费总额约1.2亿日元。仅"鱼鹰""全球鹰"、F-35、E-2D预警机四种飞机的维修费,日本每年要向美方支付约800亿日元。日本国内也有人担心,引进装备维修费的激增,有可能影响装备保障计划的实施,并使其他类型装备的维修陷入困难境地。

第3章 装备维修保障基础理论

装备维修保障基础理论来源于装备维修保障活动实践,是对现实的反应,也是理性思维推测、演绎、抽象、综合的成果,同时这些理论又要回到实践进行检验并不断优化完善,形成能够指导装备维修保障活动的相对稳定的理论体系。以下选取5种目前在世界范围内应用较为广泛的装备维修保障有关理论进行归纳阐释,并作为后续内容的理论基础。

3.1 综合保障

综合后勤保障(Integrated Logistics Support,ILS,国内称为综合保障)概念由美军首先提出,至今经历了半个多世纪的发展,经历了从事后保障到基于性能的保障的发展演变过程。目前,综合保障已经成为武器装备全寿命周期管理的重要组成部分,是武器装备改进和新产品研制需求的重要数据来源,也是装备试用阶段维修保障的重要支撑。世界主要军事大国纷纷从国家层面推行国家战略计划,并在重点装备研制过程中加强保障性管理,以提高装备的战备完好性,适应新的作战环境和作战样式对产品保障的要求[4]。

3.1.1 综合保障发展计划

为了缩短武器装备的保障响应时间、减少采办和后勤支援的费用,美国、英国、日本等西方发达国家相继制订了综合保障发展计划,并积极发展综合保障相关技术。

3.1.1.1 美国

自1964年美国国防部首次发布提出综合后勤保障的概念以来,美国一直将综合保障作为国家核心战略,并始终保持综合保障领域的倡导者与引领者地位,建立了完善的后勤综合保障政策体系、标准体系和实施模式。在技术实现方面,美国致力于应用先进的信息技术解决综合保障中的各种难题。1985年9月,美国利用信息技术解决了装备书面保障数据存在的问题,提出了在武器装备采办与保障过程中开展"计算机辅助后勤保障";1987年,美国国防部又将计算机应用引入整个武器装备采办领域,不仅涵盖装备及其产品保障数据,还把武器装备采办过程中生成的、用于产品设计制造所定义的数据信息纳入进来,称为"计算机辅助采办与后勤保障"(Computer Aided Acquisition and Logistics Support,CALS);1988年,美国国防部设立了CALS办公室,并于当年发布了MILHOPK59《国防部计算机辅助采办与后勤保障大纲实施指南》,把CALS提到战略高度上来;1993年,美国国防部发布《CALS战略计划》;1994年改称为"持续采办与寿命周期保障"(Continuous Acquisition and Lifecycle Support,CALS);美国国防部1998年的一份国防报告明确指出:"CALS是一项核心战略,这一核心战略的执行将使国防部与工业界之间能够建立集成数据环境。"此后,为推动CALS的应用与技术发展,美国国防部持续发布相关政策指令或标准规范,并大力推广CALS技术应用,据不完全统计,美国国防部以及各军兵种与有关公司在100多个计划项目中试验、推广了CALS。

3.1.1.2 英国

1993年,英国国防采购办公室颁发了《在采购过程中应用综合后勤保障的政策》文件,对国防部的综合后勤保障目标做出了明确规定。1996年,英国国防部颁布国防标准Def Stan 00 - 60《综合后勤保障》,该标准与美军MIL - STD - 1388 - 1A和MIL - STD - 1388 - 2B配合使用,构成其综合后勤保障的标准体系。从1997年开始,英国国防部调整了装备管理体制,成立国防采购局和国防后勤局,在型号项目管理方面,成立"综合项目组"负责项目的全寿命管理,成立"综合后勤保障小组"负责项目综合后勤保障工作,同时规定综合后勤保障小组成员必须作为综合项目组的成员。

3.1.1.3 日本

日本是亚洲最早研究和推行CALS的,也是最富有成果的国家。在日本,CALS被看作推进工业信息化和推进电子商务的战略措施,并由政府主导建立商业CALS的运用体系,推动实施了虚拟企业VE - 2006计划、NCALS计划以及MATIC计划。早在1991年4月,日本成立了CALS研究会,并从这一年开始,每年都举办一次CALS国际研讨会和展览会,对最新的研究成果和产品进行研讨与展览。

3.1.1.4 韩国

为了应对全球经济的挑战,韩国政府颁布了一个CALS计划,决定选择10家公司进行试点,并不断调整工业政策,以建立适合CALS技术发展的政策环境。韩国国防部作为韩国实施CALS的先驱者,成立了国防信息系统局,明确从1995年后期开始在军事上实行CALS战略。韩国工业界的CALS活动起始于

1992年,但很快确立了CALS的发展战略思想,于1994年4月成立了CALS委员会,1995年成立了韩国CALS/EC协会(KCALS),有120家公司参加,自1994年起,每年举办一次"韩国CALS"国际研讨会。

3.1.2 装备综合保障情况

国外新一代装备,如美国的F-22战斗机、联合攻击战斗机(Joint Strike Fighter,JSF)、B-1B轰炸机,西欧四国联合研制的欧洲战斗机EF2000等,在研制中都非常重视保障性。

3.1.2.1 F-22战斗机

F-22战斗机从方案设计阶段就把保障性放在与隐身、超声速巡航、推力矢量等性能需求同等重要的地位。在方案论证中,40%的工作量用于与保障性有关的工作,反复进行权衡分析。为了达到空军的保障性要求,承包商从飞机设计阶段就充分利用计算机辅助设计和仿真技术进行保障性分析设计,采用并行工程、数字化设计、计算机辅助采办与后勤等先进的设计与管理理念,对于提高飞机保障性起到了关键的作用。从2010年4月起,美国空军将F-22战斗机的综合保障工作从洛克希德·马丁公司转移到美国空军手里。

F-22战斗机在实施CALS计划中,组成了以多个政府部门和多个承包商为核心的集成产品开发小组,全部技术数据的传递实现了数字化,研制阶段生成的数据在飞机的整个生命周期内都可以使用,所有的成员都可以在无纸化的环境里进行数据获取、信息传递和后勤支持等活动。

3.1.2.2 联合攻击战斗机

联合攻击战斗机是美国洛克希德·马丁公司研制的新一代先进战术攻击战斗机,具有隐身、高机动性、高生存性和低成本的特点,在研制过程中强调经济承受性、通用性和保障性,在其6个关键性能参数(Key Performance Parameter, KPP)中,有3个与保障性有关,即出动架次数、后勤规模和任务可靠性。为了满足这些关键性能参数,必须将JSF设计成高可靠、易于维护和持续保障需要更少资源(人员、零备件和保障设备)的飞机。为此,在军方的JSF项目办公室中成立了负责保障性的机构,建立了由保障方案、综合后勤保障规划、可靠性与维修性工程、保障性分析与综合、训练等各专业人员组成的综合产品组(Integrated Product Team, IPT);在型号研制中,通过改进可靠性、维修性和保障性设计,采用自主式的后勤保障系统和采用商务后勤保障等途径,使JSF的使用和保障费用比现役的F-16、F-117等战斗机减少50%左右。

3.1.2.3 F-35 战斗机

F-35 战斗机利用先进数字化技术建立了全新的自主式保障系统,将劳动力密集型的活动,如维修、备件供应和运输管理实现自动化。主装备着陆之前,机载的预测诊断系统即可自动将检测到的装备故障信息传输给地面的维修站和补给系统,地面方依据信息将维修所需的零备件、技术资料、维修人员和维修设备准备到位,以便装备着陆后便可快速进行维修,缩短装备再次出动准备时间,提高装备的出动强度并大幅度减少维修工作量,节省使用和保障费用,提高装备的战备完好性。通过应用该保障系统,F-35 战斗机的维修人力减少 20%~40%,保障规模减小 50%,出动架次率提高 25%,装备的使用与保障费用比过去的机种减少 50% 以上,使用寿命达 8000 飞行小时。

3.1.2.4 B-1B 轰炸机

Rockwell 国际公司在 B-1B 轰炸机的研制过程中,基于 CALS 的技术和标准开发出新的自动后勤系统,使分布在 10 个地方的 200 多名专家可以通过计算机网络实时地协同工作。当 B-1B 轰炸机交付使用后,有 1200 万个后勤支持记录存放在 13 个不同的系统中,授权的客户可以在权限范围内自由地获取这些数据,有力支撑了后续综合保障工作的有效开展。

3.1.2.5 EF-2000 战斗机

EF-2000 战斗机研制过程中非常注重加强保障性管理、分析及设计,从设计阶段便进行了保障性分析,包括故障模式、影响和危害性分析(Failure Mode, Effect and Criticality Analysis,FMECA)、以可靠性为中心的维修分析(Reliability Centered Main-tenance Analysis,RCMA)、修理级别分析(Level of Repair Analysis,LORA)和软件保障性分析等工作,并利用计算机进行辅助分析与设计。在方案论证中,40% 的工作量用于与保障性相关的工作,反复进行权衡分析。为了达到保障性要求,承包商从飞机设计一开始就充分利用计算机辅助设计和仿真技术进行保障性分析设计,并在军方与承包商内建立保障性管理机构,参与 EF-2000 战斗机计划的 8 家公司都设有保障性经理,负责 EF-2000 战斗机的保障性问题,并对转包商提出保障性要求。

3.1.3 装备综合保障的特点与趋势

从国外武器装备综合保障技术的研究与应用现状来看,目前,国外的武器装备综合保障管理正在向体系化、专业化、数字化、集成化方向发展,并呈现以下几个突出的特点和发展趋势。

3.1.3.1 贯穿武器装备全寿命周期

综合保障工作从项目论证阶段就开始备受关注,制订满足装备完好性需求的综合保障计划,致力于提升产品、部件、零件和保障设备的标准化,并确保研制数据、试验数据和相关信息能够被涉及装备综合保障研究的所有部门共享。在使用维修阶段,注重持续监测产品的保障性,并关注产品保障战略和经济可承受性之间的关系,在改进保障战略的同时不断优化产品性能,实现在装备的全寿命周期内进行综合保障的目标。

3.1.3.2 建立装备综合保障的专职队伍

为了保证武器装备能够满足军方提出的作战需求,针对每个项目建立专门的综合保障团队,由项目经理、产品保障经理、产品保障集成商和产品承包商4个级别构成,并明确每个岗位的工作职责,实现综合保障工作与装备立项、研制、生产和使用的无缝对接,保证综合保障工作的落实。

3.1.3.3 采用集成化方法实现一体化管理

在武器装备的综合保障过程中,通过创造一个共享的信息环境,只要遵循相关的标准,与项目相关的政府部门、各有关单位和厂商在协同工作时,就可利用计算机网络进行协同工作,设计人员可以在动态环境下将制造、维修和保障费用及进度等因素作为设计参数一并加以考虑进行优化设计,从而大幅度缩短新武器系统的研制周期,减少全寿命费用,增强使用阶段装备完好性。

3.1.3.4 用数字化数据增强数据可靠性

综合保障过程中采用无纸化的数字信息,通过网络实现数据共享,使数据信息能够高效生成、交换、处理与维护,并且只要生成一次,便可在武器系统整个寿命周期的许多不同过程(即设计、分析、制造、训练、维修、库存控制、签订合同)中多次使用,不仅能减少昂贵的书面资料费用,而且能提高数据交换的准确性和及时性,消除重复,减少失误,增强数据可靠性。

3.2 装备维修工程

装备维修工程(Equipment Maintenance Engineering)是装备维修保障的系统工程,是研究装备维修保障系统的建立及运行规律的学科。装备维修工程可以表述为,应用装备全系统、全寿命、全费用观点,现代科学技术的方法和手段,优化装备维修保障总体设计,使装备具有良好的维修设计特性,及时建立有效而经济的维修保障系统,使主装备与维修保障系统之间达到最佳匹配与协调,并对维修保障进行宏观管理,以实现及时、有效而经济的维修。

3.2.1 装备维修工程形成与发展

装备维修工程的形成和发展,是科学技术和武器装备发展的结果,是武器装备研制、使用维修及管理的需要,是武器装备建设与发展的需要。同时,维修工程的形成和发展与可靠性、维修性工程的发展是密不可分的。

3.2.1.1 装备维修工程的形成

20世纪50年代以来,随着军用装备的发展及其技术上的复杂化,维修保障日益影响装备的使用并成为部队的沉重负担。于是,可靠性、维修性工程应运而生,并在20世纪90年代得到迅速发展。它们都从改善产品设计特性,减少故障或便于维修来减少维修占用的总时间和消耗的资源。随着维修保障系统的优化,即如何及时建立经济有效的维修保障系统,以及它与主装备之间的匹配问题也提到了研究的日常。在装备研制早期就要考虑其可靠性、维修性和维修保障系统,并贯穿于整个研制、生产和使用过程。论证、分析有关维修的设计要求,确定维修保障方案,建立保障系统,成为用户十分关注和迫切需要研究解决的问题。正是在这样的背景下,美国从20世纪60年代开始研究,逐渐形成与可靠性工程、维修性工程并列,而与维修技术学科相区别的维修工程学科。

苏联在可靠性和维修保障研究方面,是有长期的实践经验和理论成就的。苏联虽然没有提出"维修工程"名称,但对产品技术装备变化的研究比较深入,把有关的理论应用于产品的技术保障也有其独到之处,并形成了系列标准,包含了维修工程的丰富内容。

1970年,在英国形成了设备综合学学科,其实质与维修工程并无大的差异,只是其研究和涉及的范围更广一些,对象更侧重于企业的设备。1973年,日本在欧洲考察设备综合工程后,也提出了适合其国情的"全员生产维护"(Total Productive Maintenance,TPM),更加强调企业全体人员参加管理的作用。1974年,联合国教科文组织将"设备维修工程"列入技术科学分类目录中。

3.2.1.2 装备维修工程的发展

自从装备维修工程形成以来,作为装备维修保障的系统工程,已经在装备的维修保障领域发挥了重要作用,取得了显著的军事效益和经济效益。随着人们实践经验的积累和研究的深入,维修工程预期将在以下三个方面有进一步的发展。

1. 充实维修工程理论

维修工程是一门较新的综合性工程技术学科,以多门学科为其理论基础。随着这些基础理论的发展,维修工程吸取其中有益的养分,自身的理论必将进一步得到充实,更趋成熟。

2. 完善维修工程应用手段

在高新技术装备日趋复杂精密的情况下,需要维修工程处理的各种参数和问题必然更为繁多,涉及的因素更为复杂。而维修工程所应用的各种技术手段特别是信息技术的发展也是一日千里,这就适应了维修工程应用的需要,从而使维修工程在处理各种复杂的维修保障问题时应用的手段日臻完善。

3. 扩大维修工程研究涉及内容

凡是涉及的维修保障问题都将成为维修工程的研究对象,可以预见未来维修工程的研究内容将不断扩大。例如以测试性而言,以往一直是把它包括在维修性内的,但是近年来,检测诊断对装备的保障日益重要,检测和诊断技术不断发展,现在已经将测试性作为单独的一种装备设计特性,有其独立的指标,并需与维修性权衡。又如战场抢修本是一项由来已久的维修工作,但随着战争实践经验的积累和人们认识的深化,近些年提出了在装备设计时就应赋予"战斗恢复力"的特性(或称抢修性)。再如在未来战争中现行的维修保障组织结构(包括供应)容易被地方攻击和摧毁,故要强调装备自我保障性,尽量减少对外部保障资源的依赖,以提高装备系统的机动作战能力。

3.2.2 装备维修工程任务与目标

3.2.2.1 装备维修工程的任务

装备维修工程作为一项工程技术,其基本任务是:以全系统、全寿命、全费用的观点为指导,对装备维修保障实施的科学管理。具体来说,其主要任务有以下几种。

(1)论证并确定有关维修的装备设计特性要求,使装备设计可维修、可保障。

(2)确定装备维修保障方案,进行维修保障系统的总体设计。

(3)确定与优化维修工作及维修保障资源。

(4)对维修活动进行组织、计划、监督与控制,并不断完善维修保障系统。

(5)收集与分析装备维修信息,为装备研制、改进及完善维修保障系统提供依据。

作为部队分系统的维修保障系统,其建立、完善和运行是以构建装备维修保障系统为基础的,也需开展有关的维修工程活动。

3.2.2.2 装备维修工程的目标

装备维修工程的总目标是:通过影响装备设计和制造,使所得到的装备实用可靠,便于维修;及时提供并不断改进和完善维修保障系统,使其与装备相匹配、有效而经济地运行。而其根本目的是提高武器装备的战备完好性和保障能力,及时形成和保持装备作战能力,并减少寿命周期费用。

3.2.3 装备维修工程的基本观点

全系统、全寿命、全费用的观点是维修工程的基本观点,也是装备建设与发展中重要的观点。

3.2.3.1 装备全系统观点

装备全系统观点,就是把主装备(作战装备)和保障装备(保障系统)作为一个系统来加以研究,弄清它们之间的相互联系和外界的约束条件,通过综合权衡,使它们互相匹配、同步、协调发展,谋求系统的整体优化。

3.2.3.2 装备全寿命观点

装备全寿命(过程)又称为装备寿命周期(Life Cycle,LC),即装备从论证开始到退役为止所经历的全部时期。寿命周期一般分为论证、方案、工程研制与定型、生产与部署、使用(包括储存、维修)、退役6个阶段。大体上说,就是"前半生"的研制生产和"后半生"的使用保障。每个阶段各有其规定的活动和目标,而各个阶段又是互相联系、互相影响的。

装备全寿命观点就是统筹把握装备的全寿命过程,使其各个阶段互相衔接,密切配合,相辅相成,以达到装备"优生、优育、优用"的目的。特别是论证、研制中就要充分考虑使用、维修、储存乃至退役处理。同时,在使用、维修中充分利用、依据研制、生产中形成的特性和数据,合理、正确地使用、维修,并在使用保障中积累有关数据和反馈信息。

3.2.3.3 装备全费用观点

除作战效能外,也要考虑经济性,即装备的采购、使用应当是经济上可承受的。这就要考虑装备的全寿命费用。全寿命费用(LCC)是一种装备从论证、方案、工程研制与定型、生产与部署、使用(包括储存、维修)、退役的全部费用。其中包括:装备的研制和生产费用合称为获取费用,也称为订购费用,这项费用是一次性投资,非再现的;使用与保障费用需每年开支,在全寿命过程的使用阶段不断付出。这两项费用的总和就是装备的寿命周期费用。各种装备这两项费用的比例不尽相同,但一般地说,使用维修费往往占LCC的大部分(60%~80%)可是由于研制生产费用转化为装备的订购费用,一次付清,容易引起重视,使用保障费用则容易被阶段性忽视。结果形成有的装备买得起而用不起、修不起。因此,在论证、设计阶段就应对不同方案的寿命周期费用进行估算、比较,既要重视订购费用,又要重视使用与保障费用,使得寿命周期费用最低。在保证装备性能的前提下,提高装备的可靠性、维修性和完善维修保障资源,可能要增加一些投资,但却可以节省大量使用维修费用,因而从总体上来看更为合理。

3.3 精益维修

装备维修的代价是维修成本。据统计,在民航运输业,民机的维修费用已经达到了购买飞机价格的2/3,直接运营成本的10%~20%,其中动力装置部分则占约占40%。1架军用喷气飞机每年的维修成本高达160万美元,约占总使用成本的11%。美军每年花在武器装备的维修费用大约为120亿美元,其中,海军占59%,空军占27%,陆军占13%,其他占1%。近40年来,美军装备维修费用约占国防费用的14.2%。20世纪80年代以来维修费几乎接近装备研制费与采购费之和。这些数据表明了装备维修在军事保障中的重要地位,也对装备精益维修提出了迫切需求。

3.3.1 美军对精益理论的认识过程

精益(Lean Production)理论来自美国麻省理工学院对丰田生产方式的考察和总结,基本目标是使企业以较低的投入获得极高的生产率、产品质量和生产柔性。其核心思想是"消灭一切浪费",并且在这一核心思想的指导下创造出一系列的管理技术与方法。美军在运用"精益"思想改进装备维修过程时,把"精益思想"的发展和应用分为三个阶段。

第一阶段称为"学术精益"。此阶段大多通过制造领域(丰田公司)案例来解释精益和精益生产的概念。精益生产,只是一个和大批量生产相对应的术语,是制造业历史中一种最具现代意义的生产模式,其研究的主要对象是生产过程。第二阶段称为"理想的精益"。其价值是激励"学术精益"工具的不断更新,以适应在非制造领域推广时所面临的一些挑战;其基本目标是"消除职员行为中没有增加价值的浪费行为"。第三阶段称为"精益实践"。理想精益理论的研究过程中,提出了一系列的新工具和技术的集合,当把这些精益工具通过剪裁应用到一个新的行业或者过程以后,就会形成一个精益项目,或者"精益实践"。近年来,随着精益思想的普及和精益理论体系的日趋完善,出现了大量关于"精益企业""精益物流"等带有其他行业背景的"精益实践"。

3.3.2 美国国防部对精益维修的探索

多年来,在美国国防部所属的维修企业内部,一直在尝试着采用成熟的商业管理工具改进装备的维修过程。这些改进有的由企业自发开展,有的以国防部下达任务的方式开展。尽管国防部已经注意到这种情况,但一直缺乏宏观的战略导向和长远的资源建设规划。近年来,国防部对维修企业开展的装备维修过程改进项目调研时发现,精益理论已经成为一个很受欢迎的工具。因此,国防部选中精益工具箱作为维修过程改进效果的中心支持工具,希望借助精益理论全面改进装备的维修过程。

美军认为,在国防部维修行动中采用的"精益"实质上是一种带有创新性的实践精益。因为装备的维修同企业大规模的生产有很多不同点,同时,国防部对军事装备进行的有组织、有计划的维修行为也不能完全等同于商业的生产过程,一些在精益理论中常用的方法和工具可能需要改进,一些活动的内容需要进行剪裁,创造出适应于"国防部维修组织体系结构的精益实践——精益维修"。

通过对精益维修进行的专题研讨和案例交流,美国国防部希望解决以下7个问题。

(1)精益思想对国防部的装备维修企业而言,意味着什么?
(2)怎样应用精益理论产生更多的效益?
(3)需要对哪些资源进行投资和改进?
(4)该发布怎样的政策方针进行引导?
(5)期望得到哪些好处?
(6)如何度量该理论的应用是否成功?
(7)如何在该理论应用过程中加强国防部和维修企业之间的有效沟通?

3.3.3 美军装备精益维修的典型案例

美军之所以选中精益工具箱作为维修过程改进效果的中心支持工具,是因为国防部对所属的装备维修部门和企业进行调研时发现,大多数装备维修部门都开始有意识地应用精益思想来改进装备维修过程。这里对其中几个典型的案例进行分析。

3.3.3.1 海军陆战队的精益后勤

1. 目标确定和工具的选择

海军陆战队是美军重要作战力量之一,拥有陆军的绝大多数类型地面装备。海军陆战队希望借助精益思想,在维修企业和供应商之间,沿着价值流的形成过程,建立一种频繁的、小规模的随机补给机制,实现精益后勤的目标。海军陆战队后勤司令部把精益后勤的度量指标确定为以下三项。

(1)增加装备的可用度和完好性。

(2)实现装备维修的更大敏捷性,具备快速适应战场情况和改编的能力。

(3)减少装备全寿命周期费用,力争使采办费用减少28%,使用费用减少12%,维修保障费用减少60%。

为了同时满足上述三个指标,需要在其后勤保障体制内建立一个跨越企业范围的装备全寿命周期管理系统。海军陆战队精益后勤的实施过程中,有很多可用的工具和备选方案。如基于能力的维修、承包商后勤保障、点到点运输服务、6S技术、供应链理论、约束理论、ISO 9000认证、精益生产、全资产可视化等。经过评审,1998年Albany维修中心开始用精益思想和约束理论进行装备维修过程的改进;2003年1月,Barstow维修中心借鉴Albany的经验,也开始应用精益思想和约束理论改进装备维修过程。

2. 组织实施过程

在确定目标和选定工具以后,落实组织机构是保证实施精益后勤的首要任务。Barstow维修中心首先与地方咨询公司合作,拟订了一个精益维修的实施计划,成立了由基地司令部牵头的精益团队;然后在维修中心范围内组织了对相关人员精益思想的培训。

在精益工具应用方面,以水压车间为模板,利用6S技术进行了现场布局整理、清洁和优化,从修理车间地面上移走多余的零件;利用工作流技术停止了车间起先实行的多任务并行流程,规划了单一任务流程;利用关键线路优化技术,计算维修流程中的生产节奏和缓冲时间;对于有规律的库存消耗,实行直接的销售商供应。

经过1年左右的探索和规划,维修中心以该车间的经验为基础,建立了精益维修的标准操作程序,然后以简报的形式分发给维修中心所有的车间,由这些车间根据自身的情况和精益团队提供的指南制订自己的精益计划,并形成定期汇总的制度,各个车间都要定期总结他们如何运用精益思想在车间内开展工作。

3. 实施效果

精益思想给海军陆战队的装备维修带来了较大的变化。根据Essex基地的数据统计,美国海军陆战队的主要装备在实施精益维修后修复时间都有了大幅缩短。表3.1是当前部分装备的在修时间变化情况。

表3.1 精益维修中海军陆战队装备在修时间的变化数据统计

装备类型	精益维修前的平均修复时间/天	关键线路长度/天	平均修复时间（全部完工）/天
MK48	167	52	58
MK48 能源车	56	11	26
LAV-25	212	99	120
LAV-AT	200	100	142
LAV-C2	147	99	118
MK14 拖车	56	23	30
M931 抢救船	113	49	80
M970 补给船	282	77	122
7.5t 起重机	175	47	69

Essex 基地还对 MK48、LAV-25 两种车型的在修时间进行了长期的跟踪和统计。图 3.1、图 3.3 分别显示了 2000—2003 年 MK48 在修时间分布和人工工时的消耗分布情况，图 3.2、图 3.4 则显示了 LAV-25 在修时间分布和人工工时的消耗分布情况。从这些图形中也可以看出，精益维修给海军陆战队带来的效益。

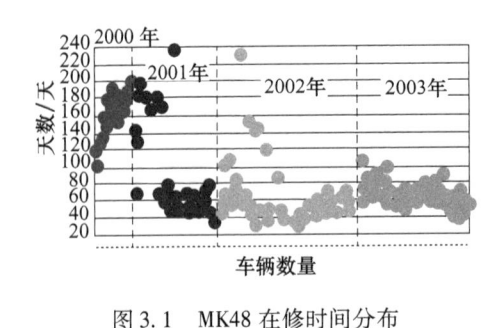

图 3.1 MK48 在修时间分布

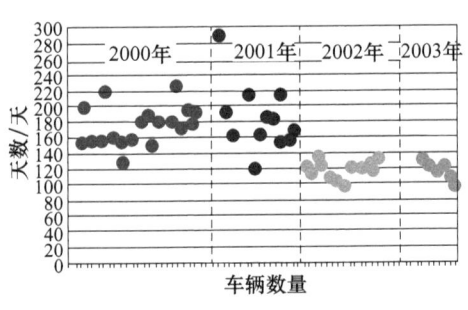

图 3.2 LAV-25 在修时间分布

图 3.3 MK48 修复人工工时分布

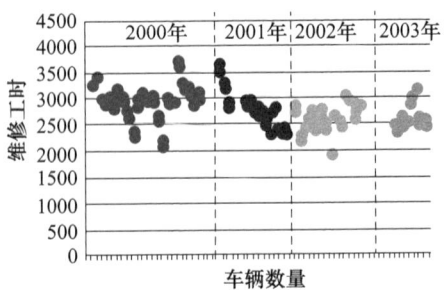

图 3.4 LAV-25 修复人工工时分布

3.3.3.2 AN/SLQ-48型水雷瘫痪系统的精益维修

AN/SLQ-48水雷瘫痪装备(Mine Neutralization Vehicle,MNV),是美国休斯公司制造的"复仇者"级水雷反制舰中的一种遥控装备,装有高解析度高频主动侦雷声纳,首尾各装一部低光度电视摄影机、扫雷刀及爆破装置,通过一条长1070m的通信电缆施放入水,可侦测、识别、标定和瘫痪部分水雷,并能够以水力发动机提供动力,将爆破装置放置于水雷附近。该装置采用基于状态的维修和紧急维修相结合的方式进行修理,由Texas的MNV修理厂专门负责。

该修理厂首先对所修的MNV进行了FMECA分析,总结出导致该装备出现灾难性故障的主要故障模式,包括电缆短路或者被海水污染、液压系统被海水污染、装备内高压或者低压软管失效、印制电路板功能失效(只要有一块印制电路板失效,整个MNV都不能工作)、命令控制单元或者电力分布单元失效。

在此基础上,修理厂利用精益思想对修理过程进行了如下改进:在车间级的组织层面上,利用工作流技术规划了流线型的工作线路;在装备和部件的库存方面,利用计算机辅助维修系统改进和跟踪备件的入库清单,减少库存;在备件的存放方式上,根据常用备件的可用度,利用零件颜色标志法区分不同MNV所用的部件,同时按照MNV的型号分别放置备件,减少不增加任何价值的零件搜寻时间。其具体如图3.5和图3.6所示。

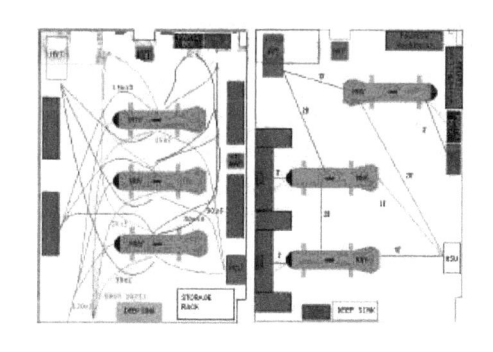

图3.5 MNV修理车间布局优化效果

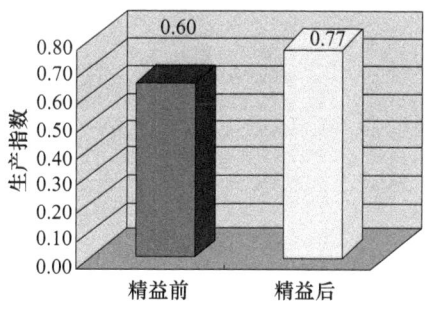

图3.6 MNV修理车间生产指数变化情况

由于需要更多的修理空间,该工厂利用精益基本原则,优化了车间布局,实现了两个台位上一次同时修理三个装备的目标,使空间利用率和生产能力提高了33%,同时减少了工人维修过程中没有增加任何价值的800m移动距离。Texas的MNV修理厂通过开展精益维修后,按照联合舰队维修手册规定的生产指数计算方法,其生产能力增加了25%,对备件的控制和跟踪能力增加了25%,

空间利用率提高了33%,同时提高了对工人的劳动效率。

3.3.3.3 军队后勤司令部基地级维修的精益转化过程

鉴于精益理论在军队各个维修基地的广泛应用,军队后勤司令部希望通过对装备维修保障目标的分解和基地级维修未来状态的规划,引导各维修基地向着精益维修的方向转化,同时利用精益工具把装备的生产和保障过程集成在一起。

1. 精益环境下的军队维修目标阵列

任何一个军种建设的最终目标都是满足战争的需要,军队的建设同样也要服务这一目标。为了达到这个最终目标,军队希望在保持现有使用保障费用不变的前提下,装备的可用度提高20%,并把它作为自己的二级目标。此目标在更低层次上,分解为军队维修基地的目标和车间,以及维修人员的关键维修指标,所有层次的指标上下对应,形成了军队在精益环境下的维修目标阵列,如图3.7所示。

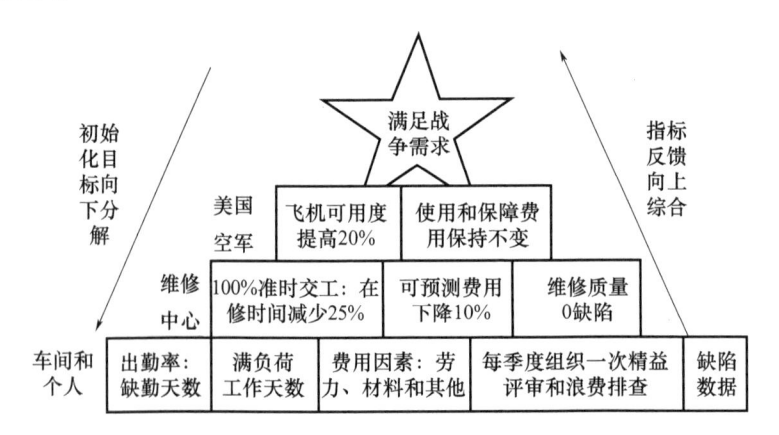

图 3.7 美国空军后勤部精益维修目标排序

该目标阵列左面所列出的指标或者目标,反映了各个层面作为一个系统时,在保障外部客户需要方面的效能,右边的指标集中于在满足系统内部自我管理和自我评估的效能。目标阵列不仅显示了不同层次的行动和目标之间的关系,而且在同一个层次上,还同时列出了系统的外部效能和内部效能。良好的系统运行要平衡两个效率之间的关系,保证任何一个目标的优化绝不能以牺牲另一个目标为代价。通过这个目标阵列,每一个雇员都可以清楚在保证国家战争需要方面自己的贡献和责任。

2. 基地级维修的未来状态和实施方法

基地级维修的未来状态被分为人员、过程、结构和技术四个方面的特征,四个方面的未来状态如表 3.2 所列。其中,人员的集中点在于人的需求上,包括文化、交流、培训、报酬和荣誉;过程将通过一系列的技术和工具使精益转换变得更加容易和自然;结构描述了维修组织中人员相互之间的关系,权威的位置以及工作怎么做、在哪里做;技术将为方便的持续改进提供支撑作用。

表 3.2 基地级维修的未来状态特征

人员	过程	结构和技术
·文化氛围的持续改进; ·职业的、灵活的、有激情的工作力量; ·责任、权威和义务; ·灵活的规则和制度	·单一的修理单元流程; ·6S 技术; ·标准工作过程; ·可视化控制; ·提前计划和规划; ·所有资源都在其可用点上,在需要的时间出现; ·有效的供应和客户关系	·适当规模的可靠的设备; ·功能完善的信息系统

在对精益维修的实现目标和基地级维修的未来状态进行明确规划的基础上,军队后勤司令部提出了精益维修的实施计划。该实施计划首先建立精益示范车间,利用集成的方式,对车间内容进行了标准化,包括维修过程、策略、培训、度量和技术解决方案。然后通过自适应循环,对上述内容进行螺旋式发展,并逐渐向其他车间、基地推广。

3.3.3.4 F-15 战斗机的精益维修

实行精益维修前,F-15 战斗机的维修一直采用多任务流程,所有待修的装备都竞争同样的有限资源,如工具、备件、技术人员和保障设备,并且对装备的维修过程没有一个标准的工作流程描述。

F-15 战斗机实行精益维修的目标是实现对所有机械技师的同步技术支持;稳定装备的在修天数,增强对交货日期的预测性;改进维修过程和维修质量;建立对装备维修过程中各种应急性额外工作的处理方法。

为了实现上述目标,维修基地首先对 F-15 的现有维修过程进行了价值流分析,如图 3.8 所示。根据价值流分析的结果,确定了 1 年之内需要改进的事件列表以及这些改进事件的完成时间。改进过程中,所使用的工具包括工作流技术、标准化工作、6S 技术、现场教育、全员生产维护(TPM)等常见的精益维修工具集。

经过 1 年的改进,F-15 战斗机的在修时间从 2003 年的 120 天下降到 2004 年的 111 天,下降了 8%;一次性交工的准时率从 42% 提高到 83%,提高了 98%。下一步,维修基地将按照精益维修的思想,协调各个改进事件之间的关系,对改进效果进行集成,并形成自适应循环的标准化工作过程。

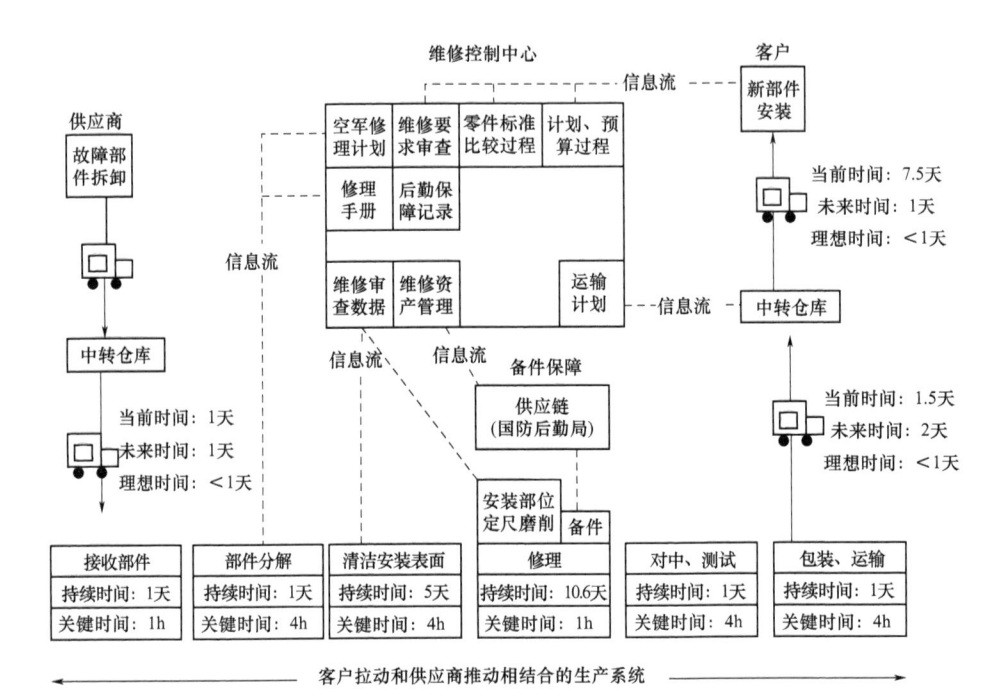

图 3.8　F-15 战斗机某部件维修过程价值流分析示意图

3.3.4　美军精益维修的实施特点

通过上面的案例可以看出,美军的装备维修,除了技术先进,组织和管理观念上也比较先进,尤其善于借鉴各种先进的管理思想,并结合装备维修实践进行改进。美军开展的精益维修,有很多鲜明的特点。

(1)注意到装备维修与大规模生产之间的差别。和精益生产比较,军用装备的维修目标、度量方法、组织实施过程等宏观规划方面都有众多约束条件,如必须在整个国家装备管理体制下运行,计划性和控制性较强等。另外,在具体技术细节上,F-15 战斗机部件修理过程价值流分析中,理论上的供应商被定义为故障装备,而把修竣装备作为客户的需求,从而建立了一个由故障装备和修竣需求共同作用的系统,这种价值流的定义方法显然也具有鲜明的维修特色。

(2)注重实效。《精益思想》的作者丹尼尔·T.琼斯曾经说过,提出一种崭新的管理理念并不是最困难的事情,最困难的事情是在生活中去寻找那些按照这些理念运行的公司,并用其实际效果来证明这种理念,用事实和数据说话。以上案例中,几乎所有推行精益维修的美军单位,都列举了翔实的数据,证明了在装备维修领域推广精益维修的可行性和效果。

(3)充分发挥信息技术的优势。F-15战斗机的部件修理过程价值流分析中,几乎每一个管理行为和维修操作行为都有与维修管理控制中心的信息流联系。另外,为了证明精益维修的效果,案例中所列出的数据都是长达数年的历史数据。无论是信息流对维修过程的控制还是数据的存储,都说明了美军在维修充分运用信息技术方面的优势。

精益维修的出现不仅代表了精益理论的日趋完善,也反映了人们对精益理论从实践(精益生产)到理论(精益思想)再到实践(精益企业、精益维修、精益物流)的认识过程。美军在装备维修领域开展精益维修的案例,可以给装备维修管理带来观念上的更新,在具体的实施过程和方法选择上也具有借鉴意义。

3.4 MRO 流程再造

在一个典型的武装部队中,装备维护、维修和大修(Maintenance Repair and Operation,MRO)占总国防预算的10%以上,占所有飞机相关成本的70%。在不增加成本的情况下最大限度地利用资产将是未来几年武装部队的一个重要优先事项。英国有关研究机构认为,武装部队可以提高其恢复、维修和大修的效率和有效性(最多可提高60%),但要组织化、流程化和思维定式。在MRO过程中,维持生产力和质量包括智能劳动力计划、有效的信息管理和强大的运营管理三个要素。

3.4.1 在需要的时候才做

近年来,各行业的公司,包括石油和天然气、汽车和商用航空公司,通过从基于时间的维修人员调度切换到基于状态的维修人员调度,实施在役设备监控,从而将维修工作减少到尽可能低的水平,或者建立对装备故障根源的详细了解。这样一来,公司既注意到设备的可用性,又降低了在维修过程中引入新问题的重大风险。

主要的军队正在使用一些相同的方法。通常,他们首先对当前的MRO协议进行批判性研究:该协议是否针对已经发生变化的操作条件进行了设计?一个更简单的检查或诊断测试能代替一个昂贵和耗时的干预吗?MRO对零件数量的要求是否决定了更大的检修?例如,一项调查结果表明,制造商要求每200飞行小时对某种飞机进行一次大修,这是由几个关键发动机部件发生故障的可能性驱动的。通过在飞机框架维修计划中分离发动机,空军能够显著增加飞机维护的间隔时间,同时保持发动机的可靠性不受较大影响。

美国军队改变了保守的做法。制造商采用以可靠性为中心的方法规定基于时间的维修间隔,从而将一些大型资产的大修间隔时间从5年延长到15年。这种方法取得成功的关键是建立一个涵盖在役装备性能的综合证据库。装备故障事件的详细记录允许MRO人员仅在需要时进行维修;在正常使用中不会磨损的部件在大修期间保持不变。

3.4.2 做有价值的事

许多军用MRO组织的设计环境与今天的运营环境大不相同。例如,在欧洲,许多军队在冷战期间建立了目前的MRO基础设施,当时预计下一次冲突将发生在附近,MRO结构需要在受到直接攻击时保持强健。不断变化的军事理论使这些结构受到质疑,当远征军需要数千英里(1英里=1609.34m)外的关键能力时,是否有必要在国内建立多个MRO设施? 考虑飞机在战区的利用率要高得多,那么从坦克到飞机的维修资源是否应该真正定位? 通过更好地将MRO组织与当前需求相匹配,即将流程分解到战略位置,并使通用MRO服务更接近前线部队,可以减少冗余,最大限度地减少运输需求,最大限度地提高规模经济,并提高资产可用性。

在英国,鹞式垂直起降战斗机的维修工作在两个独立的基地进行,每个基地附近都有发动机检修设施。将这些设施整合到一个现场,每年可节省2.5亿欧元,并允许引入更高效、更灵活的维修流程。在澳大利亚,一个计划正在进行中,以巩固潜艇维修在一个单一的基地,主要供应商位于维修码头附近(研究人员也注意到,只有在没有邻国直接威胁的国家,装备维修设施的合并才有意义)。像这样的举措实施起来很有挑战性。军事指挥官往往不愿意关闭已经获得实质性投资的设施,而大量工作岗位的流失或转移显然具有政治敏感性。在这种努力中取得成功,军队必须令人信服地证明合并的军事和经济效益情况。

3.4.3 尽可能高效地做

装备维修人员对他们的灵活性和处理维修活动中发现的意外"紧急"工作的能力感到自豪。虽然这些技能在MRO中很重要,但往往伴随着未能认识到大多数维修工作是高度可预测的。因此,很可能受益于同样的生产力提高技术,这些技术已经改变了世界各地制造业的效率。这些最佳实践技术消除了浪费,消除了不必要的非标准工作实践、不平衡的维修工作量和高度可变的团队结构。这些都阻碍了高效、有效的交付,而且许多国防人员传统上也错误地认为这是不可避免的。

更多思想开放的MRO部门的领导者通过模拟现代生产设施的流程,实现了显著的质量和生产力改进。例如,一支英国军队,将整修每辆装甲车所需的工时减半,方法是从一个小组自始至终在一辆车上工作的固定站方法改为流水线方法(长期用于大规模生产,但最近才被证明在军事MRO中很有价值),在这种方法中,车辆从一个站点移动到另一个站点,每个车站都有一个小组专注于特定的任务。因此,团队在其特定任务中拓展了深厚的专业知识,能够更快、更有效地执行任务。流水线方法还带来了其他好处:减少了对重复工具和设备的需求,减少了培训要求,因为个人只需在少数任务中提高熟练程度。该单位还改变了缩短维修周期的做法,以便使装备车辆恢复正常运作。它采用了一种受赛车运动流程启发的进站停车方法,而不是在每辆车到达时都进行维修。车队尽可能多地做之前准备工作,车辆从外地来,确保它们有正确的零件、工具,人在适当的地方,以应对工作人员报告的损坏。维修站的做法使该单位能够在实地进行维修(以前需要将车辆送到专门的维修设施)。在同一次任务中,损坏的车辆经常被重新准备好使用,这在以前的系统中是罕见的。自采用这种方法以来,该单位已将每辆车完成工作所需的时间减少了67%。

一些MRO工作人员担心,标准化最佳实践技术固有的严格性,将妨碍他们在应对需求高峰时"灵活"输出产能的能力。然而,MRO人员经常发现,这些技术实际上提高了灵活性,既减少了完成常见任务所需的时间,又使任务在可用的劳动力资源中更容易分配。

3.4.4 实现持续改进

一旦设计并实施了高效的MRO流程,军事组织就必须坚持这些进程,并在面对新出现的知识和不断变化的需求时设法改进这些进程。要做到这一点,军队必须具备优秀的劳动力计划信息管理和运营管理能力。与任何转换程序一样。高层管理人员的支持和承诺对于MRO改进工作的可持续性至关重要。领导者向下属发出的显性和隐性信号直接影响新技术的"坚持"程度。即使MRO人员最初对新的做事方式表现出抵触情绪,领导者也必须坚持下去。经验表明,一旦军事人员看到最佳做法的好处,他们通常会非常热心地去采纳。

3.4.4.1 劳动力计划

领先的制造业公司使用生产均衡技术,这是一种旨在尽可能保持工作量和工作组合不变的技术,以达到较高的效率。同样,劳动力计划员和调度员必须在最大限度地提高单个资产的可用性和提高整个系统的效率之间取得适当的平衡。例如,在码头容量可用的情况下,提前对船舶进行定期检修,可能比确保船舱完成所有运营时间要好。

对劳动力可用性的规划可以对 MRO 的绩效产生很大的影响。船员通常在船舶或车辆不在使用时被指派从事维修活动,但这一时间的压力特别大,因为工作人员经常被要求参加培训活动或热衷于与家人在一起。即使他们理论上可以工作,军事生活的其他方面也可以将他们的实际工作时间限制在可用时间的 20% 以内。

如果 MRO 组织有效地为军事人员支付 5 倍于其标准小时费率的费用,那么雇用文职人员担任 MRO 角色可能更具成本效益。例如,澳大利亚将军用运输机的维修工作外包给澳航的技术组织,从而腾出关键军事人员从事其他任务。此外,文职人员也采用了为飞机维修开发的复杂方法,因此比军事人员取得了更高的生产率。

然而,外包维修活动并非没有风险。如果战区需要民用承包商,提供适当保护的成本和复杂性可能很高。此外,军事人员的 MRO 技能的丧失可能会威胁到一个军种保持关键装备在战场上运行的能力;一些军种通过将军事人员轮换到承包商工作队中来尽量减少这种风险。

3.4.4.2 信息管理

有效的信息管理对于保持高绩效同样重要。例如,为了优化调度和工作分配,规划者需要关于 MRO 任务耗时的准确数据。在一个军事设施中,分配给任何任务的最短时间是 4h,尽管许多任务花费的时间要少得多。结果是:维修周期长,劳动力利用不足。MRO 组织可以通过监控有经验的员工在几个 MRO 周期内完成某些任务所需的时间,使这些数据易于记录和访问,并将其作为规划和工作分配的基准,就可以克服这一问题。

在其他军事 MRO 活动中,烦琐的记录保存给工作人员带来了负担。事实上,过多的文书工作是一个因素,它浪费了维修人员在分配任务上的工作时间。例如,一些武装部队要求飞行员在每架飞机的日志中保留飞机缺陷的手写记录。然后,他们的记录被复制到一个保存在基地的重复日志中,MRO 人员为每个维护任务创建一张工作卡。一旦他们完成任务,就需要在卡片和两个日志上签字。

MRO 组织必须实施信息管理流程和系统,使相关人员能够轻松、实时地输入、访问和分析数据。例如,在空军中,飞行员在任务完成后将事件的细节输入计算机,使所有相关人员能够自动创建工作指令并实时查看事件发生的频率。此系统允许军队不断完善其维修策略。

3.4.4.3 运营管理

有人可能会认为,在军事环境中引入作战变革相对简单明了,因为据推测,这种变革可以通过命令完成,并作为军事纪律的一种功能来维持。现实情况是,在军事和民用生活中,MRO的管理至少具有同样的挑战性,但这些挑战可以通过智能操作管理来克服。

第一个挑战是,虽然军事行动可以产生一些非常好的做法,但这些做法远远不能普及维修人员。例如,通过确保工具在每次使用后返回到其分配的位置;接受过避免异物损坏风险的培训。这些优秀的工具控制实践的一个效果是,飞机维修人员从不浪费时间寻找工具。然而,地面车辆装备维修单位很少采用这些做法。

第二个挑战是,某一行动中的最佳做法可能与其他军事活动中的良好做法背道而驰。例如,许多军事人员擅长于为在线问题找到快速和创造性的解决方案。一支空军的液压动力装置经常发生故障,维修人员没有立即调查故障原因,而是很快就熟练地修理了这些装置。直到很久以后,当在实地研究使用时,也没有弄清楚。运行人员通过启动紧急停机来规避机组耗时的停机程序,这会使内部部件承受很大的压力,并经常导致损坏。MRO经理必须确保培训员工参与根本原因问题的解决,而不是寻求快速解决方案。

第三个挑战是抓住人员的"心灵"。毕竟很少有军人在开始他们的职业生涯时会想到在工厂环境中工作;此外,车间生产力的提高和战场上的成功之间的联系并不明显。强调通过频繁和仔细的沟通建立联系可以成为一个重要的动力。例如,一家空军MRO设施的负责人向工作人员解释说,对现有机队进行大修所节省的资金将使该空军能够获得更多的新一代战斗机中队。

3.5 战场精确化维修保障

信息化战争的作战方式发生了重大变革,同时也对装备保障提出了新的要求,全面实施精确保障已成为世界各国军队共同关心的重大问题[5]。精确保障继承了传统装备保障的主要功能,并有机地与信息网络技术、资源重构技术、系统集成技术相结合,通过精细而准确地规划、建设和运用保障资源,在准确的时间、地点为作战行动提供准确数量和高质量的物质技术保障,使装备保障适时、适地、适量、快速、高效,以最大限度地提高保障工作的效费比。精确化的装备维修保障系统是指由适应信息化战争装备维修保障需求的先进的人才、装备、技术和管理体制构成的有机整体,涉及人员、装备、设备、器材、技术、体制编制、保障对象、保障空间、保障方法等诸多要素,是一个开放的复杂系统。

精确保障是美军在20世纪90年代初首先提出来的,但是美军没有对精确保障进行进一步深入系统的研究,而是又提出了"聚焦后勤"的概念,进行系统研究和实践,并且经过阿富汗战争和伊拉克战争的检验,获得了巨大的军事效益和经济效益。美军在伊拉克战争中采取的一系列措施直接反映了美军装备维修保障在"精确化"方面的特点和指导思想。美军认为,适应信息化战争的装备维修保障应该向"精确化"方向发展,其指导思想是:以完善的保障信息自动化系统为基础,以信息的获取和利用为保障的核心要素,实现将前沿存在型保障转变为战场预置与适时投送结合型保障,将数量规模型保障转变为速度效益型保障,将被动响应型保障转变为主动支援型保障。

美军精确化维修保障的主要手段包括实现全域资源可视化、故障诊断智能化、维修支援远程化、指挥管理自动化、物资投送立体化。美军认为实现精确化维修保障的关键技术在于信息网络技术、自动识别技术、远程支援技术、装备的故障自动诊断技术(包括传感器技术、数据处理与存储技术和数据通信技术)、敏捷制造技术等。在伊拉克战争中,美军后方信息处理中心以不足1000人的数量,通过"全维可视",达到"全程可控",比较精确地保障了美军行动,显示了"全资可视化"技术的应用潜力。同时,应引起重视的是,由于信息化战争的不确定因素较多,战争强度、持续时间、参战部队使用武器装备的数量和种类在战前都难以精确计算,因而"精确保障"更多地体现在战役战术层次,在战略层次比较难以把握。例如,美军在伊拉克战争中没有预计到"战后"重建时间这么长,战前储备不足,造成器材备件补充困难。

第4章 装备维修保障策略、政策与法规

装备维修保障策略、政策与法规作为现代维修理论与实践结合的重要组成部分,也是其精髓所在,以高度的系统性和指导性,成为装备维修学科的研究重点。装备维修保障策略,一般是指依据特定时期装备维修保障形势、任务而确定的原则和方法,是大方向、总要求,可以指导具体政策的制定。装备维修保障政策,是为了实现一定装备维修保障目标而提出的行动准则,包括行动的依据、完成的任务、工作的方式、采取的步骤和具体措施等。装备维修保障法规、标准则是国家机关制定的规范性文件,是对策略和政策的细化、制度化、强制化,这三者之间是逐步具体、逐步规范和逐步提高约束力的过程,保证了军队装备维修保障活动的实施。

4.1 美军装备维修保障策略、政策与法规

美军装备维修保障的策略、政策与法规经过多年发展形成了相对完善的体系,策略相对稳定并长期坚持,政策随着实际情况变化而不断调整,并通过庞杂的法规标准体系将其固化、落实。在这方面,美军走在了世界的前列。

4.1.1 美军装备维修保障策略

随着武器装备的快速发展和信息化程度的不断提高,美军在装备维修保障领域先后提出以可靠性为中心的维修、基于状态的维修、合同商维修保障、基于性能的保障等策略。

4.1.1.1 以可靠性为中心的维修

以可靠性为中心的维修(Reliability Centered Maintenance,RCM)是最常见的维修概念,通过它可以为不同类别的装备建立最有效的维修操作。这一概念于20世纪60年代引入航空领域,旨在通过提高波音飞机的可靠性来降低维修成本。通过提高技术系统的可靠性取得了很好的效果,使得这一概念在核电工业、航空航天系统、军事装备维修系统等重要领域得以实施。

RCM基于对用户任务的分析,确定装备的操作方式。维修领域的研究表

明,"只有11%的技术系统部件呈现出系统故障的特征,以证明制订严格的维护或更换计划是合理的,其他89%的部件故障率不要求制订这样的计划"。RCM基于对缺陷发生的详细分析,并确定缺陷演变的每个阶段最合适的维护活动(预防性、纠正性、主动性)。这样,缺陷的发展就减缓了,并且装备状态的可用性显著增加。降低缺陷演变的速度可以更安全地增加使用、监控退化阶段和确定执行维护干预的最佳时间。

RCM原则如下:

(1)RCM旨在保持装备的功能性,而不是保持可操作性水平;

(2)无论系统组件的运行模式如何,RCM都将重点放在整个技术系统运行上;

(3)RCM通过装备使用时间长短确定故障发生的条件概率,对故障进行统计分析;

(4)RCM允许根据维修活动中的反馈改进操作装备设计;

(5)RCM注重提高操作和功能的安全性,同时降低维护成本;

(6)RCM允许为一类装备制定有效维护活动图。

虽然RCM确保了装备可靠性和经济效益的提高,但这一概念的使用涉及实施的复杂性、操作和维护人员的高度专业化、技术和适当的监测工具等一系列条件。基于这些原因,为了在装备使用中获得更好的驱动,RCM通常与其他现代维护概念结合使用。

4.1.1.2 基于状态的维修

基于状态的维修(Condition - Based Maintenance,CBM)是维修活动中的一个现代概念,它消除了大量的预防性维修活动。这一概念主要用于监测仪器设备的实际状态,准确预测发生损坏的可能性,以及建立操作参数所必需的活动类型。这一概念的特点是主动性,即在装备运行参数监测的基础上,对维护和维修计划进行审查,确保备件和材料,预测损坏的发生。维护/恢复装备功能的具体维修活动应在损坏发生时进行,从而消除一些昂贵的维修干预措施。

CBM基于非侵入式检查和现代诊断方法(振动或润滑剂质量分析、热成像、运行参数监测等)。使用CBM方法的好处是减少预定干预量,从而降低维修成本。但是,这种方法要求对维修组织体系结构进行重大变革,从设计阶段开始引入传感器用于监控装备运行,验证和监控性能工具,提高员工的专业培训和维修水平。美军在20世纪末21世纪初开始大力推行CBM策略,目的是将以信息技术为代表的各种高新技术应用到维修的全过程,从而提高维修工作的效率与效益，实现维修方式的全面变革。

CBM 是在传统状态监控和故障诊断技术的基础上，综合多种先进的技术，准确地判定部件实际状态，并据此决定更换或维修的过程。CBM$^+$ 是 CBM 的增强版，它将一些新的或改进的维修技术引入维修实践中，更强调状态的监控、故障的诊断。目前，CBM$^+$ 已成为美欧维修理论和应用研究领域的热点。

推行 CBM$^+$ 是信息化装备的必然选择。各种信息化装备技术先进、结构复杂，其故障模式与间隔无明显规律可循，采用传统的预防性维修无法奏效，只有采用以状态信息采集、监控、处理为基础的预测性维修才能准确预测、定位并解决此类故障。CBM$^+$ 是一种预测性维修，可实时监控装备的状态，准确判定部件的实际状态，预测设备的初始故障和剩余寿命，在出现维修需求时才开展维修，适应信息化装备对高精度装备保障的要求，能节约不必要的维修费用，降低武器装备的寿命周期费用。此外，信息化装备本身就具备实现 CBM$^+$ 的软/硬件条件，如在设计时就嵌入了高性能传感器和嵌入式诊断能力，配备高性能的信息系统有利于数据的快速传输和高效处理等，为实现 CBM$^+$ 奠定了物质基础。

4.1.1.3 合同商维修保障

美军装备维修保障以维修军人和文职人员为主体，还依靠大量的合同商。在合同商使用过程中，为降低合同商保障的风险，需要采取一些控制合同商保障规模和程度的手段。美军通过对合同商保障经费份额的控制来实现，主要控制私营企业在基地级维修中承担维修任务的经费份额，这是为处理好合同商保障和军队建制保障之间的关系而采取的一种重要措施。

《美国法典》第 10 卷第 2466 节中关于"装备基地级维修的限制"规定："各军种部和国防部各部局确定基地级合同商维修限制在 50% 以内。"这就是基地级维修的"50 - 50 定律"（图 4.1）。在 1998 财政年度以前，经费限制比例是 40%，《1998 财年国家防务授权法案》第 357 章对这一比例进行了修正，将其调整为 50%（图 4.2）。《美国法典》第 10 卷第 2469 节中"竞争的要求"关于"300 万美元规则"的规定是对基地级维修的竞争要求，规定"国防部基地级工作量价值（包括人力和器材）在 300 万美元或以上时，不得改变其执行地点"，这是在竞争条件下对国防部维修基地的保护。多年来，美军装备维修保障任务的军地分配比例，既确保了军人力量和文职人员的主体地位，又充分利用了地方资源丰富维修力量的构成。

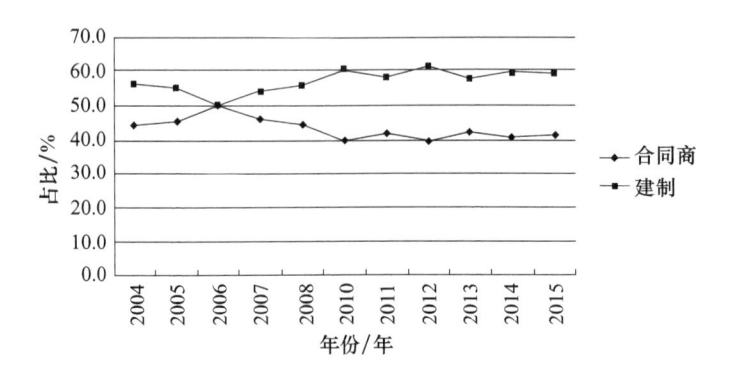

图 4.1 基地级维修中合同商维修与建制维修的比例变化情况

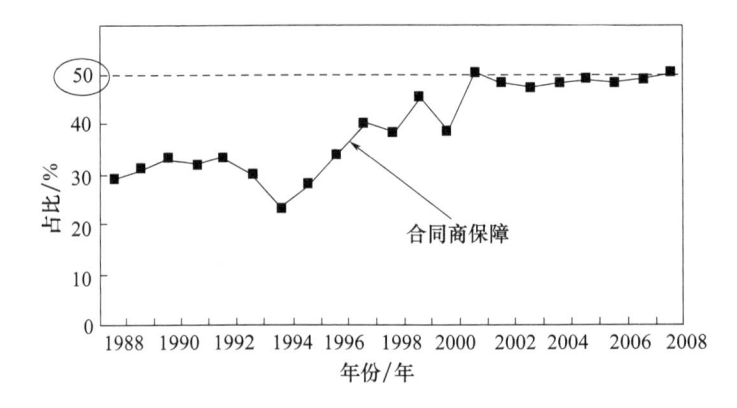

图 4.2 美军基地级维修"50-50"情况

美国国防部确定了50%这一比例,且已经应用了20年,说明该比例在美国目前的装备水平、军方维修能力以及国防工业基础等因素的共同制约下是比较合理的。控制合同商经费份额,是美军对合同商保障的应用范围和使用规模进行管理的一大举措,是为处理合同商保障和建制保障的关系而推行的手段,其背后都有国家法律的保护。此外,随着合同商保障的大规模使用和程度的不断深化,利用民力实施装备保障,由过分强调合同商的力量与效益,回归到更加注重建制力量的主体地位。

另外,美军还着力加强军民一体化保障。例如,针对新机型 F-117 隐身战斗机、C-17 运输机、B-2 轰炸机等后方基地级维修,美国空军在充分考虑经济性和满足作战使用的条件下与飞机制造商签订多年的长期合同,全面负责飞机的维修、备件供应等保障工作。同时,又要求合同商将一定比例的维修任务转包给有关的空军后勤中心来完成,以实现维修技术的转移,确保部队保持较强的维修能力,形成与合同商的竞合关系,满足部队战训需要。

4.1.1.4 基于性能的保障

20世纪90年代,为适应新军事革命,美军积极推进基于性能的保障(Performance Based Logistic,PBL)策略,目的是适应新的作战环境和作战样式对装备保障的要求,缩减后勤规模,降低使用和保障费用,提高经济可承受性以及装备的战备完好性。2000年3月,美国国防采办大学在1998年《国防授权法案》基础上发布了《基于性能的保障——项目经理的产品保障指南》,提出基于性能的保障策略(PBL策略)是国防部首选的产品保障策略;要求将装备系统保障任务委托给一个或多个产品保障主承包商,负责实现武器装备特定的性能指标。

PBL是美欧等国针对具体型号装备提出的全新维修保障理念和模式,其核心是"项目办公室"通过"装备保障集成方"加强对装备全寿命保障的管理,促进军方与合同商的合作,实现优势互补与风险共担,从而在经济可承受的条件下确保型号装备在全寿命周期内实现预定的战备完好性目标。

PBL通过以具有清晰的权力和责任界线的长期性能协议为基础的保障结构来实现武器系统的性能目标,主要原则包括:①购买性能,而不是以交易为基础的货物和服务;②项目经理对全寿命周期系统管理负责;③签订以客观的度量标准为基础的基于性能的协议;④明确产品保障集成方将保障集成起来并实现性能/保障目标的"单一联系点";⑤公私合作,它将保障作为一个综合的、可承受的性能包来购买,以便优化系统的战备完好性。

美国实施PBL以来取得了显著成效。阿富汗战争期间,有两个项目的保障达到了历史最高水平,它们是美国海军的辅助动力装置(Auxiliary Power Unit,APU)和空军的联合监视目标攻击雷达系统(Joint Surveillance Targe Attack Radar System,JSTARS),这两个项目都采用了PBL保障模式。在伊拉克战争中,实施PBL保障和全寿命周期系统管理的项目超过12个。所有这些作战平台的保障均超过了作战需求。其中,有几个项目特别出色,如F-117隐身战斗机和F/A-18E/F战斗机、JSTARS和通用地面站、C-17运输机。

4.1.2 美军装备维修保障政策

美军装备维修保障政策比较具体,大都出各军种结合自身装备和任务实际制定。下面以陆军为例进行介绍。

4.1.2.1 维修政策原则与核心

维修的目的是产生和恢复战斗力,并保留作战系统和装备的投资,以便训练和完成任务。维修是建立在以下原则之上的:当装备在其预期用途和参数范围内运行,并按照其设计或工程规范进行维护时,即达到装备的使用寿命;当装备达到其使用寿命时,军队将通过采办、资本重组或大修来更换或延长装备的使用寿命;依靠四个核心维修流程来管理装备在其使用寿命期间,以达到高度的准备状态,它们是性能观察、装备服务、故障维修和单一标准维修。

(1)性能观察。性能观察是维修计划的基础,是所有装备测试在操作前、期间和之后所需的预防性维修检查和服务的基础。

①通过观察,操作员根据既定标准记录观察到的性能,并在装备退化成为灾难性问题之前报告这些问题。

②指定所有装备的标准。这使得领导者能够指定维修时间和地点,从而节省宝贵的人力和物力资源。在时间和人力有限、保障与受保障装备之间距离较大的情况下,这也是管理大型装备群的最有效方法。

③将自动记录和传输预防性维修检查与保养数据,这些数据由操作员观察和嵌入式传感器适当捕获,以进行诊断或预测,从而实现基于状态的维修增强(CBM$^+$)。

(2)装备服务。装备服务是指根据设计师和工程师的规范,对装备、部件和系统进行例行检查、调整、更改、分析、润滑等操作时所执行的特定维护操作。

①利用军种将人力资源集中在装备上,以维持作战和有用的使用寿命。

②装备上的服务不仅仅包括申请润滑订单或执行维修任务,还包括修复由性能观察确定的故障和缺陷、系统和部件检查以及分析和更新。维护人员应根据分析、工程文件等使用服务来更换故障项目或避免预计的部件故障。这将提高战斗的可靠性和成本效益。

③利用服役时间来维持装备的使用寿命,提高战备状态。这有助于战时准备和训练。

④装备开发者将根据装备状况或需求证据制定实施服务的策略。这些策略将尽可能消除当前基于时间的间隔,并启用 CBM$^+$。

(3)故障维修。故障维修是操作人员和维护人员将装备恢复到最初设计或设计的全部功能的过程。

①使用训练有素的人员,测试、测量和诊断设备(Test, Measurement and Diagnostic Equipment, TMDE)、技术信息和工具来完成这一过程。

②故障维修要求技师/技工在第一时间准确诊断所有装备、部件、总成和子组件故障,订购正确的维修零件,并立即使用。

③指挥官和领导根据关键程度优先修复缺陷。

④军队的目标是在一切不足和缺点出现时加以纠正。测试确定的所有故障(缺陷和缺点)的纠正是标准的基础。

(4)单一标准维修。单一标准维修是一个过程,旨在确保单一维修标准适用于所有终产品、辅助产品和维修后返回供应的部件。这一过程确保了高质量,并使用最佳技术标准建立了可预测的使用寿命。这样可以确保用户不会浪费人力资源来排除故障和不必要地更换组件。

军队将资源分配给指挥官,使其装备保持在规定的准备水平。指挥官利用人力、工具、测试仪器、维修零件、维修包、设备、设施、其他资源、拨款和维修管理系统对装备进行维修。在资源配置和运用得当的情况下,部队指挥员将实现装备的使用寿命,以达到规定的战备水平。

4.1.2.2 面向商品的维修政策

美军的装备维修优化了可供使用的装备的数量和质量。它将装备维持在作战状态,恢复到可用状态,或提高其性能或可靠性。由于战场上的替换装备很少,修理和重新配发一个物品通常是使装备可用的最有利的方法[6]。以美国陆军为例的装备维修保障政策如下。

1. 维修任务和组织

战区保障群(Area Support Group,ASG)在区域支援的基础上为保障区(AO)内或经过 AO 的部队提供 DS 维修。他们为战区补给系统提供 GS 维护,并为一个或多个兵团提供强化 DS 维护。一个特定的 ASG 可以为某些装备提供 GS 维护,也可以专门集中于 DS 维护。维修支持组织根据维修工时要求进行调整。在一个 ASG AO 中,不仅可以由编制内装备维修组织组成,还可以由盟军或东道国(Host Nation,HN)维修保障组织和前导部署的后勤支持要素/陆军装备司令部(Logistics Support Element/Army Materiel Command,LSE/AMC)民用或合同维修分队组成。LSE 分队为区域内的维修分队提供技术援助,并承担所有持续性维修能力的工作量。

1)ASG 维修任务

ASG 维修为保障区内和通过保障区的装备提供 DS/GS 维护支持。

(1)DS 维护任务。DS 维护的重点是维修和返还给用户。各单位将不能使用的物品交给他们的支持性 DS 维修单位,并要求补给保障机构提供替换物资。DS 维修单位可以修复的项目将返回给 SSA,无法修复的项目将被疏散到 GS 维修级别进行维修。每个 ASG 按区域提供 DS 维修。DS 维修包括超出机组维修限制和 DS 维修单元(如 METT - T)给定的所有维修功能。DS 维修分队响应 ASG 支持机组的维修要求。位于 ASG AO 内或临时位于 ASG AO 内的所有部队都有资格从 ASG 获得 DS 维修支持。所有 DS 维修分队也都有维修零件供应任务。他们的授权库存列表(Authorized Stockage List,ASL)支持其所在地区部队的规定装载列表(Prescribed Loading List, PLL)。他们维持一个库存,以支持其基地和维修保障分队(Maintenance Support Team, MST)的运作。DS 维修单位从 GS 维修零件供应库获得其维修零件。GS 维修分队不提供维修零件来支持 DS 维修分队。

(2) GS 维护任务。GS 维修将装备退回战区补给系统进行发放。当需要时,ASG GS 维修机构被引入战区,以保持特定装备或武器系统的所需水平。他们集中力量修复支援司令部确定的装备。装备物资管理中心(Material Management Center, MMC)确定 GS 维护要求,并与后勤协调工作。根据需要维修的装备类型和可用的设施,GS 维修分队可以使用间隔车间、车间和生产线方法。

2) ASG 维修组织

ASG 维修组织取决于可由盟军或东道国维修组织和民用承包商提供的维修资源的可用性。在推荐维修结构之前,必须评估战区内的部队、正在使用的战术、地理特征、东道国提供的服务和其他变量。某些类型的陆军部署可能根本不需要 GS 维护。如果工作负荷合理,DS/GS 维修营可隶属于 ASG,指挥 3~7 个维修连。DS 维修分队和增援分队可隶属于 DS/GS 维修营或多功能航空支援营(Aviation Support Battalion, ASB)。

2. 维修计划和协调

ASG 维修机构人员专注于调整维修资源,以支持操作的初始阶段,然后随着作战部队的成熟,将这些资源扩展到执行所需的详细维修,可能有必要在第三国提供基地建立维修设施。同时,需要 GS 维修的装备可通过空运或海运承运人运送到第三国保障基地,AR 750-1 规定了陆军维修政策。图 4.3 提供了一个有用的维修保障计划检查表。

1) 维修分部

分配到 ASG 支援行动分部的维修人员制订评估和计划,以确保有效完成当前和未来的维修任务。维修分部负责 ASG 维修保障计划和非常规程序的详细规划与完成。他们监控有关维修工作量和未来任务的产生,以及项目趋势的 SAMS-2 状态报告。

维修分部人员定期检查维修车间,以评估车间设施、操作和维修程序的遵守情况。他们提供技术指导和协助,以确保关键工单按时完成,维护按计划完成。维修分部人员测量客户满意度并调查不满意的实例。

根据需要,维修分部人员解决营一级没有解决的维修问题或差异,并可建议重新分配维修资源。

维修分部的附属执行专业维修,可能需要相应地更换维修工作人员。

第4章 装备维修保障策略、政策与法规

```
Maintenance support planning checklist

• What are requirements and capabilities for DS maintenance, missile
  maintenance, and AVIM?
• Which units are to receive priority of support?
• How does weather impact on repair requirements?
• How will NBC threats impact on repair capabilities?
• What will be the DS level repair time limit?
• How will TMDE repair be provided?
• How will classification and collection be performed?
• How will reparables be evacuated?
• What major critical shortages exist?
• What will be the cannibalization policy?
• Have special power requirements been identified for maintenance
  facilities (voltage, phase, frequency, anticipated load)?
• How will salvage collection, evacuation, and disposal be covered?
• How will hazardous materiel, such as lithium batteries, be disposed of?
• Who takes care of recycling lithium batteries?
```

图 4.3 维修保障计划检查表

2）供应和服务处

分配到供应和服务处一类支援行动部门的人员，确保关键维修零件可供 ASG 维修分队使用。他们监控维修零部件的消耗，并解决维修分队与维修零件可用性相关的问题或冲突。

3）东道国后勤保障部门

东道国支援后勤部门人员与所属小组合作，协调军队采购民用财产、设施和用于军事用途的维修服务。他们与公共工程团队协调公用事业运营，还就公共工程和公用事业的建设、运行和维护向工程师提供建议与帮助。

3. 维修实施

维修营或分队隶属于 ASG，为地面装备提供维修支持。此外，还可派遣专业维修分队执行航空中继维修（Aviation Intermediate Maintenance，AVIM），导弹维修，空投设备维修，测试、测量和诊断设备（TMDE）维修。

1）地面装备维修

常规支援性地面装备维修由分配或隶属于 ASG 的维修营完成。一个维修营可以指挥和控制 3~7 个维修连。将对 DS 和 GS 维修单位的行政支持结合起来是具有成本效益的。这些营可分为 DS 维修连、GS 维修连两类。

（1）维修营（DS 或 GS）。维修营的总部和分部（Headquarter and Headquarter Detachment，HHD）负责指挥和战术、训练、行政和技术作战监督。营参谋对营的技术维修任务和资源进行参谋监督。他们向下属单位的维修人员提供有关维修问题、程序和要求的咨询与协助。他们检查维修活动，并建议如何缓解下属单位积压过多、生产率低、维修零件短缺和维修人员短缺的问题。

（2）DS 维修连。DS 维修连以区域支持为基础提供维护，并为位于或通过 ASG AO 的部队提供维修零件。DS 维修单元还为受支持的部队提供备份恢复。根据要求，DS 维修连提供技术援助和现场维修，并通过接收项目、修复项目将其返回给用户来提供支持。多余的 GS 工作负荷转发给 DS 维修连，前提是 DS 维修连有能力并提供必要的工具、TMDE 和维修零件。4 个有机移动维修小组提供现场客户支持。可根据需要配备额外的维修小组。这些小组的额外分配可根据通过或计划通过 DS 维修单位 AO 的已知或预计维修需求进行。

（3）GS 维修连。GS 维修连提供与常规装备和组件返回供应系统所述能力相称的 GS 维修。维修的最终产品和部件取决于分配给基地的修理排的类型。基地由连总部、维修控制科、服务/移动科和供应科组成。一个连最多可分配 5 个排的任何组合。如果需要 5 个以上的排，就需要增加一个连。

2）航空装备维修

AVIM 分队分配给支援司令部，并根据飞机密度附属于 ASG，在整个地区提供 AVIM。FM 1-500 描述了陆军航空维修。

陆军 AVIM 支持可通过与位于第三国的美国空军分队的跨军种安排，在第三国支援基地执行。HN 也可作为飞机维修或商业支持的选择。

（1）航空维修营。当需要一个营指挥部和一个以上的被指挥控制分队时。

（2）AVIM 连队。AVIM 连队在区域支援的基础上执行航空中继级维修，并负责陆军飞机、飞机武器和航空电子设备部件的维修，AVIM 连队还向所支援部队提供航空专用维修零件。

(3)陆军装备司令部航空维修活动基地。该活动基地可部署到第三国支援基地,以提供选定的基地级保障,并加强航空情报管理级的支援。根据地形的可用性,可以与 ASG 一起配置。

3)导弹维修

导弹地面维修分队可为导弹地面防御系统提供独特的维修和维修系统。根据需要,还可配备专门为"鹰"或"爱国者"导弹系统定制的 DS 导弹维修连和 MST。MST 执行现场维修,基地则修理主要装备。FM 9－59 和 AR 750－1 描述了为维修与提供防空和陆战武器系统的导弹维修部件而建立的维修组织。

(1)导弹支援连。导弹支援连为整个战区提供 GS 导弹系统支援,并为防空和陆战武器系统提供 GS 维修,还为所保障导弹部队提供维修零件支持。导弹支援连可以通过 DS 和 GS 增援小组进行增援,为战区内通常没有的导弹系统提供支援。

(2)增援队。导弹系统专用或部队专用 MST 执行现场维修。增援队部署到维修收集点,以更换反导和陆战导弹系统上的组件。这些小组是按照每个导弹营一个小组分配的。

(3)爱国者维修连。爱国者维修连为爱国者阿达营提供 DS 维修和导弹维修零件供应,通常由爱国者 DS/GS 导弹系统增强小组进行增援。增援小组为爱国者特种装备、毒刺气罐充电,以及有限的九级导弹修理零件提供有限的基地车间和两个 MST。

(4)"霍克"军械连。"霍克"军械连为"霍克"导弹系统提供维修,还维修相关的敌我识别、发电和空调设备,分配给一个 HAWK ADA 营。该连还为该导弹营提供维修系统的专用部件,并可能会被一个"霍克"GS 增援小组增援。

4)空投装备维修

空投装备维修和供应分队被分配到陆军特种部队的 S&S 营,负责维修空投装备,以便返回战区储备。空投装备维修和供应小组可附属于 S&S 营,为空投专用装备提供额外的 DS 和 GS 维修。使用单位回收空投装备。然后,回收的装备疏散到空投装备维修和供应单位进行分类、维修,并返回战区库存。FM 10－500－9 描述了空投装备的维护。

5)TMDE 维修

TMDE 对于维持装备准备状态至关重要。现代武器系统的设计特点包括内置测试设备和便于维修的可拆卸模块。AR 750－43、FM 9－35、TB 43－180 和 AR 750－25 中规定了 TMDE 维修保障,TB 43－180 列出了校准和维修要求。TMDE 保障活动的指挥权由陆军装备司令部或后勤保障部负责。

（1）TMDE 用户。TMDE 所有者或用户对建制 TMDE 进行单元级维修。使用单位可能会将不可用的 TMDE 交给附近的 DS 维修单位。这些 DS 维修单位充当 TMDE 的收集和分配点。区域 TMDE 支援小组通常在 DS 维修分队所在地执行 TMDE 支援。

（2）区域 TMDE 支援小组。机动区域 TMDE 支援小组可与维修连一起部署，以提供 TMDE 校准和维修支持能力。区域 TMDE 支援小组可附属于 ASG，以支持 TMDE 维修工作量保证的维修任务。例如，一个自动测试设备团队可以分配到 ASG 轻型设备 GS 维修连，对 C-E 可更换单元、组件、模块和印制电路板进行 GS 维护。超出区域 TMDE 支援小组能力范围的需要支援的装备疏散到上级 TMDE 维修连。

（3）TMDE 维修连。TMDE 维修连为 TB 43-180 中指定的通用和专用 TMDE 提供校准或维修支持。每个 TMDE 维修连都有一个区域校准实验室。区域校准和维修中心协调校准与维修优先级。

（4）ASG 专用 TMDE 支持。ASG DS/GS 部队为建制和支援部队的专用 TMDE 提供校准与维修支持。专用 TMDE 是指专门为支持一个系统或终产品而设计的 TMDE。TB 43-180 确定专用 TMDE 项目是否由 DS/GS 维修单位或区域 TMDE 支持团队提供支持。

4. 维修管理

维修管理是制定维修目的和目标并确保其得到满足的过程。必要时采取管理措施，以确保满足客户需求，并有效利用维护资源。AR 750-1 提供了维修管理的原则、概念和目标。

ASG 和营通过其维修分支机构管理维修。日常维修保障由营和 ASG 维修分队人员管理。支援司令部通过 MMC 管理战区内的维修计划。维修工作量由支援司令部 MMC 管理，以支持补给和维修计划。根据支援司令部 MMC 的指示执行 GS 维修。MMC 监控疏散情况，并根据需要改变疏散优先级。MMC 提供集中的维修管理，并对资产和需求具有全方位的可视性。其将战区 GS 维修工作量分配给支援司令部。GS 级维修单位专注于维修 LSE 指定的武器系统和物品。MMC 可与 LSE 协调，指示将第七类资产撤离至 GS 维修单位进行 DS 维修。

1）装备物资管理中心

装备物资管理中心（MMC）为保障司令部负责的地理区域内的所有维修活动（医疗设备除外）提供集中控制和维修管理，是保障司令部所有维修活动的中心数据收集和分析单元。MMC 收集、维护、分析维修管理信息系统数据并对其进行操作，估计每个维修计划所需的维修零件数量，并在工作开始前将零件转发给 GS 维修单位。MMC 将超出 DS 维护单元容量的工作负载转移到另一个 DS 维护单元或与 LSE 协调的 GS 维护单元。

2）ASG 维修分部

ASG 维修分部人员协调维修支持操作，评估由 MMC 指导的 GS 工作负荷。其为维修优先级提供指导，并为生产设定目标。该分支机构还通过 LSE 与 MMC 协调 GSU 的工作负载。ASG 和维修营/多功能航空支援营维修分队人员共同制定维修目的和目标，并确保能达到这些目标。他们预测维修工作量并计划完成任务；获取、组织、指导、协调、控制和疏散用于完成维修任务的资源；提供技术数据和管理信息，帮助维修单位在制定的指导方针内完成工作负荷；确定支持维修技术人员所需的培训、工具、TMDE、校准设备、设施、资金、备件、维修零件和其他物资。

3）"标准"导弹维修系统

"标准"导弹维修系统（Standard Army Maintenance System，SAMS）是用于维修管理的管理信息系统，它使基本的维修表格、记录和报告自动化，并提供维修性能信息和设备准备状态。

MMC、ASG 和营级维修分队人员使用 SAMS-2 报告获取状态信息，并审查下级维修分队的绩效。SAMS-2 报告使他们能够监测维修支持设施中正在维修的主要装备的状态，生成与工单、车间能力、积压、人力和零件成本以及不工作设备状态相关的管理信息。

DS 和 GS 维修单位使用 SAMS-1 计划设备维护和校准。SAMS-1 产生工单编号和请购单零件。

4）保修计划

用于标识保修范围内的最终产品的项目和组件、零件或部件。采购司令部必须制定程序使保证生效。保修行动在战斗期间暂停。

辅助维修单位是发起保修索赔诉讼的单位与承包商之间的联络点，该单位还处理为更换有缺陷的零件、部件或组件所需的劳动力成本的补偿资金。

AR 700-139 提供了陆军保修计划的详细信息。陆军部表格 2407/5504 用于根据陆军部手册 AR 738-750 提交保修索赔，以获得更换缺陷项目所需维护工时的补偿。

4.1.3　美军装备维修保障法规标准体系

美军不断创新完善法规标准体系，建立起了一套层次清晰、系统配套、内容完善的法规标准体系，形成了三层法规标准体系结构，即以国防部指示、指令形式颁发的一系列法规,各军种的管理条例以及规程和技术手册,各军种下属的有关业务部门制定的规定及规章制度。这一整套的法规体系明确规定了各个阶段、各种情况下部队装备维修保障的目标、任务、要求和组织实施办法,使部队装备维修保障实现了规范化、制度化。

美国军事法规标准体系(图4.4),确保了装备维修保障工作有法可依、有章可循。

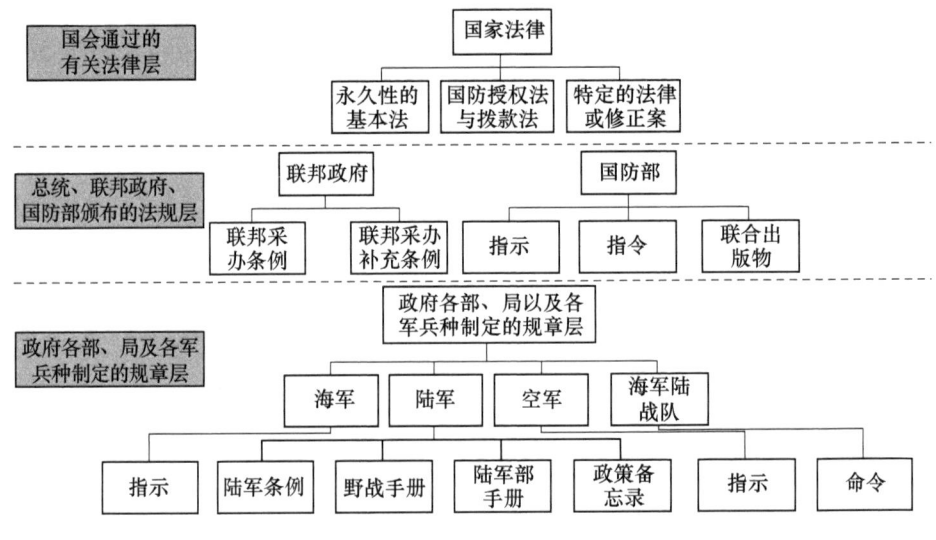

图4.4 美国装备维修保障法规标准体系

以合同商保障为例,其法规制度体系可分为三个层次(图4.5):第一层是国会通过的有关法律层,如《美国法典》《国防生产法》《签订合同竞争法》等,这些都是与合同商保障联系密切的主要法律依据和基本指导方针。第二层是总统、联邦政府和国防部颁布的法规层,如《联邦采办条例》和国防部指令 DoDD 4151.18《军事装备维修》以及行政命令等,这些文件是对国会法律的补充和细化,是具体工作的行动指南。第三层是政府各部、局以及各军兵种制定的规章层,包括国防部制定的部门条例、指令、指示以及带有约束力的出版物(指南、手册和标准/规范之类),例如,野战手册 FM100-21《战场上的合同商》是陆军关于在战时如何获得合同保障和确定军民一体化装备保障法规需求的第一个顶层法规。

每个层次的法律或法规效力不同,下一层次服从于上一层次。美国国会公布的法律或法令居于主导和支配地位,其他依次弱之。"三军"装备维修保障规章要符合国防部采办条例、指令/指示,国防部采办条例要从属于联邦采办条例,而联邦采办条例的规定则必须遵循国会通过的采办法令的宗旨与目标。

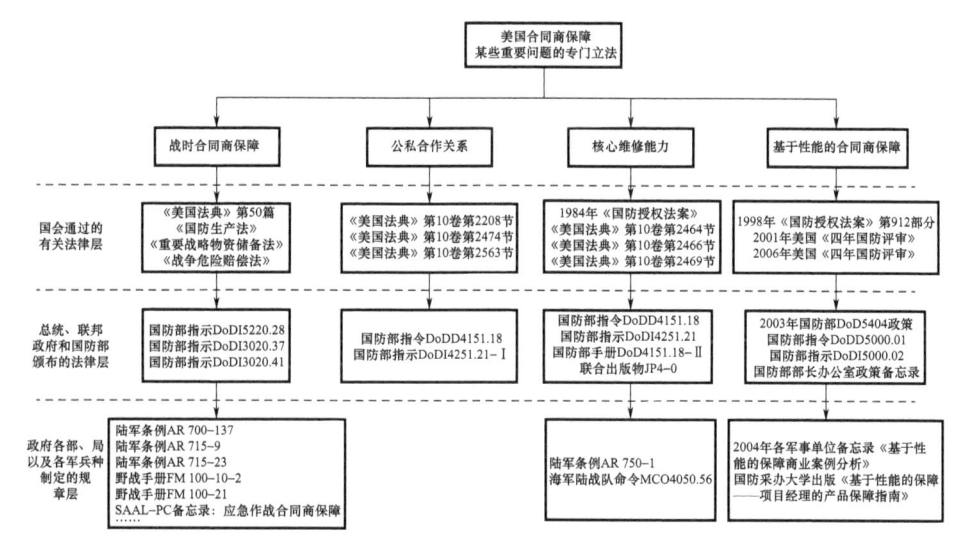

图 4.5　美国合同商保障法规体系

4.2　俄军装备维修保障策略、政策与法规

近年来,在国家经济体制变革的同时,俄罗斯军队的改革工作也在逐步深化。例如,武器装备维修保障工作,为适应现代战争多军兵种联合作战的要求,在苏联体制的基础上既有所集成,又有较大的调整[7]。这些变化也都反映在俄军装备维修保障有关的策略、政策和法规标准中,其主要特点是比较务实。

4.2.1　俄军装备维修保障策略

随着军事改革进程的深入推进,俄军先后提出建立划区保障与平战结合的保障模式、制定三级维修与分类实施的保障制度、提高装备维修机构的机动能力、重视统一计划的预防性维护保养、突出装备现场抢修的保障要求等策略。

4.2.1.1　建立划区保障与平战结合的保障模式

为了使装备维修保障模式与市场经济体制接轨,俄军现已在高度集中统一的保障体制基础上建立起具有区域联勤性质的划区保障模式,并通过在各军区设立的若干划区保障中心来具体实现这种保障模式,负责对保障区域内的各军种部队进行物质和技术保障。其中,平时的装备维修保障由各军区设立的综合性技术修理中心承担。技术修理中心属于非建制单位,设有若干修理厂和修理所。由于它有一定的业务自由度和经济自主权,故平时还可开展有偿出租仓储设施、设备和提供运输、维修等服务。而建制装备维修机构主要是组织战时装备维修保障。

4.2.1.2 制定三级维修与分类实施的保障制度

根据装备维修任务的不同,俄军将武器装备维修划分为小修、中修和大修三个等级,并由各级维修部门组织实施。

(1)小修是通过更换个别零部件、进行调整作业来排除故障,主要由使用人员和修理分队在使用现场进行。

(2)中修是对武器装备中损坏的部分进行更换和修理,并对其余部分进行故障检查,从而恢复武器装备的使用性能,主要由修理厂、专业修理所和维修基地完成,一些大型装备的中修通常有使用人员参加。

(3)大修是对武器装备进行全面拆卸和故障检查,更换或修理其所有损坏的组成部分,然后进行装配、综合检查和调试,由修理厂、维修基地和军工厂完成。

俄军的维修保障按装备种类来实施,分为火炮、坦克、汽车、工程、化学、通信和军队指挥自动化系统、航空工程和后勤勤务、舰艇及其他专用装备维修保障等。

4.2.1.3 提高装备维修机构的机动能力

俄军非常重视装备维修机构的机动能力建设,在维修保障装备的配备、维修部队训练方面都采取了相应措施。例如,编配大型运输机,提高空运能力;优先发展机动维修保障装备等。同时,对维修保障分队进行合理编组和配备。又如,为机动部队编配相应的运输、修理、后勤和物资保障分队,通过合理编组,积木式搭配训练和使用,使之具有较强的快速响应和灵活反应能力。为使维修保障装备具有高机动能力,俄军在装备研制中力求使维修保障装备向智能化、高技术化、轻型化和小型化方向发展,以方便实施机动维修保障。

4.2.1.4 重视统一计划的预防性维护保养

俄军非常重视装备的日常性维护保养,规范性的要求是:采用统一计划的预防性维护保养制度,严格控制维修质量,并采用多种保养方法,力争将部分故障消灭在萌芽状态。工作中常用的程序为:各维修保障单位根据装备的试验数据,制订装备综合维修检查计划;计划批准后,由各类武器装备维修勤务的主管人员组成装备维修检查委员会;委员会对装备状况及保管方法进行详细的调查,以控制维修质量。

俄军维护保养方法主要有以下三种。

(1)分组作业法。成立装备维护保养组,对一种装备进行保养作业,主要用于对坦克、火炮的维护保养。

(2)岗位工序法。将不同装备的全部作业任务分散到若干个专业岗位,进行程序化的保养,主要用于小批量装备的保养。

(3)流水作业法。划分各作业小组,在各专业工位配备所需的设备,使各型装备在各个专业工位上所耗用的时间相等,实现大批量装备保养的流水线作业。

4.2.1.5　突出装备现场抢修的保障要求

俄军有关条令规定装备维修尽量到现场进行。目前,从连到集团军所有战术作战级都力争进行战损装备的现场抢修。特别是在营一级,小修通常在装备损坏现场或附近隐蔽地点进行。在这一级编有一个修理排(分队),其任务是帮助使用人员对损坏装备进行修理。

俄军现场修理的通常做法是:各营在战时设技术观察站,由负责补给和修理的副营长指挥。技术观察站的任务是观察战场情况,发现损坏装备时,立刻将其位置报告给营修理排,同时对装备损坏程度和原因做出评估。技术观察站和修理排经常保持通信联络,需要时,营修理排则派人到装备损坏现场去进行修理。

4.2.2　俄军装备维修保障政策

现代作战行动的破坏性决定了补偿军事装备损失以保持部队战斗力至关重要。补偿损失的方法有两种:一种是工业工厂和仓储基地的装备物资供应;另一种是修复损坏的装备以供反复用于作战。而现代战争的特点将是破坏交战双方领土内的经济和交通、通信。在这种情况下,交付新装备的能力大大降低。因此,装备损失补偿的主要来源可以通过在作战(行动)期间直接修复装备使其恢复正常运作。这就是俄军装备维修保障政策的基点,而具体的维修政策内容则都是非常具有实操性的条款。

4.2.2.1　技术侦察

技术侦察、撤离和修理是直接使装备恢复正常运作或投入战斗条件的主要部分,因此在维修的所有组成要素中,将考虑这一过程。

技术侦察是收集(获取)、概括和传输技术支持所需信息的一套活动。"技术侦察组织"的概念包括建立技术侦察系统及其在战斗环境中使用的管理活动的内容和方法。技术保障指挥需要大量、多样的信息。首先需要有关作战战术形势(敌我部队的位置、条件和行动性质)、指挥官的决定和指示等信息。技术保障指挥机构从诸兵种合成司令部、各军种和特种部队首长处获得信息。此外,需要从后勤副职和后勤总部提供的关于后勤情况获得信息。最重要的是关于技术保障情况的信息。其中,一些信息可能来自指挥员和司令部、后勤副手、各军种(部门)首长。技术保障指挥所需的大部分信息应在装备副司令和技术勤务部门负责人的领导下通过自身能力和资源收集,并通过装备副指挥和技术勤务部门负责人的下属收集。正是为了获取这样的信息,技术侦察才得以产生。从技术侦察中获得的大量信息用于组织装备的维修和撤离,因此通常将技术侦察列入装备维修范畴。

通过技术侦察获得的信息对于解决以下任务是必要的:确定维修机构的位置和部署;其转移路线的选择,以及故障的装备撤离和转移地区;确定装备的损坏程度,维修、撤离和准备工作的范围;研究当地工业基础及其利用的可能性。对维修机构位置和部署的侦察需求及其移动方式是根据对维修机构的数量、组成和部署(分布)的分析来确定的。根据这些指标,并考虑计划部署和已部署的维修机构间的距离,确定所需技术侦察单位数量以及使用一个单位对多个区域和移动路线进行连续侦察的可能性。作为侦察结果,确定维修机构前出到指定区域的可能性,在其中部署技术过程的组织,同时考虑保护、防御要求和集中修复资金能力。确定是否需要侦察撤离路线和转移故障的装备区域的初始数据,是在组织撤离期间建立的这些区域的数量和位置。对损坏的(卡住的)装备所在区域的侦察需求是根据对设施故障估计空间指标的分析来进行预测的。如果出现实际损失区域,则这些需求会被调整。技术侦察任务中最重要的是确定设施损坏或阻塞程度、规模、修理、撤离和准备工作。正是基于这些指标信息,将损坏的装备分配在恢复系统的各个环节。信息的低可靠性会导致对维修和撤离工作规模的错误决定,导致向维修机构输送工作量与其能力不符的对象,最终将导致修复速度放慢。当地工业基地的侦察需求根据其是否拥有可用于部队行动区内技术保障的设施而确定。在确定对技术侦察的需求时,应根据侦察对象的相对位置、规模和重要性来确定单个技术侦察机构完成各种任务的组合或顺序。

在部队下级军事单位(最多一个师,包括一个旅在内)中没有专职技术侦察机构。情报由非专职机构及维修机构在完成其主要任务的同时进行。非专职技术侦察机构包括:营(师)、有时是连的一个技术观察站;军团、师、旅的一个技术侦察组。技术观察站在营(师、连)级装备副指挥的领导下建立,通常以部队在编装备为基础。非专职技术侦察组依靠军事单位维修机构的兵力和武器建立。维修机构还承担技术侦察任务。通常,参与技术侦察任务的是临时维修机构——维修和撤离小组、维修小组、撤离小组直接在战场和部队的战斗编队中行动,并能在履行其主要职能的同时搜集情报。在组织技术侦察时,确定建立技术观察站和技术侦察组(专家、运输、通信手段的分配)的可能性,以及根据行动区域、工作时间、侦察对象的位置和规模使用维修和撤离小组、维修小组、撤离小组进行技术侦察的可能性。在战役层级单位(军、集团军、方面军)中,作为相应维修机构(基地)的一部分,设有专职技术侦察排。在组织侦察时,确定该排在特定情况下建立独立技术侦察小组的能力。通常,一个技术侦察排可成立2~3个技术侦察组。技术侦察也可由技术保障指挥机构的官员、武器副手和部门负责人使用包括直升机在内的各种移动设备来亲自实施。对技术侦察的需求和能力的比较分析表明,两者之间经常存在矛盾。通常,能力不符合通过侦察同时覆盖各个重大损失区域的需求、不符合探测(搜寻)和确定装备损坏程度的需求。为了及时获取技术保障指挥所需情报,建立技术侦察系统,该系统包括专职和非专职侦察机构以及其他进行侦察的技术保障机构,这些机构以统一的目标及合理的任务分配而结合为一体。

创建技术侦察系统的方法包括:确定战役(作战行动)期间需执行的侦察任务清单;执行技术侦察任务的顺序;技术侦察机构的数量、组成及其工作程序(部署地点和期限、移动顺序);每个技术侦察机构完成的任务。根据对技术侦察需求的评估,确定在执行既定任务过程中需完成的侦察任务的具体清单及其实施顺序。通过比较侦察需求和技术侦察机构的能力,确定所需技术侦察机构的数量、组成和任务分配。每个专职和非专职技术侦察机构以及其他进行侦察的技术保障机构,都被分配一份特定任务清单,清单中明确了任务实施顺序。同时,明确了技术侦察机构在战役(作战行动)开始前的部署地点和期限及其移动顺序。确定情报传递的方式至关重要。为了在技术保障无线电网络中工作,需对数据传输顺序和期限进行规定,以便组织技术和侦察机构的合作。指挥部通信渠道和移动手段用来传递情报。

组织技术侦察基于以下原则:技术侦察通常是直接在战役行动过程中、在战场上、在部队的战斗编队中进行的。该原则反映了尽可能缩短情报搜集所需时间的必要性,从而缩短装备修复的总时间。技术侦察由相互合作的专职和非专职机构以及其他执行侦察任务的技术保障机构的军官来进行,该原则的实施意味着建立一个相互关联的技术侦察分支系统,以便及时、完整地完成任务。首先完成技术侦察任务,这对于可持续的、有效的技术保障指挥最为必要。

4.2.2.2 损坏装备撤离

在技术侦察信息的基础上,组织损坏的装备的撤离。①撤离。为将受损的(技术上损坏的)装备从敌人的火力下,从可能被敌人占领的地方,从辐射、化学、生物污染的区域,拖曳或运输到掩蔽所、修理或转移地点,以及拖出被卡住的(沉没的)装备。②拖曳。通过撤离的方式将受损的装备转移至其起落架上。

③运输。用拖车和其他运输工具、汽车、牵引车、铁路、水路、航空运输来运送装备。④拖出。将被卡住的(沉没的)装备转入可自行移动的条件。

"组织装备撤离"的概念包括技术保障官员在建立撤离系统和在执行既定任务时在行动中使用撤离设备的工作内容和方法。及时撤离装备可确保:战场上受损和停止的设施免受最终摧毁或被敌人俘获;降低反复受损造成的受损严重程度,从而减少维修工作量;加速开展维修,从而更快地使装备恢复正常条件。撤离需求通常由集中到维修地、拖出被卡住的机器、加强水上障碍的保障三个部分决定。对于撤离的其他组成部分,由于不确定性很大,确定需求极其困难。将受损装备集中到维修地的需求由维修资源总额的份额确定。按组、行动方向进行撤离装置的分配首先基于维修设备分组的组成。每组维修机构必须包括一定数量的疏散设施,以确保将维修资金及时送到维修地或将设备移交给高级负责人。此外,在分配撤离设备时,要考虑加强水上障碍和克服复杂地形时的撤离需要。为有组织地进行部队装备的撤离,需指定撤离路线,并指定通常位于撤离路线上的受损装备的集结(转移)点(区)。

撤离任务通常不是按照设备单位数量来确定的,而是通过标明撤离设备部署地点(区域)和撤离路线,以及本单位部队集中维修资源的地点(区域)来确定。集中维修资源的地点包括在自己的撤离路线上、在上级首长的撤离路线上、在撤离路线外的集结地点(转移地点)、在技术保障系统各环节的受损汽车装备站。这些地点的选择及其数量取决于撤离需求与疏散能力之间的平衡。能力越强,受损装备的集中程度就越高。应当保障相应的部队单位。为了最大限度地提高撤离进程的效率,并在其范围内实现装备的总体修复,在确定任务时应考虑以下撤离组织原则:在战斗中直接撤离受损的装备;设定从敌人的火力之下、从受到攻占威胁的地方撤离目标;首先是撤离装备,以最大限度保证部队战斗力;当存在相同类型的目标时,应当撤离受损较小的目标、准备维修工作所需时间和资金最少的目标;将装备撤离以便维修是"自行"进行的,即由进行维修的部队单位将目标撤离到维修地(在重型装备的撤离中最为典型)。

4.2.2.3 装备维修

维修发生故障的(受损的)装备在保持部队战斗力方面起着至关重要的作用。装备维修是指修复样品或其组成部分的完好性、工作能力和技术资源(使用寿命)的一系列操作。装备综合维修,需要两个或两个以上技术勤务部门兵力和装备的维修。专业武器和军事设备的维修,需要一个技术勤务部门兵力和装备的维修。损失(故障)是一个广义的概念,包括因战斗损坏和技术原因而无法维修和不可恢复的损失。日常维修,通过更换或修复单个零件来保证或恢复对象的工作能力(完好性)。中等维修,工作能力的恢复(完好性和对象资源的部分恢复)、更换、恢复有限范围的装备单元。通过更换或修复有限范围的装配单元来恢复工作能力(完好性)和部分恢复对象的使用寿命。大修,通过更换或修复所有组件(包括基本组件)来恢复对象的工作能力(完好性)和使用寿命。因作战发生故障时,根据修复的复杂程度,按修复类型进行分配。在"作业中组织维修装备"的概念中,不考虑维修机构内部维修工艺流程的组织,而是考虑技术保障官员在建立维修系统和使用维修单位与部件方面的管理活动的内容和方法。

可以根据计算方法对装备可能发生的故障进行量化指标预测。根据目前的观点,需要日常维修的装备占损失总额的30%,需要中等维修的占35%,需要大修的占15%。无法修复的对象(不可挽回的损失)占比可达20%。所有部队单位都可以预测可能的区域、损失最严重的地区和空间指标。这种预测对于证实部队行动区内维修资源小组的组成和部署(分布)是必要的。

装备最大故障的可能区域和边界取决于行动指标、行动任务、部队的行动建设、主要集中力量的方向、向作战行动过渡的方法、打击对手的手段能力。一般情况下,这样区域和边界可以在进攻中——进入战斗(转入进攻)地带内的屏障边界、突破区、第二梯队进入线、加强地区、击退敌人反击的边界;在防御中——敌人突破防御线和部队阵地的区域、反击线;在行军中——障碍线、难以通过的区域。

在现代行动(作战行动)中,装备损失的数量和空间特征发生了重大变化。与苏联卫国战争时期相比,常规作战手段造成的伤亡率急剧上升,为2~3倍。例如,在战争年代,军队防御行动中坦克的平均每日损失为5%~7%,在现代防御中,坦克的损失预计高达13%或更多。物体损坏的严重程度不断增加,导致不可挽回的损失和大修的份额增加,日常维修的份额相应下降。在卫国战争期间,坦克日常维修的份额超过45%,在现代作战行动中可达到30%~35%或更低,这将导致机器修复的资金急剧减少。即使只使用常规武器,伤亡也可能是大规模的,包括整个分队、部分和兵团。装备的重大损失可能在部队作战编队的整个纵深的所有要素中同时发生。卫国战争期间,有80%~90%的损失都发生在第一梯队的旅团作战中,在深处的损失微乎其微。

在确定维修覆盖范围的可能性时,将考虑维修机构的以下战术和技术特征:①维修机构的技术可分性,即其在多个领域同时作业的能力。可分性由维修分队和部队的结构决定。例如,一个维修营可在一个或两个地点工作,与此同时,分派单独的维修队到其他地方开展工作。②维修机构的同时容量,即可同时在维修机构进行修复或从维修机构中分派的维修队进行修复的对象数量。③能够及时、不造成不必要的浪费地在不同区域开展工作。这由维修机构的机动性、部署(收拢)的时间决定。④维修机构的整体及其部分可控性。这由通信手段的可用性和特性决定,对这些特性的综合评估可确定在几个区域(地点)对发生故障(损失)的装备进行同时修复的可能性。

确定执行维修任务的顺序和方法包括:根据作战结构要素、部队行动方向、边界线创建维修资源的分组(分配);维修机构的区域选择、时间安排和部署;维修机构转移的方式和顺序;维修任务的确定和组织。在创建维修资源分组时,首先以司令(指挥官)决策的主要决定——主要力量的集中方向、作战结构(战斗队形)、战役方法(作战行动)作为初始数据。其次,根据预测维修需求和能力评估的结果,确定所需分组数量(分配要素)及维修资源的组成和分配。维修资源的分配应使其能够在数量和分配地点上最大限度地满足维修的需要。维修机构部署地点尽可能选择靠近受损严重区域,这样可减少撤离工作量,并从总体上缩短装备的修复周期,但要考虑作战战术情况和确保其使用寿命的要求。

在战役(作战行动)期间,装备的维修任务可以不同形式确定。在进攻和行军中,维修任务通常通过维修设备的工作时间来表示;在防御中,通常通过维修类型,有时以工时为单位规定工作的劳动强度。在任何情况下,维修任务的规模都受到一种规律的制约,该规律反映了任务对损失水平的依赖。装备的损失越高,劳动密集型维修的任务越少,因为随着总损失的增加,首先需要修复的低劳动强度的维修任务的绝对数量就会相应增加。根据其实施的劳动密集程度,在技术保障系统的层次上对装备的维修类型进行分配。例如,部队一级的维修机构进行日常维修,而战役一级开展中等维修、在该级别进行的部件的大修,战略一级的维修机构对武器装备进行大修。在海军编队中,在岸上对装备的维修由岸上修理厂和工厂的兵力与设备完成。在海上对装备的维修由浮动的船舶修理厂、动力船以及船员完成。在空天军航空军团中,飞机的维修由航空兵团技术维护部队、军队航空修理车间和航空维修企业的兵力与装备来进行。

主要装备的维修方法是组合法,组合法能保证装备最快速、最高效地进行维修。在进行维修时,首先修复的是指挥车辆、导弹和地对空导弹发射器、通信和指挥自动化系统、情报和电子对抗设备,以及部队最需要的武器和军事装备。有效利用可对装备进行维修、组件大修,有时甚至可以进行单个样品制造的当地工业基地,这对装备的维修具有重要意义。这些企业可能是满足对维修设备生产、维护需求的根本途径。

维修后的装备应根据司令和军团司令部的指示,并根据兵团和部队之间的分配重新投入使用。维修后的装备还需进行必要的兵力和装备的维修与输送。经过维修后的装备直接在部队和分队投入战备使用。根据军团副司令关于装备的命令,兵团和部队中不可回收的损坏装备将移交给上级首长,可以在故障地点、距离最近的掩蔽体、破坏车辆收集站进行装备的移交。移交过程是需要文件记录的。

组织维修应以一套既定的原则为基础。①在战役(战斗)期间,装备直接在发生故障的地点、距离最近的掩蔽体和破坏车辆收集站进行维修。基于此原理,减少故障装备等待修复的时间。②双重优先原则。对部队作战能力最具决定性的装备应优先维修;如果存在同样类型的故障装备,则应优先维修工作量较小的装备。这一原则的执行确保通过优先维修最重要的装备,更快地恢复同等装备来维持部队的作战能力。③维修部门与部队之间的距离应确保最有效地利用其生产能力,同时保持可靠的生产和生存能力。④部队级别越低,其维修设备的工作量就越小。这确保在维持最合适的脱离部队的装备数量同时,使维修设备覆盖各种劳动强度。

为了向部队(兵力)提供有效的技术保障,必须对技术保障单位进行保护和防御。对技术保障单位开展防御和保护的目的是排除或尽量减少敌人对它们的影响,从而保持其执行预定任务的能力。组织防御和保护的实质是确定需求和能力,并在此基础上,确定执行既定任务的顺序和方式。保护技术保障部队免受敌人的冲击,包括大量的行动,其中一些是在由技术保障单位组成的部队和兵团编制内进行的。当直接对技术保障单位执行保护措施时,首先要确定其通过行动路线输送工程设备,通过部署区掩蔽工程设备的需求和能力。这些行动是紧密相关的,并以统筹的方式进行。在确定隐蔽的需求时,要评估工作量和完成这些工作所需的时间,以及对出勤设备和备用设备及材料的需要。它们的数量一方面取决于隐蔽设备的数量和规模;另一方面取决于地形的隐蔽特性和敌人的影响。能力取决于实际可投入的兵力和装备与执行相关活动的时间。它们取决于地点特性和部署地区的工程装备能力。根据现有标准、所需工作量、完成时间以及所需兵力、兵器和材料,确定行动路线、部署地区和技术保障部队所需部署的工程设备。工程装备能力取决于兵力、兵器和时间的实际可得性,而这在很大程度上取决于行动的准备和执行条件。通过对每项行动的需求和能力及其相互关系进行比较,确定具体的工作范围、时限、兵力和兵器。例如,在预先准备行动时,在部署维修机构时,所有设备都需进行仔细的隐蔽,并为人员、设备和其他物资以及被维修的装备提供藏身之处。

在进攻期间,首先进行基本的伪装工作。除上述措施外,技术保障部队的防御系统还包括:辐射、化学和生物侦察;剂量和化学监测;确保人员在污染地区行动时的安全;对人员和设备进行特殊处理,采取防疫、卫生和特别预防措施。技术保障部门的防御是为了击退敌人的直接攻击而组织的。作战需求是由具体情况决定的,即敌人行动的组成和性质,以及部署地区的地形条件,它们可以表现出火力阵地的部署、障碍物的设置,以及火力系统的设立等工作的规模和时间。防御准备的能力取决于人员在位率、受训水平、装备、可用时间、使用可维修装备的能力以及地形的特性。通常,技术保障部门由其自身的兵力和装备进行防御。技术保障部门的警卫包括一系列行动,其需求取决于具体情况。在住宿和部署地区,其由警卫、直接警卫、昼夜值班和行军警戒组成。与防御一样,警卫工作也是通过自身的兵力和装备、在位人员和训练水平来实现的,这些决定了开展警卫工作的能力。在确定警卫工作程序时,应明确规定哨所、秘密哨所、巡逻队、观察员、警卫和其他机构的人数、组成、部署地点和任务。在技术保障部队行动的任何情况下,保卫、防御和警卫的优先措施之一是及时警告,并通报敌人的威胁和开始的影响。

4.2.3 俄军装备维修保障法规标准实例

苏联时期构建的装备体系为俄军综合保障法规和标准体系奠定了可靠的基础,随着 2020 年现代化装备更新率的不断落实,俄罗斯又加快了相关标准文件的完善步伐。

俄军在装备维修保障活动中强调数学模型的建立与应用。由于装备维修信息匮乏且难以收集、反馈时间长,单纯依靠统计资料进行维修决策已经不能满足现代技术的要求。从俄罗斯 GOSTRV 27 系列标准可以看出,俄军主张在建立维修信息系统的同时,从理论研究上找出方法,以确定如何在规定的使用条件下,运用近代数学和物理学的成就来预测和计算产品可能发生的故障,以及各种因素对产品可靠性和维修性的影响,实现对产品可靠性的计算、预测和评价。基于此,俄军形成了装备维修保障有关标准体系,并取得了较好的使用效果。

目前,俄罗斯已有的与综合保障相关的标准文件包括 GOSTRV 0027《军品技术可信性》国军标系列文件(约 25 件)、GOSTRV 0015 - 002—2012《质量管理体系》、GOSTRV 52374—2005《国防产品质量管理体系总体要求》等。其中,俄罗斯国军标 GOSTRV 0027《军品技术可信性》是俄罗斯军品可信性的基础性文件,该系列文件的编制对 GOSTRV 0027 国际技术可信性文件进行了深入参考;GOSTRV 0015 - 002—2012《质量管理体系》国军标是俄罗斯军品质量领域的纲领性文件,该标准以国际标准体系 GOSTRISO 9001—2008 为基础,增加了符合军品研制和交付体系标准的全寿命周期质量保障特性的相关内容,明确了质量管理体系的基本要求,以及为确保军事产品在全寿命周期内各个阶段都符合技术要求所采取的措施,在质量管理改善措施方面,明确了对综合保障计划的要求。

GOSTR 27.606—2013《技术维修可信性管理》标准文件对基于故障的可靠性和维修性管理（RCM）进行了规定。1960 年，俄罗斯开始在民航领域应用 RCM 概念，并将 RCM 纳入行业标准文件 ATA – MGS – 3。俄罗斯的 RCM 概念与国际通行的基本相同，项目基本步骤分为启动和规划、功能故障分析、任务挑选、实施、持续完善。该标准在详细介绍整体概念的基础上，对分步骤的理论和实施方法也进行了详细描述（图 4.6）

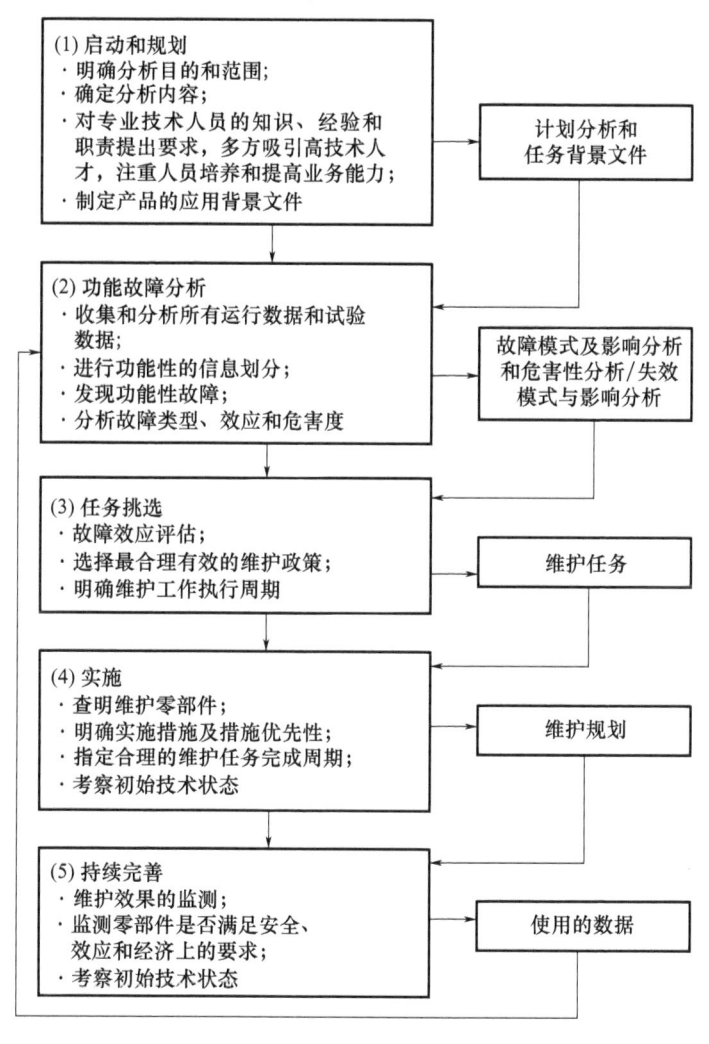

图 4.6 RCM 项目过程概述

RCM 技术维护类型分为预防性的检修和故障后的维修/修理，其基本工作流程如图 4.7 所示。

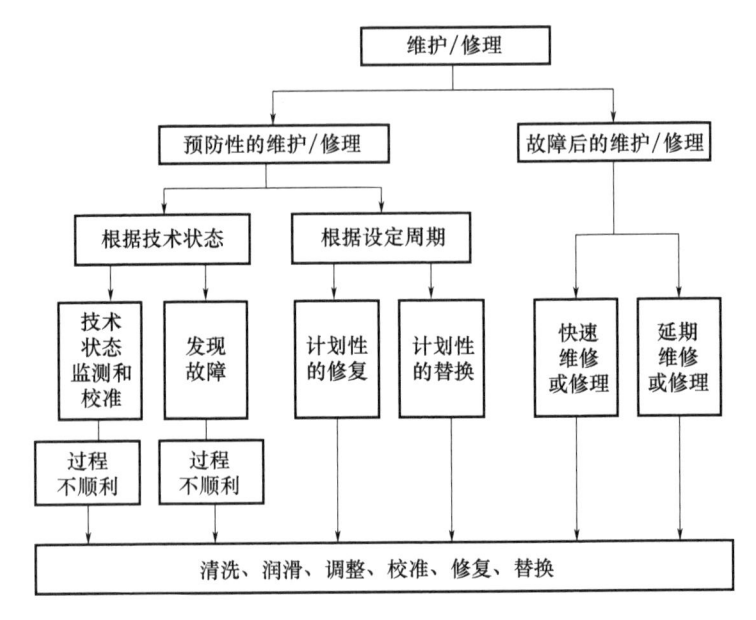

图 4.7　RCM 技术维护类型

4.3　其他国家军队装备维修保障策略、政策与法规

信息化武器装备维修保障是一个复杂的系统工程,要使各项活动有条不紊地进行,需要对整个流程进行科学规范,并建章立制。除美国、俄罗斯外,其他国家也注重对装备维修保障策略、政策与法规标准的体系化建设,突出系统性和整体性,确保装备维修保障有据、有序、规范。

4.3.1　英国、德国等欧洲国家军队

美国国防部制定的"精益物流"和"集中物流"等举措在所谓的智能采购中得到了英国国防部的认可,它们从"从摇篮到坟墓"的角度认识到了物流的重要性。这意味着减少对整个综合仓储和运输系统的依赖,并增加对军事行动的合同化后勤支持向民用承包商分散的程度,就像 18 世纪那样。北约接受的 5 项后勤原则是前瞻性、经济性、灵活性、简单性和合作性。现今的情况与亚述、罗马人的时代一样真实。它们适用的军事环境大不相同,正如 20 世纪末在巴尔干半岛所看到的那样,采用和调整军事后勤以适应作战情况是取得成功的一个基本特征。归根结底,"对供给和流动因素的真正了解必须是每个领导人计划的基础;只有这样,他才能知道如何、何时利用这些因素冒险,而战斗和战争是通过冒险

赢得的"(Wavell,1946年)。欧洲国家军队的装备维修保障策略主要是走合同商维修保障的路子。

4.3.1.1 英军合同商维修保障

英国国防科技工业总体规模是欧盟国家中最大的,无论是企业还是从业人员的数量都居西欧国家之首,在全球仅次于美国[8]。英国国防工业部门在军队维修保障中发挥着重要作用。

虽然英国军队自21世纪以来一直十分依赖国防承包商提供装备大修服务,但以前至少还拥有自己的独立大修机构——国防保障集团。2014年12月,随着国防装备与保障总署的重组,其下属的国防部大修机构——国防保障集团被英国国防部以2.19亿美元的价格出售给英国工程保障企业巴布科克国际公司(图4.8),仅保留了其中的电子与部件维修业务。这意味着英国国防部选择在未来装备大修保障中高度依赖国防承包商。

图4.8 巴布科克为英国皇家海军"伊丽莎白女王"号航空母舰实施维修

国防保障集团是英国国防部直属的维修保障机构,该集团成立于2008年4月1日,由负责航空装备维修的国防航空维修局(Defense Aviation Repair Ageney,DARA)和负责地面装备维修的陆军基地维修组织(Army Base Repair Organisation,ABRO)合并而成。国防保障集团使用英国国防部全额拥有的政府营运资金运营,向英国军队的空中和地面武器装备提供独立的专业维护、修理、大修、升级和保障服务。国防保障集团拥有专职员工3800余人,是英国最大的国防保障机构之一。国防保障集团的目标是满足国防保障需求,以高效费比的方式为空中和地面武器系统提供一体化的保障方案,能够高质量、低成本地完成核心保障任务。国防保障集团的业务范围很广,包括飞机和地面装备的维护、修理、大修和升级,移动设备和兵营设备保障,型号装备管理,装备校准,电子装备维修、装备部件维修、提供保障方案,零部件采购和供应。国防保障集团的年营业额超过2亿英镑,总采购量也超过2亿英镑。运营资金由国防保障集团贸易资金委员会管理。国防保障集团的保障业务主要通过英国本土的各维修基地完成,其下属的主要基地分别位于鲍林顿、凯特里克、科尔切斯特、冬林顿、西兰德、斯塔福德、圣阿森、斯特林、泰尔福德和沃明斯特。位于阿尔德肖特、比塞斯特、金尼加和森尼布里奇的小型保障基地则扩展了国防保障集团的地区保障范围。国防保障集团还派遣小型团队伴随英国军队提供维修服务,支援国内和海外军事行动,向用户提供及时全面的保障服务。国防保障集团是英国政府资金运作的基地级维修机构,拥有很强的保障专业技术能力,能够独立完成装备的拆卸、更换、修理、再制造和组装,不需要进行外包,能保障从各种轻型武器到飞机和装甲作战车辆等各类武器。

英国国防部将国防保障集团出售后,作为此次收购交易的一部分,巴布科克国际公司获得了一份长达10年的服务合同,为英国国防部提供装备维护、修理和大修保障,并监督当前军用车辆和轻型武器的存储。巴布科克国际公司的员工将被派遣到海外,为英国国防部提供战场保障服务。巴布科克收购国防保障集团后,将承接其当时和随后的工作,主要是管理英国陆军车队和维修重置从阿富汗撤回的车辆。在阿富汗战争期间,国防保障集团在英国本土和战区内进行了大量的车辆和设备维修工作,同时致力于在英国陆军现有装备上集成紧急作战需求,且被指定为进行通用动力公司侦察车最后装配工作的承包商。

在此次收购之前,巴布科克国际公司也是英国国防部乃至整个欧洲地区重要的大修保障服务商,作为一家百年老企业,已经为欧洲各国军队航空装备保障服务多年。英国国防部70%以上的飞行训练小时数都是由巴布科克国际公司提供支持的。除巴布科克国际公司外,罗尔斯·罗伊斯公司(简称罗·罗公司)、BAE系统等英国军工企业也是英国国防部在装备大修上一直十分依赖的国防承包商。作为英国军队装备主要制造商,BAE系统公司也是向英国军队提供装备维修保障的主要企业,为英军提供维修配件以及飞机发动机、电子部件、检测与预警系统、技术数据以及测试设备等方面的维护及大修服务,也是英国军队装备保障的重要合作伙伴。罗·罗公司作为全球主要的发动机制造商,也是英国空军、海军和陆军装备发动机维修重点单位。

英国之所以把军队装备大修几乎全部交给国防承包商,有其自己的考虑。2005年,在英国"三军"诸多新型装备采办项目即将投产,而待替换老装备的维修保障需求已达高峰的历史时刻,为了防止在"未来快速奏效系统"(Future Rapid Effect System,FRES)、未来航空母舰(CVF)、45型驱逐舰项目以及皇家空军 EF-2000"台风"战斗机和"联合战斗机"等项目的高峰生产年份过后,英国国防工业所获得的国防订单可能出现下降而导致能力流失。英国国防部把重要装备的全寿命周期保障工作交由企业承担,来保证英国国防工业能长期保持拥有足够的工作量。一方面确保了部队的现役装备能得到维护、保障和升级;另一方面留住了国防尖端企业的业务、人力资源和技术能力,保持本国国防工业的高端技术和系统工程能力。

4.3.1.2 德军合同商维修保障

德国的"豹"Ⅱ坦克连续数年获世界坦克排名第一,其高可靠性、维修性和综合保障性是与其"合同商"生产厂家直接提供使用、训练、技术和作战"一条龙"服务保障分不开的。由此可见,高新技术装备的技术保障,走平战结合、军民结合、多元保障的路子,是一条投入较少、效益较高的路子,是今后的必由之路。

德国 HIL 公司是其主要维修保障合同商[①]。HIL 公司是与私营部门合作建立的,目的是保证实现5个目标:①确保装备的可用性;②降低装备维护和维修费用;③维持德国国防军的核心能力;④保持国防工业在提供技术方面的能力;⑤支持文职人员顺利转移到德国国防军的新结构。HIL 负责陆军装备的 2~4 级维护和维修工作,并采购备件。它还维修和维护所有军种使用的装备(如地面车辆和小武器)。HIL 公司的大部分人员是受雇于德国国防军的平民。原则上,HIL 公司可以对陆军几乎所有的装备进行维护和维修,但不包括一些电子和通信设备。然而,由于工作量和能力的季节性变化,有必要从分包商处外包一些工程。HIL 公司能够对发动机、变速箱和车轴进行大修。

HIL 公司大约50%的营业额来自三个私人公司股东,从他们那里购买备件和其他服务。其余50%来自与其他公司的交易。HIL 公司的股本可忽略不计。它通过向客户开具到期日为30天的发票来获得流动资产,而其供应商使用的到期日为60天。HIL 公司遵守《公共采购法》(Public Procurements Act)——根据德国法律,这是一家国家拥有33%以上股份的公司的要求。HIL 公司的工作人员掌握不同程度的国家机密。对公民身份没有任何限制。尽管只有德国公民可以在德国联邦国防军服役(HIL 公司的大部分员工受雇于德国国防部),但德国联邦国防部部长就在2011年2月提出了允许欧盟公民在德国国防部服役的建

---

① 基于爱沙尼亚有关研究机构根据书面资料和对德国联邦国防部和 HIL 公司代表的访谈。

议。原则上,战时的法律框架允许国家征用私人合伙人拥有的股份。

从装甲车、火炮系统和重型车辆到小武器和 NBC 防护设备,德国陆军可获得大约 6200 个不同系统/项目的可用性,在任何给定时间必须提供所有系统/项目总数的 70%。不久前,HIL 公司向德国联邦国防部提交了关于未来的建议:①可用性百分比应根据实际需要而定。例如,陆军学校通常要求更高的比例才能正常运作,而一些军事单位对假期期间的可用性仍然漠不关心。②未来,HIL 公司(或其继任者)应维修和维护军队的所有装备。如果一个部队保持高度戒备状态,所有装备都必须可用,而不仅仅是车辆和武器。③应引入基于装备集群管理的系统。因此,各单位将没有自己的装备,而是将装备出租给他们。然而,HIL 公司承认,这种想法在心理上可能无法为部队指挥官所接受。④HIL 公司希望负责备件的管理,这将创建一个完整的系统及其维护和维修功能。

据称,HIL 公司的建立带来了比最初预期更大的节约:从 2005 年到 2013 年,节省了约 4 亿欧元,而不是计划中的 2.5 亿欧元。然而,很难对成本削减做出准确的估计,因为在 HIL 公司出现之前,没有保证装备的可用性。装备库存量很大;其中大多数储存在仓库中,那里聚集了动员库存。例如,如果一个 MBT 在训练中出现故障,你可以随时去挑选另一个。由于 20 世纪 90 年代军队的缩编,许多装备被转让给新的拥有者,这使得有必要更集中地使用剩余的设备,而这反过来又增加了对装备可用性的需求。就在那时,HIL 公司成立了。

4.3.1.3 芬军合同商维修保障

在和平时期,Millog 进行装备维护和维修活动(根据芬兰制度,为第二级),为芬兰国防军采购和分发备件,并管理平时更广泛使用的备件和战时使用的成套备件,这些备件构成了国有资产[①]。在和平时期,芬兰国防军的成员不为 Millog 工作,除了在 Millog 代表他们的几个联络官。

至于装甲车和非装甲车,Millog 修理苏联生产的装备。如果设备来自西方,则需要委托其他承包商进行更复杂的维修工作。虽然日常车辆维护和维修工作大多由私营公司进行,但 Millog 则侧重于更耗时的大修(包括发动机、变速箱和车轴)。Millog 可以为"豹"Ⅱ Mbts 执行战斗损伤修复、日常维护和一些小型现代化程序,但目前它无法修复部件,包括发动机、变速箱和电子部件。这些产品是委托他们的生产工厂(KMW)、瑞典和瑞士。尽管 Millog 目前正在开发其"豹"ⅡS 的维修能力,但该领域的大多数计划都是基于未来的北欧合作。

---

① 基于爱沙尼亚有关研究机构根据书面资料来源和对芬兰国防部、芬兰国防军和国防部长办公室代表的访谈。

Millog与军方签订了装备维护和维修工程交付的框架协议。在这些协议的基础上,驻军可以自己以谈判价格获得服务。在Millog集团成立之前,芬兰国防军的驻军与各公司签订了约500份协议;现在,该集团有大约45份框架协议(其中15份涉及车辆),这些协议保证向驻军提供同样的服务。每一份协议的数量都在增加,这也降低了价格水平。然而,如果Millog式的安排是首选,客户必须能够非常准确地定义他们的需求(充当"智能客户")。目前,Millog根据每项维修或维护项目的工作时间开具维护和维修工作发票。在不久的将来,该公司计划采用一项基于固定价格的新政策——客户将始终为标准服务支付相同的价格,而不考虑在维修或维护项目上花费的具体时间。这种方法将有助于Millog和芬兰国防军的预算规划进程。在下一阶段,计划在保证可用性的基础上转移到一个系统——Millog将保证一定比例的装备可用性。由于没有足够的芬兰国防军使用装备的历史数据,没有更早地实施这一制度。Millog根据芬兰国防军的命令,集中采购驻军车间的备件。Millog 75%的备件采购分配给驻军,其余25%用于维修活动。

芬兰国防军和Millog采用了以下投资分配模式。芬兰国防军采购更昂贵的设备和工具(价值超过5万欧元)。每一次此类采购都必须在进行彻底分析之前进行,分析除其他外必须回答:这是否是一项合理的投资?与现代化方案相比,它有什么优势?是否应该用新的解决方案取代整个系统?采购的设备和工具属于国家所有,因为芬兰国防军在危机和战时都需要这些设备和工具。Millog购买了和平时期作战所需的不那么复杂的设备和工具(那些成本不到50000欧元)。经济上的便利性是进行投资的关键因素:如果一项投资产生了回报,如在5年之后,它将被开绿灯;如果即使在10年之后仍然没有预期的回报,投资的想法将被打消。

4.3.2 印度军队

信息技术的发展使战争进入信息时代,印军的现代化建设面临重大挑战。未来战争的本质将与印度过去经历的大不相同,大规模的常规性军事冲突将不会在未来战争中出现,取而代之的是针对性强、时间短、高强度、快节奏、破坏性强且具有核背景的战争。印军认为,如果没有发达、高效的后勤和装备保障系统作保证,任何先进的武器和网络化战场都无法发挥作用[9]。为适应战争方式的变革、装备的发展以及军事技术的进步,印军不断调整装备维修保障策略、政策与法规标准,综合反映在以下几个方面。

4.3.2.1　以能力需求规划装备维修保障建设

2010年,印度综合国防参谋部发布了《技术展望与能力路线图》,该文件在《长期联合愿景规划》(2012—2027年)以及《国防研究和发展组织科技路线图》等重点发展规划的基础上,综合描绘了印度"三军"未来作战后勤及装备保障能力的全景视图。远景计划确定了军队的能力需求,包括装备维修保障能力需求,如陆军希望提高战场需求感知能力和维修保障能力等。远景规划将重点填补军队的能力空白、提升其作战和保障能力,确保武器和装备精良,在全谱作战冲突中保持理想状态。印军的《技术展望与能力路线图》明确提出,其发展战略是确保能将技术优势转化为经济适用、具有决定性效果的军事能力,同时考虑成本、时效、多用途、技术基础以及模块化设计等,目的是采用一种由作战能力决定武器装备系统采购和保障的运作模式。未来保障系统发展需要实现无缝保障,通过网络化保障系统,将高效的供应链管理和带有决策支撑系统的自动维修保障系统网络联为一体,并与通信数据传输网络相连接。实现军事资产的可视和管理,及时准确地提供关于部队、人员、装备和物资的位置、移动、状态及特点的信息,通过电子标签、自动仓储和全球定位系统(GPS)物资跟踪技术来实现器材备件的高效存储和提取,从而用速度代替规模。运用技术来融合新的保障组织结构、概念、运输手段、信息系统等,让现有能力适应新的环境,并对采用新技术的新能力进行试验,提升整体装备维修保障能力。

4.3.2.2　以装备可靠性提升减少维护保养需求

如果装备的战地维修保障工作能更加简单、快速且耗费工时更少,就能确保这些装备在作战过程中的最大利用率。提高装备保障能力的关键是解决装备的可靠性问题,以减少保障需求,缩小保障规模。印军在装备建设中将对装备可靠性和维修性及模块化设计进行统一考虑,印军要求装备加装内置式测试装置、健康及运行监测系统,为采用视情维修奠定基础。实现低频率或低周期性维修,延长装备执行任务的时间,在需要维修时,有针对性地开展维修。采用模块化结构设计,从而实现战地条件下更换零件和组件。无需特殊装备和维修点就能进行前线维修服务(单一工具概念),尽量缩短返回修理时间。例如,在直升机装备发展方面,要求直升机的主系统要配有充分的冗余,并且所有零部件的平均故障间隔时间要长。为实现此要求,直升机上应使用健康和使用监控系统(Health and Usage Monitoring System,HUMS),通过积累关键数据,如发动机状态、变速箱振动水平以及关键系统的载荷等,来检测重要系统的健康状况。系统对可能出现的问题向机组人员发出预先警告,以便采取预防措施,同时为发动机配备全权限数字发动机控制器(Full Authority Digital Engine Control,FADEC)。随着直升机和固定翼飞机的计算机系统越来越重要、任务软件系统越来越精密,只有为执行软/硬件系统配备重置的功能冗余才能提高战机的可靠性。另外,使用复合材料制造尾旋翼、主旋翼和其他机身机构,使机身部件更加坚固、可靠。印军还继续研发 5.56mm 口径的步枪、卡宾枪和机枪,这些新型武器具有可靠性高、耐用、适合夜间作战等特点,并采用模块化和标准统一的零部件,研发新型野战发电装置、燃料技术、高效车辆、发动机以及发电机,减轻保障负担。

4.3.2.3 以技术手段提升装备维修保障效能

提高装备维修保障效能需要以先进的技术手段做支撑。为此,印军针对目前装备维修保障能力现实和未来装备维修保障需求,积极开发先进适用的维修设备。为提高装备的维修保障能力,印军将研发配备武器装备健康和使用监控系统(Helicopter Health and Usage Monitoring System,HUMS),为装备加装内置式测试设备(Built in Test Equipment,BITE),研发嵌入自动计数的最新诊断和维修设备,研发网络中心战(Network-Centric Warfare,NCW)装备的诊断和维修设备。在维修器材、设备供应保障方面,印军需要密集的人力,搬运庞大的设备或吊装重型载荷。为节省时间和人力需要编配多种搬运设备,目前重点考虑的是:配有大量附件装置的多功能拖拉机,滑移装载机,高机动车载起重机,能在恶劣地形作业的伸缩臂叉车、工业叉车,以及交联式吊杆起重机。还需要多种保障车辆,包括指挥车、救护车、补给车、弹药托盘化运输设备、装有起重设备的弹药车、机动性高和耐用的空调集装箱,以及其他具备良好机动性、能够为部队提供有效保障的设备。同时,印度针对北部边境地区高山陡峻、沟谷纵横、地形复杂、路况较差、高山缺氧、气候多变的环境特点,着眼未来作战需求,考虑高山地区装备损坏率高的情况,着力发展适应这一地形和气候特点的维修保障装备,突出山地、高寒作战和轻型化要求,以确保备件供应及对主战装备的及时保障。

同时,印军通过分析研究现有的装备维修设施和所具备的能力,认为现有的基础设施和维修能力基本可以满足多种装备的维修和大修,如装甲战车、火炮、工程装备、架桥装备、防控系统、特种车、雷达、光学装置,以及计算机和外围设备。但某些方面的能力还有待提升,目前正在进行中的现代化项目包括:两个陆军基地修配厂的现代化改造,Stella 和 OSA-AK 导弹系统的大修设备、WZT-2 军用侦察机的大修设备、T-72 主战坦克和 BMP-2 大修厂的升级改造,兴建新的侦察机大修厂、ANTPQ-37 火力定位雷达的零部件维修厂,电子和机械工程兵实施企业资源计划项目,以及战场修配厂和部队驻地修配厂的现代化改造。同时,随着基地设施的改进和维修设施的完善,相应的保障技术能力也将得到提高。其中包括:陆军基地修配厂的现代化改造能力,陆军各主要装备日常维护设施的完善,为老化的防空系统继续服役建设修配设施,从而延长它们的使用寿命;建设各种新设施,为部分新装备提供基地级维修,同时提高工程保障能力;改善节点修配厂的专业修配设施,从而缩短装备的停工维修时间;提升陆军专业装备的战地维修能力。

4.3.2.4 以法规标准规范装备维修保障活动

印军认为,实施标准化、制度化保障,是推进联勤体制顺利运行的根本保证。特别是在"三军"供需矛盾比较突出的情况下,建立和完善各类保障的标准和制度,明确装备维修保障的具体准则非常重要。首先,有了合理的标准和制度,能较好地减少装备维修活动中的矛盾,发现和纠正体系运行中的问题,实施有效的监督和控制;其次,能按照标准制度管理,优化保障资源配置,使管理程序正规化,从而提高装备维修保障效益;最后,能减少各军种之间的摩擦,较好地贯彻公平公正的原则。虽然由于装备来源过于复杂而面临重重困难,但印军正采取一系列措施统一装备维修保障标准,制定法律法规,以规范"三军"装备维修保障活动。例如,统一全军装备维修保障工作程序和文书,涉及申请、审批、财务核算、合同管理等各个方面,为各军种装备维修提供了统一的规范和共同术语;规范军种间的支援协议制度,以加强军种间协作,消除重复浪费,促进节约;统一各军种保养、维修、军用仓库和军事运输系统,使保障更加顺畅高效。

4.3.3 日本自卫队

日本政府深知发展国防工业的极端重要性,把国防工业视为"防卫省及自卫队开展各种行动所需装备的研发、制造、采办、维护、升级改造等必备的人力、物力、技术方面的基础",并从本国实际出发,探索出一条独具日本特色的寓军于民、以民强军的国防工业发展道路[10]。这一模式也是依靠其策略、政策和法规标准体系不断调整完善来实现的。

4.3.3.1 依托大型私营企业增强国防工业基础

第二次世界大战后,日本发挥军工体系中大型私企核心作用,逐步建立起了"以少数大型国防总承包商为核心,以分系统承包商和零部件供应商为外围"的社会化军工协作生产网络系统,有效发挥大型私企的"大集团"优势,抵御军事需求变化所带来的不确定性风险,使日本国防工业保持良好的发展态势。①扶持大型私企成为可靠的国防合同商。日本政府通过合同倾斜和低息贷款等方式,积极扶持大型私营企业成为日本可靠的国防供应商。通过扶持大型私企成为可靠国防合同商,增强了大型私营企业武器系统研发生产实力和潜力,不仅使之可在平时有效满足日本防卫需求,而且一旦发生战争还可快速实现民用生产向军事生产转换,有效保障战时对武器装备及其维修保障的多样化需求。②抓住有利机会提升大型私企军工能力。20世纪50年代初朝鲜战争期间,日本政府积极扶持和动员日本私企参与美国驻防军队的物资生产和补给,参与坦克、火炮、舰艇等武器装备保养、维修和再造,不仅获得了巨额的经济收益,而且积累了较为丰富的军事生产经验。冷战结束后,日本还相继抓住美国发动的"沙漠之狐"行动、科索沃战争、阿富汗战争、伊拉克战争和利比亚战争等有利机会,积极参与美国军需物资供应和装备维护等服务。③确保大型私营军工规模的相对稳定。日本政府确立军品研制生产的自主化发展导向,指定多家私营企业轮流研制生产某些军品,采取倾斜性的经费与投资等支持政策,对大型私营企业军工生产进行结构重组、业务调整,不断提高军工生产竞争力、抗风险能力。

4.3.3.2 依靠民用科技产业发展装备维修能力

借力民用制造体系发展军事科技能力,是日本的长期政策。日本汽车、造船、机床、电器、光学、机器人、精密仪器、电子信息、特种材料等许多民用制造领域技术大多处于世界领先地位,不少领域还在世界上遥遥领先。民用制造技术和军工制造技术具有较强的相通性,依托民用制造业发展军事科技,能够加快提升军工生产和装备维修水平。①致力将军事科技能力藏于民用科研生产中。不仅可使日本军事科技发展在国际社会掩人耳目,实现国防工业基础与民用工业基础深度融合,也使日本军事科技从其强大的民用生产中充分受益,而且可大幅降低军品成本,不断提升武器系统研制生产与维修保障能力。②依托"以民养军"维持军事装备维修。日本多数企业主要是依靠民品产业积聚资本、发展技术,并通过民用技术和生产积累资本、技术来发展军事科研生产,并采取灵活运用民用资金设备、技术等方式推进军事装备的研发、生产与维护。③激励民营企业积极参与军事装备维修。采取财政补贴和税收优惠等资助政策,实施倾斜性的金融扶持政策,为中小企业军工生产开辟直接融资渠道,从而促进民营企业积极进入军事装备维修保障的市场。

4.3.3.3 重视军事、民用维修技术兼容发展

日本政府和工业界坚信,不仅企业的民用科研生产可从军事科研生产的高端技术中获益,而且企业的军事科研生产也能够从民用科研生产中获得技术支持。面对国内军事需求和军工生产规模相对较小这一状况,为了提升民用科技和经济竞争力,同时不断提升军事科技和生产的实力、潜力,日本十分重视军事与民用科研生产的兼容发展。①推进防务市场和商业市场的一体化发展。日本防卫省是日本掌管国防事务的政府部门,管理着日本自卫队,是防务市场的唯一需求主体,主要是通过改革军事采办方式尽量使用商业技术产品和标准规范,来

推动防卫市场与商业市场一体化发展;日本财政部主要是把审议防卫预算视为提升日本防卫能力和提升日本商业技术水平的重要手段,来推动防卫市场与商业市场一体化发展;国际贸易和工业部主要是通过兼顾军事和民用科技生产对国防承包商提供资源投入,来推动防卫市场与商业市场一体化发展;国防承包商主要是在科研生产中兼顾国防合同和商业合同方式,来推动防卫市场与商业市场一体化发展。通过政府相关部门和国防承包商的相互协调和合力推进,日本防务市场和商业市场具有较为明显的一体化特征。②鼓励军民科研生产资源和平台等共享。日本防卫省在对待为国防承包投入军事类项目资金及其形成的知识产权、技术设备和装置模具等方面,通常允许国防承包商自主使用,既可将其用于军事科研生产,也可用于民用科研生产,从而使国防承包商科研生产的设备设施等具有较强的军民兼容性。例如,日本三菱重工集团用于军事科研生产的固定设施中有90%可以民用;石川岛播磨重工业株式会社所承担的"激波风洞"项目,虽然是用于发展军民太空发射器,但也可用于获取和发展军民基础技术,从而为其军民科研生产提供先进的共享设施。日本通过许可证生产从美国等国家获取的先进军事技术,通常在经过消化吸收改造后就将其广泛用于民用生产。这不仅缩小了日本军事技术与军事大国的差距,而且促进了日本民用技术的发展。③推动军民兼顾和使用两用技术产品。为了推动军民科研生产协调互动和军民两用技术产品开发使用,日本政府除了出台有关鼓励引导政策,还非常重视发挥行业协会的作用。行业协会是日本军工利益的民间法人代表,主要是促进政府与军工企业的沟通,加强两用技术开发使用等信息交流;向企业及时提供防卫省的防务需求和订货等信息,并在协会成员企业间进行必要协调;进行国内外军民技术和生产情况调研,及时为成员企业调整军民生产能力和经营方向提供信息支持。例如,日本经济团体联合会(Keidanren)成立的由武器制造商和民品制造商构成的国防生产委员会(Defense Production Committee,DPC),就始终把为商业界和自卫队创造良好的沟通环境作为宗旨,把军事技术与民用技术、军事生产与民用生产互动发展作为关注点,积极倡导和发展军民两用技术产品。④强化军民技术成果的双向转化力度。为方便军用与民用技术双向转化,推进军品科研生产的军民深度融合,日本形成了"军、学、产"共同发展的科研体系。在该体系中,日本防卫省技术研究本部负责武器系统技术调研、方案设计、研究开发、试验评估等,大学和独立行政法人等科研机构承担战略性和基础性国防科研工作,民营企业科研机构承担武器装备具体研制生产任务,保证先进民用技术成果向军用领域转移和武器装备科研开发的顺利实施。为了提高军民技术成果双向转化效率,使军民生产分工协作更加合理高效,日本非常重视财团下属企业的协作和配合。例如,日本三菱财团旗下有几十家大型企业,行业几乎无所不包。充分发挥和不断提高三菱财团下属企业分工协作功能,不仅较好地解决了技术上"民转军"和"军转民"不够灵活的问题,而且壮大了企业军事潜在实力。

4.3.3.4 着力提升民间企业装备维修保障潜力

日本高度重视民间企业的军工科研生产实力和维修保障潜力建设,不断提高民间企业的国防动员能力,从而确保日本获得足以支撑其军事力量发展的强大国防工业基础。①努力发挥军事采购的牵引作用。为了促进民间企业军工能力建设,日本防卫省装备设施本部通常利用其掌管的自卫队装备采购费,借助指令式、激励式、招标式等合同分配采购指标,既要通过合理分配订货指标保证军品订货在不同民间企业得到均衡发展,以确保军工基础能力建设的广泛性,又要通过直接授予合同或指定生产等方式,重点扶持研制生产尖端武器及其重要装备的民间企业。日本政府还通过调整和优化采购经费和采购政策等,支持民间企业军工科研生产实力和潜力建设。例如,通过制定实施缩短装备的使用年限、加速装备的升级换代等政策,确保民间企业能够获得可持续发展的军品科研生产平台。②重视武器装备自主化或国产化。日本《国防工业战略》明确指出"日本自身需要维持必要的国防工业基础,生产符合日本安全政策和自卫队需求的装备,以防备国外实行武器禁运,做到独立自主地维护国家安全""在满足成本与周期等条件下,最理想的是由了解本国国情的日本国内企业来制造武器装备""对于国内现有技术能满足自卫队对武器装备性能指标、使用保障、全寿期成本等要求的,原则上应优先选择国内研发生产的方式"来维系。一是加强防卫省与经济产业省合作,将军事技术及时转让给民间企业使用,以增强民间企业武器装备的自主开发生产能力。二是规定只要是国内企业能够研制生产的武器装备,就应当优先向国内企业采购。三是承诺对国内企业武器装备研制生产提供长期资助,通过资金支持、政策扶持等倾斜政策,不断提高国内企业武器装备研制生产能力。四是积极开展军工高技术国际合作。长期以来,日本大型国防承包商同美国雷锡恩公司、洛克希德·马丁公司和英国罗尔斯·罗伊斯公司等国外军工巨头一直保持着较为密切的合作关系,大大提升了日本企业的军品研发生产能力。例如,三菱重工通过同美国军工巨头合作研制 Block ⅡA 型反导拦截弹、F-35A 战斗机等,就使该企业掌握了开发隐形战斗机和弹道导弹防御系统等许多技术。日本企业的许可证生产涵盖了武器装备系统平台及构件各个层次。虽然许可证生产的武器装备造价通常大大超过直接进口,如三菱重工许可生产的 F-15J 战斗机的造价就高于直接从美国进口的 1 倍多,但为了提高国内企业的军工科研生产实力和潜力,帮助国内企业掌握高技术武器的核心技术,更好地保障武器系统所需零部件的来源,通常优先选择国内许可生产。五是实行小核心、大协作的军工布局。一方面,日本政府将绝大部分武器装备订货合同交给少数大型承包商,使之成为日本国防工业体系小核心;另一方面,规定少数大型承包商只从事武器系统总体设计、总装和主要分系统制造等,其他大量分系统及其零部件需转包给其他厂商特别是中小厂商协作完成,彼此之间依据各自实力和专业特长进行分工协作,形成大协作关系。军工布局中的核心层企业中,主要有三菱重工、石川岛播磨重工、川崎重工、三菱电气、东芝、NEG等十几家大型企业。军工布局中的协作层中,除少数大型军工企业外,主要是大量中小型配套生产和服务企业。例如,参与战斗机研发生产约有1100家企业,参与坦克装甲车研发生产约有1300家企业,参与水面舰艇研发生产约有2500家企业。

第5章 装备维修保障体制、体系与力量

世界新军事革命的深入推进不仅引发了信息化武器装备的飞速发展,也引发了装备维修保障思想理论的一系列创新,并最终作用到装备维修保障建设上。军事强国均重视完善装备维修保障管理体制,优化保障体系和力量结构,不断提高装备维修保障效益。装备维修保障的管理体制维系装备维修保障体系运转,而装备维修保障力量则是装备维修保障体系功能得以实现的物质基础,三者紧密联系,高效开展装备维修保障活动。

5.1 美军装备维修保障体制、体系与力量

经过多年发展,美军建立了层次分明、权责清晰的装备维修保障组织管理体制,形成了比较完整的装备维修保障体系并融入后勤体系之中,进而不断加强力量能力建设,有效保证了平时和作战任务的完成。

5.1.1 美军装备维修保障管理体制

美军是"后装合一"的保障体制,装备维修保障是包含在后勤之中的。同时,美军又是最早建立联合作战指挥体制的国家,其军政与军令系统分离。从军令系统来看,是"总统、国防部长(经参联会主席)-作战司令部司令-部队"一条完整的作战指挥链,对各军种、各联合司令部和海外战区的装备维修保障进行协调和指挥;从军政系统来看,是"总统、国防部长-军种-部队"一条完整的行政领导链,将装备维修保障工作纳入装备采办体系中,实行国防部集中统一领导、国防部各业务局和"三军"分别管理的体制[11]。

5.1.1.1 国防部

在国防部层面,由负责采办、技术与后勤的国防部副部长分管,其下属负责后勤与装备战备完好的国防部助理部长主管。负责后勤与装备战备完好的国防部助理部长下辖管理国防后勤局与资源管理局,并在运输政策、供应链集成、维修政策与计划、装备战备完好性、项目保障5个职能设置助理部长帮办。如图5.1所示。

```
                    ┌─────────────────────┐
                    │    国防部副部长       │
                    │ (采办、技术与后勤)   │
                    └──────────┬──────────┘
                               │
    ┌──────────────┐  ┌────────┴─────────┐  ┌──────────────┐
    │  国防后勤局   │──│   国防部助理部长   │──│ 资源管理局局长 │
    └──────────────┘  │(后勤与战备完好性) │  └──────────────┘
                      └────────┬─────────┘
```

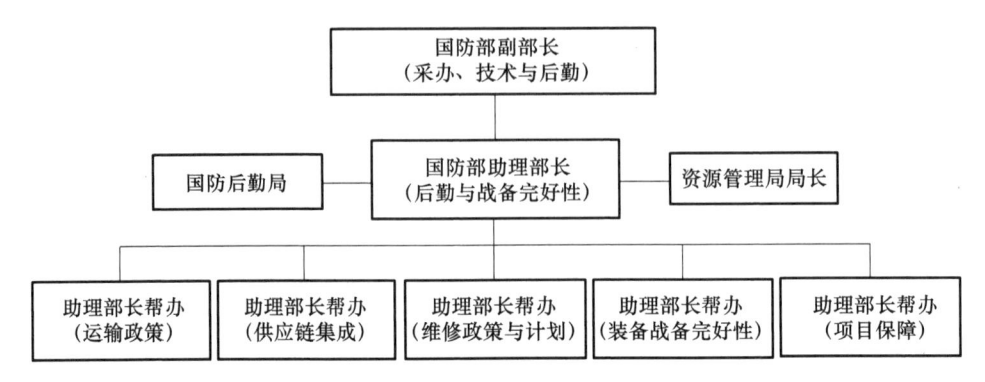

图 5.1　负责采办、技术与后勤的国防部副部长的机构设置

维修政策与计划帮办办公室，管理武器系统和军事装备的维修计划和资源，制定维修政策和法规，解释维修要求和计划，并领导部队和国防机构执行这些要求和计划，以及指导提高国防部维修活动有效性新技术和管理方法的研究等。

负责维修政策与计划的国防部助理部长帮办的执行主体是维修执行指导委

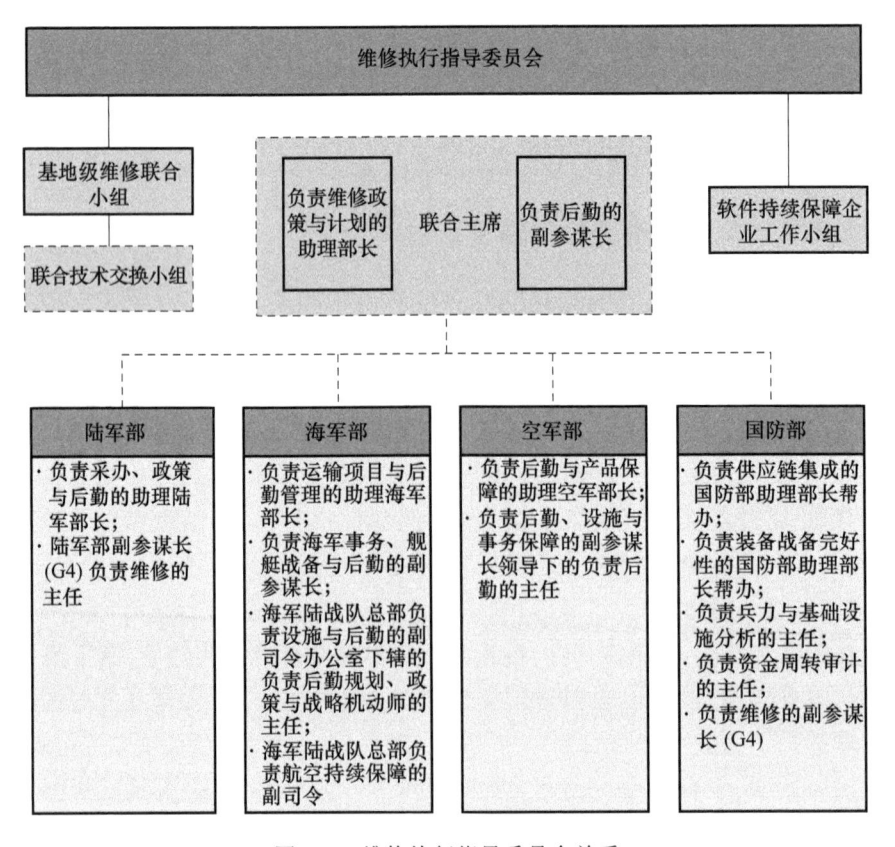

图 5.2　维修执行指导委员会关系

员会(图5.2)、基地级维修联合小组、联合技术交换小组,以及软件持续保障企业工作小组(仍处于筹建当中)。

国防后勤局负责装备维修保障的业务运行工作,该局共有2.6万军人和文职人员,建立了全球分发配送系统,涵盖成品装备和维修备件等类别的供应品。具体任务是在平时与战时为全球美国武装部队提供有效的后勤保障,为各军种部和联合作战司令部执行任务提供全球性的后勤保障,也为国防部其他部门、联邦政府某些机构、外国政府、国际组织和其他指定的部门提供后勤保障。国防后勤局机构组成及各下属部门具体职能如图5.3所示。

5.1.1.2 联合参谋部、联合作战司令部

美军联合参谋部是参谋长联席会议主席领导的联合参谋部门。参谋长联席会议是美国总统和国防部长的最高军事咨询机构,由主席、副主席、陆军参谋长、空军参谋长、海军作战部长以及海军陆战队司令组成。参谋长联席会议主席是国防部长和联合作战司令部司令之间的通信渠道,负责二者之间军令的上传下达,是作战指挥链上的一个环节。联合作战司令部是美军军令系统上最重要的部门,是美军联合作战指挥的核心中枢。联合作战司令部司令拥有后勤与装备保障指挥权,且该权力不能下放或委托给他人,但联合作战司令部司令可以将装备保障的作战控制权和战术控制权[①]下放,以便于联合作战行动的实施。

1. 联合参谋部保障部

联合参谋部保障部是参谋长联席会议内的后勤和装备保障联合规划机构,简称"J4"。在美军各级军事部门中,负责装备和后勤保障的部门序列均为4。联合参谋部保障部通过陆军主管保障的副参谋长(G4)、空军主管保障的副参谋长(A4)、海军作战部负责舰队战备与保障的副部长(N4)和海军陆战队主管设施与保障的副司令,对各军种、各联合作战司令部和海外战区的后勤与装备保障工作进行协调。其主要任务包括:制定联合保障战略、条令和计划;为制定战略和紧急计划提供保障参数;制定保障、环境、机动和动员指令,以支持战略和紧急计划;最大限度地提高各作战司令部的装备保障能力,通过制定战略机动、动员、医疗战备、土木工程和维持程序与政策,向作战部队提供保障支持;制定保障资产和机动资产的使用优先权,保障应急行动;开展保障研究、评估与分析;就"规划、计划与预算系统"中的关键保障需求提供建议咨询;制订安全、人道主义和

---

① 作战指挥权是作战指挥官对所属部队履行指挥职能的全部权力,作战指挥权不能下放或委托给他人。作战控制权是作战指挥权中的一部分,是作战司令部平级及下属各级部队指挥官行使的指挥权力。战术控制权的范围则更小,是指对直属或配属部队为完成指定任务行使的指挥权,仅限于在战区内为执行某一命令或完成某一任务而指挥指定部队进行行动的权力。

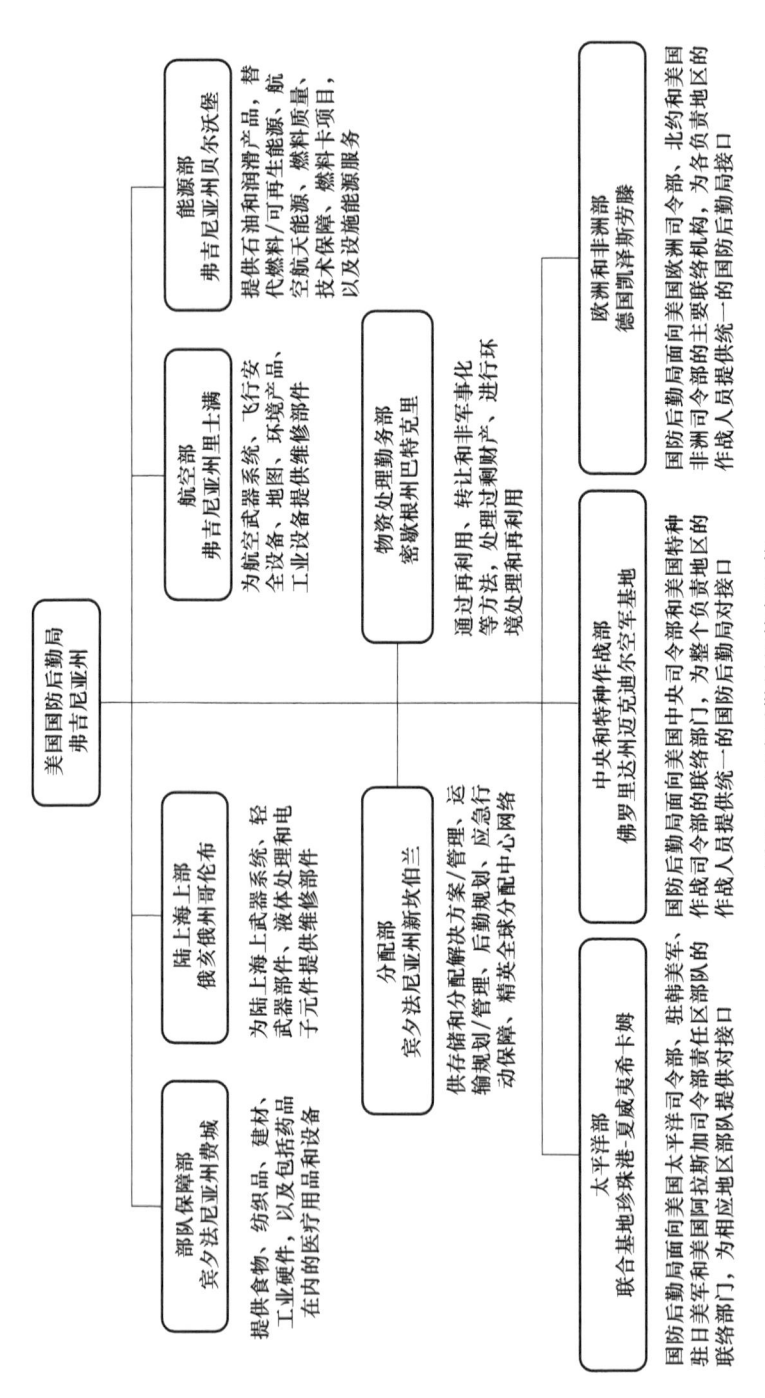

图5.3 国防后勤局机构与职能

美国国防后勤局（弗吉尼亚州）

- **部队保障部（宾夕法尼亚州费城）**
  提供食物、纺织品、建材、工业硬件，以及包括药品在内的医疗用品和设备

- **陆上海上部（俄亥俄州哥伦布）**
  为陆上海上武器系统、轻武器部件、液体处理维修部件和电子元件提供维修部件

- **航空部（弗吉尼亚州里士满）**
  为航空武器系统、飞行安全设备、地图、环境产品、工业设备提供维修部件

- **能源部（弗吉尼亚州贝尔沃堡）**
  提供石油和润滑产品、替代燃料/可再生能源、航空燃料保障、燃料质量技术保障，以及设施能源卡项目服务

- **分配部（宾夕法尼亚州新坎伯兰）**
  供存储和分配解决方案/管理、运输规划/管理、后勤规划、应急行动保障、精英全球分配中心网络

- **物资处理勤务部（密歇根州巴特克里）**
  通过再利用、转让和非军事化等方法，处理过剩财产，进行环境处理和再利用

- **太平洋部（联合基地珍珠港-夏威夷希卡姆）**
  国防后勤局面向美国太平洋司令部、驻韩美军、驻日美军和美国阿拉斯加司令部责任区部门的联络部门，为相应地区部队提供对接口

- **中央和特种作战部（佛罗里达州迈迪尔空军基地）**
  国防后勤局面向美国中央司令部和美国特种作战司令部的联络部门，为整个负责地区的作战人员提供统一的国防后勤对接口

- **欧洲和非洲部（德国凯泽斯劳滕）**
  国防后勤局面向美国欧洲司令部、北约和美国非洲司令部的主要联络机构，为各负责地区的作战人员提供统一的国防后勤局对接口

救援行动中的保障援助计划;指导各军种和各作战司令部制订装备保障和机动计划与规划,并进行审查;提出装备保障和其他作战保障职能领域之间进行保障信息系统集成的需求。

联合参谋部保障部设部长1人,常务副部长1人,并设3名副部长分别主管保障行动、战略保障、战役保障。联合参谋部保障部下设12个部门,分别为医疗勤务保障处、性能处、基于知识的保障处、多国行动处、工程处、配送处、补给处、维修处、战略处、分析与资源处、保障勤务处、联合保障行动中心等。

2. 联合作战司令部保障部

联合作战司令部保障部由1名副参谋长(G4)领导,开展联合作战行动的保障规划并监督其执行。该部负责集成、协调和同步各战区军种和其他作战支援机构(如国防后勤局等)的保障能力,就如何优化保障资源运用提供建议。该部门要协助联合作战司令部作战部(J3)规划和实施联合部队接收、集结、前送和整合,规划应急基地建设以及联合环境下的核心保障职能的落实。在需要时,联合作战司令部主管保障的副参谋长还可以灵活组建各种联合保障行动委员会、中心、办公室、小组等,用于监督和控制联合保障行动的执行过程。地域作战司令部还可以组建联合部署与分发行动中心,负责制定部队部署与配送计划,集成多国、跨部门部署与配送资源,协调、同步供应、运输以及相关的分发配送机构。该中心负责同步部队、装备及保障资源从战略级向战役级部署的过程,预先向联合作战司令部的陆、海、空战场机动指挥控制部门通报相关的需求。

如果需要,联合作战司令部司令可以指定一个军种作为联合作战部队通用保障任务的牵头军种,负责规划和落实各军种的通用保障,主要是战场内的战术运输。

5.1.1.3 军种

1. 陆军

美国陆军保障组织系统分为陆军总部保障、陆军部队保障两大分系统。陆军总部保障属于军政系统,由陆军部长领导。在陆军总部保障系统中,陆军部长对陆军各项工作负全面责任,包括陆军保障工作。陆军部队保障主要是指陆军各级部(分)队的装备保障组织。陆军部队保障属于军令系统,这些部队通常都被指配给某个联合作战司令部,由该联合作战司令部指挥。

1) 陆军总部

陆军部长负责陆军各项工作。在装备保障工作方面,其主要助手包括采办、保障与技术助理部长。陆军参谋长是陆军最高军职长官,负责保障的副参谋长(G4)是其装备保障工作的主要助手。陆军装备司令部(图5.4)是陆军装备保障的主要组织实施部门,直接向陆军参谋长报告工作。陆军其他部门也在各自职能上参与装备保障相关任务,如陆军未来司令部主要开展未来陆军兵力设计、验证和开发,在其职责范围内会进行装备保障领域的先进概念开发和验证;陆军训练与条令司令部主要负责陆军兵力生成,主导陆军部队开展战备训练,确保为陆军准备处于战备状态的部队,其中训练内容中也包括装备保障训练。

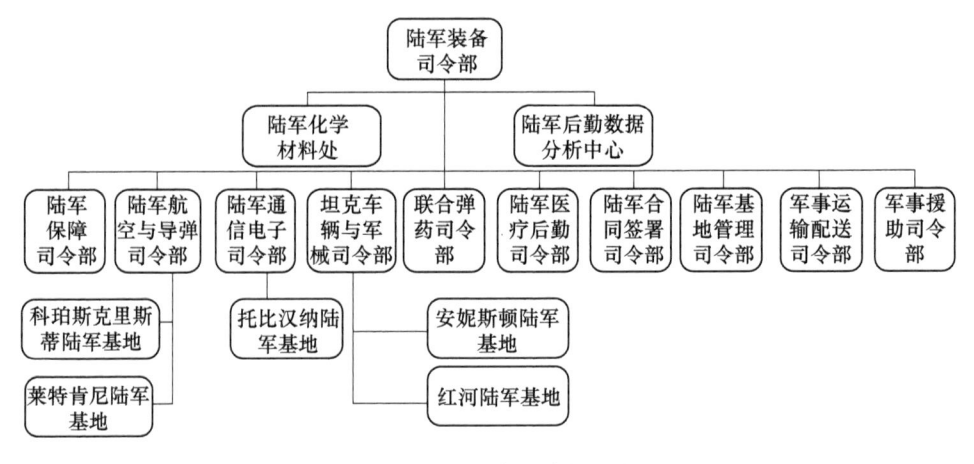

图 5.4 陆军装备司令部组成

陆军保障司令部是2004年陆军转型后陆军装备司令部新成立的主管保障工作的二级司令部。陆军保障司令部的基本职责是提高已部署陆军部队的维持级保障能力。维持级保障能力是指陆军向作战部队提供的战略级和战役级支援保障能力,具体内容主要是向作战部队提供专用备件供应保障支援,组织大修基地向作战部队提供大修支援,组织项目办、厂家和承包商向作战部队提供技术指导,向作战部队提供作战应急合同签署支援等。陆军保障司令部是对驻美国本土部队提供保障的陆军唯一全国性物资器材管理单位。该司令部按照陆军兵力生成进程制订计划,管理物资器材及其配送,维持美国本土部队的战备状态,以便需要时快速有效地在全球范围内实施兵力投送和支援远征作战。陆军保障司令部对本土部队履行的物资补给职能基本上与战区保障司令部对部署部队所履行职能相同。目前,陆军保障司令部已形成由7个战场支援旅、60多个战场支援营和保障单元组成的、遍布全球的强大保障网络。

2) 战区陆军

战区陆军是联合作战司令部下属的陆军部队司令部,其保障机构主要是战区保障司令部及所属部队等。陆军在一个战区内通常有一个常设战区保障司令部,是陆军在战场执行装备保障指挥控制的主要指挥部。如果一场战役以陆军为主体实施(如阿富汗战争、伊拉克战争),则战区司令通常会指定战区陆军为负责战场保障的牵头单位,这时陆军在该战区的战区保障司令部通常负责整个战区内的装备保障活动的规划和指挥。

战区保障司令部/远征保障司令部是隶属于各战区的陆军保障主管部门,为战区提供保障指挥控制机构,负责指挥战区内的保障旅,向战区内的作战部队提供战役级保障支援。战区保障司令部整合了以前的战区陆军司令部保障部和军保障部的职能,可在指定的战区内计划、准备、部署与实施战役级保障行动,能够为战区陆军司令部或联合部队司令官提供战役级的陆军部署、机动、维持、再部署、重组和回撤行动保障。同时,还可根据需要为先期部署的陆军单位提供临时的战术层次保障。远征保障司令部是战区保障司令部的前方派出机构,通常在需要时派出,如当在某一个战区部署有多个保障旅时,它是一个供战区保障司令部使用的可部署的指挥所。根据需要可在全球范围内进行部署,并可作为联合部队或多国部队的一部使用。远征保障司令部在前方履行与战区保障司令部相同的职责,负责保障战区、联合部队司令官和地区作战司令官的远征作战,但不具备战区保障司令部的计划能力和物资管理能力。其工作重点是在战区保障司令部的指导下,对所分配的行动地域以及部署在该地域内的部队(军或师)提供保障。战区保障司令部或远征保障司令部按常规给下辖的每个保障旅指定一片责任区,每个保障旅负责自己责任区内所有部队的作战保障。

3)军和师

在陆军基本作战单位完成从师向旅的转型后,军和师一级仅保留指挥部职能,不再辖有保障力量。根据需要,军可对保障旅进行指挥控制。军部设有参谋长,其领导之下的参谋机构分为一般参谋机构和专业参谋机构两大部分。其中,属于保障领导机关的有一般参谋机构中的保障处和专业参谋机构中的运输等部门,仅提供一级保障组织计划环节。师是军的主要战术作战本部,任务是指挥控制旅的行动。经适当的联合能力加强,师可以担当联合特遣部队或地面部队本部。师部常辖4~6个旅战斗队。保障中心是师部的主要保障职能部门,下设人事科、保障科和财务科。

2. 海军

美国海军各级都设有相应的保障机构,在海军部一级涉及装备保障的领导人员和部门主要有研发与采办助理部长及其办公室。主管研发与采办的助理部长由海军部长领导,对海军武器装备采办和武器研制项目具有管理权力、职能和责任,该助理部长和海军海上系统司令部、海军航空系统司令部对相关项目办公室进行双重领导。在保障方面的职能主要体现在采办阶段的装备保障策略制定、装备全生命周期保障规划和装备保障初始能力的形成上。

1) 海军总部

海军作战部是海军部长的军事参谋办事机构,负责指挥管理、资源利用,以及海军作战部队和海军岸上机构的能力建设。海军作战部设有1名主管舰队战备与保障的副部长(N4),在海军作战部长的领导下分管海军的保障工作。海军作战部舰队战备与保障副部长下设5名副部长助理,主要职责是管理战备所需资源的分配与评估,代表海军与承包商签订物资保障合同,制订补给、维修等装备保障计划,组织实施保障战备,筹措保障装备器材,制订海运计划,管理海上交通运输等。

2) 海上系统司令部

海上系统司令部负责美国海军包括航空母舰等水面舰和潜艇在内的所有舰船的维修规划计划和监督指导工作。海上系统司令部涉及维修的任务由三个部门分管。其中,海上系统司令部主管后勤、维修与工业活动的副参谋长负责领导海上系统司令部的四个海军公共船厂及其附属的中继级维修厂。海上系统司令部下属的区域维修中心司令部负责管理四个区域维修中心。海上系统司令部下属的舰船维修与现代化部负责海军舰船的全寿命周期管理,主要负责制定涉及海军舰船的重大现代化改造、维修、训练和封存等任务的规划计划等。具体维修和现代化改造任务的执行则由海上系统司令部在美国下设的公共海军船厂和区域维修中心负责。

海军区域维修中心司令部是海军海上系统负责领导外场维修活动的机构,总部位于弗吉尼亚州诺福克。该司令部成立于2010年12月15日,负责监督海军的四个区域维修中心和两个分部执行水面舰艇维修和现代化改造工作,制定海军水面舰队能够获得维修的时间表。海军区域维修中心司令部领导海军各区域维修中心制定和执行标准化的维修和现代化改造流程,制定通用政策以及标准化培训,以维持海军各区域维修中心统一的业务模式,实现海军水面舰队以合理成本保持较高的战备水平。

3) 海军航空系统司令部

海军航空系统司令部的8个机群战备中心,其中3个负责基地级维修,其余负责中继级维修和供应保障等任务。

4) 海军陆战队

海军陆战队由海军部长领导,与作战部下辖的海军力量体系相对独立。海军陆战队的保障工作由海军陆战队主管设施与保障的副司令领导,主要负责保障事务的计划、预算,确定陆战队在装备、器材、人员和支援勤务方面的需求。该副司令下设主管保障计划、政策与战略机动的副司令助理,办公室下设的业务部门有设施与服务处、小型企业项目处、合同事务处、装备保障处,以及保障计划、政策与战略机动处,海军陆战队业务体系办公室。在海军陆战队下属的司令部中,担负装备保障任务的主要是海军陆战队系统司令部,职责主要包括陆战队装备的研制设计、定型和标准化、组织生产和监督、采购与分配、配发部队使用和装备维修保养等全过程的技术保障活动。

5) 舰队

美国海军舰队设分管保障的舰队助理参谋长、舰队供应参谋等,其保障管理机构主要有舰队参谋部保障处、舰队舰种司令部保障部门和舰队水面部队(特混舰队)保障部门,以及海军基地和海军航空站等。

3. 空军

1) 空军总部

空军上层领导中与装备保障相关的主要是空军部负责采办的助理部长和空军主管保障的副参谋长。空军负责装备保障的部门主要是空军装备司令部。空军负责采办的助理部长及其办公室,主要负责空军武器系统的研究、发展、生产、保障支援计划、国际技术转让、制定相关政策及规划等。空军参谋部是空军部长的军事参谋办事机构。空军参谋部设1名主管保障的副参谋长(A4),下设全球战斗保障主任、保障主任、资源整合主任、运输主任。

空军装备司令部成立于1992年7月1日,前身是空军保障司令部和空军系统司令部,是美国空军最重要的保障机构,主管整个空军装备的发展建设与保障工作,主要负责空军现役部队、空军后备队、空军国民警卫队的装备保障、工程保障,航空武器装备系统的研发、试验、采购、储存、供应、维修及退役处理等。空军装备司令部2012年进行了一次机构重组,重组后的空军装备司令部下设空军全寿命周期管理中心,负责武器装备研制以及研制期间的保障设计。成立了空军保障中心,负责主管空军装备基地级维修保障工作。

2) 空军部队

美国空军基地是由空军管辖、能为部队执行任务提供保障的、建有各种设施的地域,实际上是空军多项设施的综合体。基地保障编制分为两种情况:一种是在驻航空联队的基地,按照"一个基地、一个联队、一个司令官"的原则,一般由航空联队长兼任所在基地的司令,统管作战指挥、行政领导、装备保障及其他支援工作,保障机构编在航空联队内;另一种是在未驻航空联队的基地,通常设立基地联队,保障机构编在基地联队内,若联队长不兼任基地司令,则部分保障单位编在基地司令部之下。

5.1.2 美军装备维修保障体系

美军后勤保障体系主要由物资(如弹药、油料、粮秣等)、维修、运输、卫生勤务四个主要部分构成,其中与装备维修保障体系直接相关的是维修和物资两个部分。

5.1.2.1 维修作业体系

维修是保持武器装备处于堪用状态,或使之恢复堪用状态所进行的活动。美军的维修勤务由各军种和私人承包商组织实施。国防后勤局只负责向各军种提供修理零配件。

1. 陆军

2000 年,美国陆军提出实施两级维修的设想,贯彻"前方换件、后方修理"的原则,以减少维修层级,提高保障灵活性和保障效率,进一步提高陆军全球快速响应能力。陆军现行维持级和野战级两级维修作业体系。陆军在三级维修改两级维修的过程中,把原中继级维修中的直接支援级维修和基层级维修合并起来,称为野战级维修;把原中继级维修中的通用支援级维修和基地级维修合并起来,称为维持级维修。

1) 野战级维修

野战维修包括基层级维修和直接支援级维修。基层级维修是基层部队开展的维修活动,直接支援级维修又称车间维修。除保障旅外,所有其他旅级部队的保障营开展的维修工作都属于基层级维修。基层级维修工作由旅保障营维修连和基层部队武器装备操作人员在装备所在地和基层维修所实施的维修工作。其工作范围是:实施预防性检修时,维修人员应利用内装式检测设备、电流指示器和外部故障诊断器等仪器,诊断和确定故障部位,并尽量排除故障。直接支援维修是由保障旅的维修营向其他旅级部队提供的支援维修,在机动维修所或装备所在地实施。其基本职责是:检测与确定装备、部件和总成的故障部位,调整、校准和修理部件与总成,修理整件装备和轻型装备,提供技术保障,后送堪用品。野战级维修修理好的装备直接返还给其所属部队。

2) 维持级维修

维持级维修包括通用支援维修和基地级维修。通用支援维修由保障旅和战区保障司令部下属的维修营或连,在半机动维修所、维修所和装备所在地实施。其工作范围是:提供技术保障,对整件装备实施大修和改装。基地级维修由陆军装备司令部下属大修单位和私人承包商在大修基地或战区后方维修区域进行。其基本任务是:对损坏的装备进行彻底翻修,以达到制造商要求的标准实施定期

第 5 章 装备维修保障体制、体系与力量

大修和特种维修。为充分利用后方维修力量,提高维修效率,所有需要开展维持级维修的装备修理好后不再返还给原部队,而是直接进入装备供应链,原部队在故障装备上交时,直接从供应链中申请补配装备。

2. 海军

美国海军装备维修主要包括舰艇维修和飞机维修。美国海军舰艇的维修由海军海上系统司令部统一协调和计划管理,飞机维修由海军航空系统司令部统一协调和计划管理,由舰艇上的维修或操作人员、海上修理舰、机群战备中心、基地修船厂等单位组织实施。无论是飞机维修还是舰船维修,目前都采用三级维修作业体系。

1)舰员级维修或基层级维修

海军相关指令对舰员级维修任务的规定,几十年来变化不大,基本包括:设施维修,如清洁和适当的维护;系统和装备的例行性计划维修,如检查、系统运行测试、润滑、调校等;修复性维修,将船机电设备和电子设备的故障定位到最低的可更换单元级,必要时在现场完全拆卸并进行修理;向更高级别的维修机构提供协助;验收和检查其他机构完成的维修工作;确保被延迟和已完成的维修工作全部记录在案(无论这些维修工作是由舰员或其他机构完成)。

2)中继级维修

虽然几十年来各版指令对中继级维修内容的规定变化不大,但中继级维修的地位实际有所变化。以前的中继级维修具备前沿部署能力,是舰队管理的主要维修力量,地位比较重要。进入21世纪以后,部分中继级维修单位与基地级维修机构合并,并入了新成立的地区维修中心。中继级维修的主要任务逐步变成培训舰员、指导和监督其他维修机构的应急修理工作。此外,由于修理船的退役,海上机动维修能力也在下降。

3)基地级维修

各版本指令对修理工作的优先权的规定变化不大,其基本原则始终是"保军""保重点装备"。基地级修理机构承担的各项维修工作的优先顺序一般是:与舰队弹道导弹核潜艇战略资源有关的紧急修理和重装工作;已部署或正在部署的舰船的航行修理;准备部署的舰船的维修;海军作战部计划内的基地级维修;现代化改装和有限/技术性维修;海军舰船的其他维修(不包括退役或报废舰船);可修件的整修;对美国政府其他舰船的维修;对退役和报废舰船的维修;对外国舰船的维修。

3. 空军

美国空军现行建制级维修和基地级维修两级维修作业体系。

1）建制级维修

建制级维修包括中继级维修和基层级维修。建制维修由各联队的维修大队组织实施,主要负责外场维修(也称机场维修或停机坪维修),一般在机场保养工作区进行。本级维修包括:对飞机及机载武器系统进行检查、校验、擦拭,更换简单的零部件;对飞行前后的飞机进行检查、加油和装弹,实施中间检查和定期检查。飞机发动机和电子设备的小修在场外或在规模较小的修理厂内进行。

2）基地级维修

基地级维修由空军保障中心下设的三大大修基地及合同商完成。基地级维修是指对建制维修力量无力修复的飞机或导弹等装备进行中修或大修。空军保障中心负责修理不同的装备,如俄克拉荷马州空军保障综合体负责维修轰炸机、预警机、空地导弹、航空发动机、飞机液压传动装置、飞机电源等;奥格登空军保障综合体则负责维修战斗机、战略导弹、航空弹药、照相器材、电子导航设备和起落架等。

5.1.2.2 维修器材保障体系

美军将物资分为10个类别,涉及装备保障的物资主要为第五类(弹药)、第七类(整件装备)和第九类(维修备件),其中第九类(维修备件)是维修保障体系的组成部分。美军在装备维修器材保障方面注重战略储备,平时和战时都是通过逐级配发和逐级请领的方式完成的。逐级配发主要是按照各级部队的装备编制表给定额度进行配发的,逐级请领则由部队根据自身使用和消耗情况,向上级供应部门申请补足。美国国防部手册4140.01系列文件详细规范了美军物资保障相应的实施流程。

1. 需求规划与预测

需求规划与预测作为掌握部队需求的重要手段,是装备维修器材保障工作的重点之一。美军开展的物资需求规划与预测,分别从主动了解部队需求、根据各渠道数据加以预测两个方面掌握部队需求,再根据需求调整筹措与准备,确保部队能够及时获得所需的装备维修器材。

1）需求规划

部队级储备机构要向综合物资管理机构(Itegrated Materiel Management,IMM)[①]提供维修器材需求信息,以便其制定有关的采购、维修和横向再分配决

---

① 综合物资管理机构(IMM)是指所有被赋予综合物资管理职责,为国防部以及参与国防事务的联邦政府部门管理总部级装备的国防部部门。综合物资管理机构职责包括装备的编目、确定要求、采购、分发、大修、修理和处理等。

策。综合物资管理机构是保证供应各环节充分获得信息的关键。综合物资管理机构要充分掌握部队级物资供应机构的维修器材和需求信息。国防部各需求计算部门也要掌握部队级物资储备机构详细的维修器材信息,以便于进行多梯次的需求计算。各军种部、一级司令部以及武器系统管理人员也需要对其下属机构的部队级维修器材和需求有充分了解,从而有效评估其自身开展作战计划保障、应急计划保障和武器系统战备完好性保障的能力。

2) 需求预测

一方面,重视采用模型预测大批量需求。针对部队存在的日常性和任务性维修器材需求,只要其历史需求量或未来估计需求量达到一定规模,国防部要求各军种部都要使用定量模型对未来的需求进行预测。对于处于需求形成期的维修器材,其需求量可以采用工程经验估算的方法来预测,但在需求稳定后,一般要使用实际的需求数据外加项目计划数据来预测未来需求。另一方面,充分收集和保留各类数据是开展需求预测的基础。过去和未来的维修器材动用数据包括在实际使用中收集的各类使用数据和计划数据,如实际飞行小时数与对应的计划小时数,或者检修与定期基地级维修的计划与实际完成情况。

2. 储备

美军的维修储备分为总部级储备和部队级储备两种。总部级储备是美军储备的最高级别,一般储存于美国本土的分发基地中;部队级储备包括中继级和基层级,中继级储备存放于战区,保障该战区所有部队使用;基层级储备存放于基层部队,直接保障部队使用。

1) 储备类别

美军将总部级储备的所有整装和备件分成最低库存量、经济库存量、应急库存量和具有回收再利用价值的库存量四个层次,储备总量是最低库存量、经济库存量和应急库存量三者之和。部队级储备类别包括战争储备库存量、请领库存量、24个月的预计消耗量(按最大消耗率计算),储备总量为三者之和,一般包括海军的舰载供应站和岸上供应站的库存、空军外场供应站的库存、海军陆战队外场供应站和远征部队供应站的库存等。

2) 储备量计算

美军采用的维修器材储备量计算方法是基于战备完好性的计算方法,该方法主要通过建立"基于战备完好性的备件配置"模型来计算储备量,适用于强调战备完好性目标的维修器材,有助于在预定的经费条件下最大限度地提高武器系统的战备水平。

3）存放与回收

美军将确定维修器材存放位置视为一项重要工作，要求各军种部队在确定库存物资的存放位置时要进行协调、沟通与合作，确保在适当的地点存放适当的维修器材，制定最佳的物资存放方案。美军要求各军种至少应当每隔12个月对维修器材的库存位置重新评估一次，在实际执行过程中，由于受部队动员计划、任务、武器系统、部队部署、部队需求和供应源等方面变化的影响，各军种往往会频繁开展评估。当决定改变装备维修器材库存位置时，原库存位置的器材应当分发给部队使用，不再转运至新的库存地点，而新交付的器材则应送到新的库存地点。部队储存的维修器材量超出规定的储备量标准或有故障待修、存在缺陷时，就进入维修器材回收环节。

3. 申请与分发

在装备维修器材分发供应方面，国防部各军种部要负责管理订单、分发基地和其他仓库、运输网络和其他交付基础设施，建立、运行并维护一个一体化同步的端对端物资分发系统，来满足用户对维修器材及相关信息的需求。维修器材分发供应系统由申请渠道、分发基地、各级储备仓库、运输渠道、跟踪系统以及其他参与物资交付或处理的机构组成。

1）申请渠道

美国国防部为了便于物资分发管理和实施，采取了一套名为"国防部单位地址代码"的编码制度来管理物资的申请与发放。①申请的启动。拥有国防部单位地址代码且获得授权的单位均可向国防部供应系统提出维修器材申请，申请单位有权确定提交申请的频度和申请的数量。②申请的修改。在申请提交后，若申请方的需求发生了变化，则可以提出修改申请的要求，并应当修改已经呈递但尚未交付的申请，而不是另行提交申请。③申请的撤销。当申请单位不再需要正在申请中的维修器材时，不管价值或供应状态如何，都应当提交撤销申请的请求，对于下拨命令尚未提交给分发基地、储备仓库或采购申请尚未提交给采购部门的均应即刻撤销，对于下拨命令或采购申请已经提交给储备机构的应尽最大努力阻止发放和运输。

2）发放原则

在物资发放时：遵循"先进先出"的原则；当库存达不到一次发放命令所要求的数量时，尽其所有发放并向综合物资管理机构发送一份差额表；在用户要求的交付日期内，向同一用户或同一地区多次发放的物资，可以考虑进行合并；当库存充足时，要尽量避免出现重复采购。

3）横向再分配

一些部队级储备机构缺少但又需要的维修器材在其他部队级储备机构的库存中可能存在。这时可以考虑进行物资横向再分配。物资横向再分配的主要目的是充分利用各部队级储备机构的已有库存，避免在库存存在时采购新维修器材。维修器材横向再分配可以在军种内部执行，也可以跨军种执行。维修器材的横向再分配应当在考虑成本的基础上再综合考虑各项任务要求。

4）供应状态可视性

为了保证各机构和部队了解维修申请的状态，物资供应机构要及时提供与各项申请、跟踪、申请修改文件、调拨命令、过往单、物资发放命令等有关的信息，保持供应状态的可视性，确保用户从发出申请到接收到维修器材期间能够随时了解供应状态。美国国防部要求为每一项物资申请指定一个标准的用户单一命令识别号，用户只需要提供该号码，即可查询与相应申请有关的各种状态。同时，为了便于用户跟踪供应进展，国防部还要求各运输机构通过一个运输控制号，标明该项物资的所有运输情况。

5.1.3　美军装备维修保障力量建设

第四次中东战争后，美军装备维修保障思想从"越多、越快、越好"向"适时、适地、适量"的"精确保障"发展。强调后勤保障部队必须具有与战斗部队相同的机动能力，并加强控制与防护，强调对各军种的集中指挥和统一保障，加快联勤程度和范围的发展进程。在保障力量构成上，把军、师的专业保障大队和营，改编成多功能综合保障大队和营，使后勤保障部队的结构更加综合化和"积木化"。

5.1.3.1　陆军

1. 装备大修基地

目前，美国陆军的大型维修保障基地主要有 5 个，分别是安妮斯顿陆军基地、莱特肯尼陆军基地、科珀斯克里斯蒂陆军基地、托比汉纳陆军基地和红河陆军基地。这些基地隶属于陆军装备司令部，但在业务上分别受陆军航空与导弹司令部、陆军通信电子司令部、坦克车辆与军械司令部这三个寿命周期管理司令部指导，分别负责车辆、通信电子、航空等装备的大修工作，同时也承担装备的现代化升级改造任务。具体如图 5.5 所示。

2. 战场支援旅

美国陆军 7 个战场支援旅（也称为野战保障旅或野战支援旅），是陆军保障司令部向部署到战区的陆军部队提供维持级保障的直属力量。它们按地域部

```
                    陆军装备司令部
        ┌───────────────┼───────────────┐
   坦克自动车辆与军械司令部   通信电子司令部    航空与导弹司令部
      ┌──────┴──────┐        │         ┌──────┴──────┐
   红河陆军      安妮斯顿      托比汉纳陆军    科珀斯克里斯蒂   莱特肯尼
    基地       陆军基地        基地        陆军基地       陆军基地
```

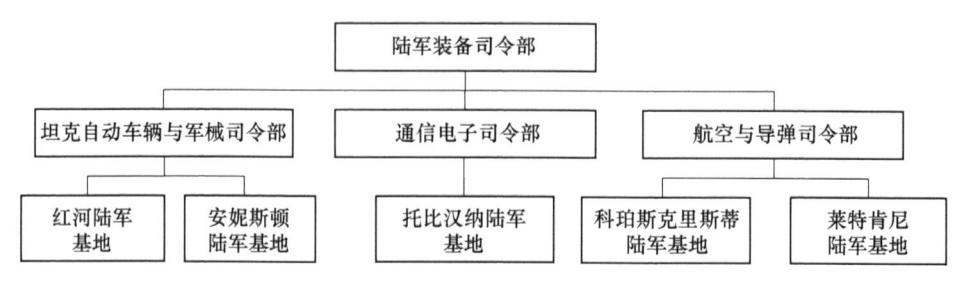

图 5.5　陆军装备司令部所属 5 个大修基地

署,其中,两个战场支援旅靠前部署在西南亚向前线作战部队提供保障,两个战场支援旅部署在德国和韩国负责向陆军海外驻军提供保障,三个战场支援旅驻扎在美国本土对前线战场返回部队携带的装备进行整修。具体如图 5.6 所示。

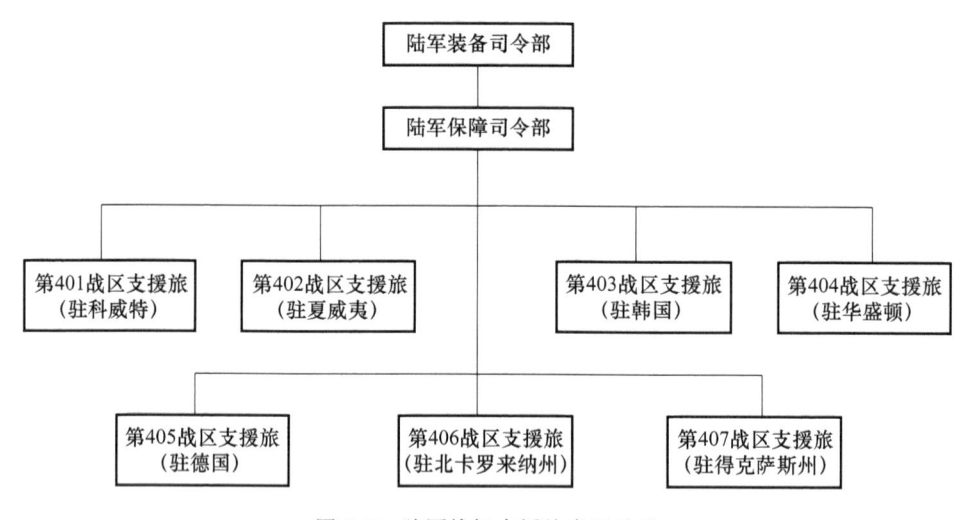

```
                    陆军装备司令部
                        │
                    陆军保障司令部
        ┌───────────┬───┴───────┬───────────┐
   第401战区支援旅  第402战区支援旅  第403战区支援旅  第404战区支援旅
    (驻科威特)     (驻夏威夷)     (驻韩国)     (驻华盛顿)
        ┌───────────┼───────────┐
   第405战区支援旅  第406战区支援旅  第407战区支援旅
    (驻德国)     (驻北卡罗来纳州)  (驻得克萨斯州)
```

图 5.6　陆军战场支援旅隶属关系

战场支援旅由陆军保障司令部领导,执行任务时分配给战区陆军,由相应的战区陆军司令部负责其指挥控制。战场支援旅直接部署到各个战区内,代表陆军装备司令部履行采办、技术与维持级保障职能,主要负责控制陆军所有的采购、寿命周期保障和技术保障职能(战区合同保障和保障民力增强计划保障职能除外),在需要时可伴随部队提供保障,陆军战场支援旅组织结构如图 5.7 所示。

3. 保障旅

保障旅是美军战区一级的装备保障力量,隶属于战区保障司令部,是一支模块化保障部队。保障旅是其责任区内各作战旅的保障营唯一的保障来源,他们

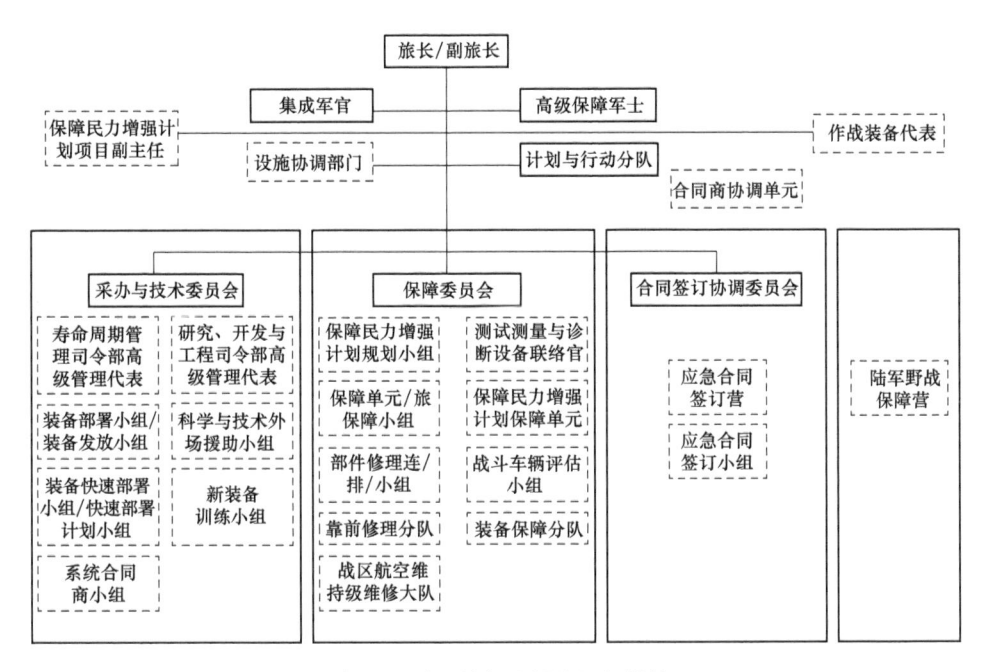

图 5.7 陆军战场支援旅组织结构

同时还提供从战区级机场和码头配送维修资源到各旅保障营的通道。保障旅采用模块化任务编组形式,即所有保障旅旅部的编制都相同,专门用于指挥包括分发管理和运输控制在内的保障活动,是战区分发系统不可分割的一部分。

保障旅可由战区保障司令部、远征保障司令部进行指挥控制,也可指派给军、师,为其下属部队提供支援保障,由军和师指挥部实施指挥控制。受援部队的级别不同,保障旅的任务也不同。战时根据需要,保障旅按任务进行模块化编组,提供战役层次支援时,该旅的任务是支援机动、部署、再部署和基地保障。当支援一个师的作战行动时,该旅的任务是向受援部队提供后勤和装备通用支援与直接支援保障。在保障战区所属部队时,保障旅通常与被保障部队建立保障关系。在一定情况下,保障旅与师之间建立作战控制关系,以支援其执行特定任务,但师部与向它提供保障的保障旅之间没有正式的指挥关系。

根据任务的不同,保障旅可辖单一专业的职能营或多专业的职能营,其基本编成为 1 个财务管理连、1 个人力资源连、3~7 个战斗保障营、1 个运输控制营及其他保障分队。物资补给任务主要由战斗保障营承担。战斗保障营下设弹药连、运输连、维修连、补给与勤务连等。战斗保障营所属的补给与勤务连负责第五类补给品(弹药)和第八类补给品(医药卫生器材)以外的各类补给品保障,其主要职责包括申请、管理、接收、储存和发放等。保障旅利用基于网络和卫星的通信手段,保障其指挥控制行动,确保物资配送系统的可视性,核对保障需求。

4. 作战旅保障机构

除保障旅外,陆军其他旅结构一般是2~4个作战营加上1个旅保障营的编组形式。旅保障营由补给连、维修连和卫生连外加不同职能类型的前方保障连组成。旅保障营要负责旅的日常保障。按陆军设计,作战旅具有独立行动能力,在独立开展军事行动时依靠旅保障营的保障力量能够自行保障7天。其三种作战旅的保障组织方式如下。

重型旅的旅保障营设有1个维修连、1个供应连和4个前方保障连。各专业的维修人员配置齐全,战场原位维修能力较强。4个前方保障连分别伴随一个作战营提供伴随保障,并接受作战营的指挥。步兵旅保障营编制800余人,约占全旅编制1/4。步兵旅的旅保障营各设有1个维修连、1个供应连和4个前方保障连。每个前方保障连伴随1个作战营提供伴随保障,接受作战营指挥。斯特赖克旅的旅保障营设有1个维修连、1个供应连,但无前方保障连。斯特赖克旅作战营的靠前维修保障由维修连下辖的5个作战维修队承担,各作战维修队跟随一个作战营专职实施靠前维修,其功能类似于重型旅和步兵旅前方保障连的维修排,人员编制较少,不具备供应能力,没有定期养护能力,其只能实施有限的部件修理,维修保障能力非常有限。

5.1.3.2 海军

1. 海上系统维修机构

海上系统司令部主管后勤、维修与工业活动的副参谋长负责领导四个海军公共船厂及中继级维修厂,分别是:位于华盛顿州布雷默顿的普吉特湾海军船厂及中继级维修厂,位于日本横须贺的舰船修理厂和日本区域维修中心及其下属的佐世保分部,位于夏威夷州珍珠港的珍珠港海军船厂及中继级维修厂,位于弗吉尼亚州朴次茅斯的诺福克海军船厂,位于密歇根州基特尔的朴次茅斯海军船厂。

海军区域维修中心司令直接管理的区域维修中心分别是:位于弗吉尼亚州诺福克市的中大西洋区域维修中心,位于佛罗里达州梅波特的东南区域维修中心,位于加利福尼亚州圣地亚哥的西南区域维修中心,位于意大利那不勒斯的前线部署区域维修中心及其下属的位于罗塔和巴林的两个分部。

2. 航空系统维修机构

海军航空系统司令部的8个机群战备中心,其中3个负责基地级维修。

1)西南机群战备中心

西南机群战备中心(Fleet Readiness Center Southwest,FRCSW)与海军航空

技术数据与工程服务司令部均位于加州北岛海军航空站,主要负责对海军和海军陆战队的前线战术、后勤和旋转翼飞机及其部件进行大修、修理和改装,为美国海航作战人员提供全面、高质量的保障。

2)东部机群战备中心

海军已将东部机群战备中心指定为海上飞机和反潜机及相关航空系统的维护和维修的工业和技术卓越中心。维修的装备系统包括直升机(AH-1、CH-53E、MH-53E、UH-1Y)、飞机(AV-8B 和 EA-6B)、战斗机(F/A-18 A、C 和 D 变型)、MV-22"鱼鹰"式倾斜旋翼机,以及各种发动机和部件。

3)东南机群战备中心

海军已将东南部机群战备中心指定为海上飞机和反潜机,以及相关航空系统和设备的维护与维修的工业和技术卓越中心。维修的装备系统包括直升机(MH-60R 和 S)、飞机(C-2A、E-2C 和 D、EA-6B、P-3)、战斗机(F/A-18A-F 变型)、教练机(T-6、T-34、T-44)和各种部件。

3. 舰队维修机构

美国海军舰队水面部队司令部下辖的各种舰船大队是海军执行作战任务的主力,都编有一定的保障力量,负责为其提供海上保障。保障舰船通常以小队为基本单位(4~8艘舰船)直接编入各作战编队,负责海上流动保障支援任务,包括补给、维修保养、打捞、潜水等。

航空母舰打击大队一般由 1 艘航空母舰、1 艘导弹巡洋舰、2 艘导弹驱逐舰、1 艘攻击潜艇和 1 艘综合油弹补给船组成。其中,综合油弹补给船主要为编队提供伴随保障。

水面舰船大队主要由巡洋舰、驱逐舰和修理船组成。修理船能对作战部队进行中等维修并协同进行后方维修,通常负责某一地区的支援保障。

5.1.3.3 空军

1. 空军装备司令部维修机构

1)全寿命周期管理中心

空军全寿命周期管理中心总部位于莱特·帕特森空军基地,负责飞机、发动机、武器弹药和电子系统研制阶段的寿命周期管理和对项目执行办公室的监管。

2)空军保障中心

空军装备司令部的空军保障中心主要担负管理空军装备使用阶段保障工作的职能,如武器系统和子系统大修、安装武器系统改造模块、管理空军供应链运行、向部队提供维修备件等。空军保障中心还负责统管承担空军装备大修任务的三大大修基地以及空军供应链。

3）空军装备大修基地

装备大修工作由空军保障中心下辖的美国空军三个大修基地负责。这三大基地分别是沃纳罗宾斯空军保障综合体、奥格登空军保障综合体和俄克拉何马城空军保障综合体。三大维修基地现由空军保障中心管理。

2. 飞行联队维修机构

飞行联队是美国空军的基本战术单位,隶属于各编号航空队。飞行联队通常编有战斗大队、维修大队、支援大队和医疗大队各1个。大队通常包括2～4个中队,人数为500～2000名。中队通常编2个或2个以上的小队,人数为50～750名。

5.2 俄军装备维修保障体制、体系与力量

俄罗斯经历的历次战争和冲突暴露了俄军的诸多问题,诸如作战装备现代化程度不够、部队机动性不足、军兵种之间缺乏联合作战意识、战场支援保障系统陈旧落后等,对俄军的作战效率和整体作战能力产生很大影响。为解决上述问题,俄军已开展了多轮改革,但成效不佳。2008年启动的"新面貌"军事改革,是俄军到目前为止持续时间最长、成效最突出的改革,基本实现了军队组织体制的转型,新型装备的研发和编配进度明显提升[12]。维修保障作为推动俄军装备建设与发展的重要环节,在此次改革中也进行了重大调整,逐步形成了其特有的维修保障体制、体系和力量,装备维修保障能力也逐步提高。

5.2.1 俄军装备维修保障管理体制

在"新面貌"军事改革中,俄军在集成部分苏联体制的基础上,结合了国外先进国家的发展经验,于2010年将后勤保障和装备技术保障合并成立为新的物资技术保障系统,负责全军的后勤物资供应和维修技术保障,并由国防部1名负责物资技术保障的副部长领导工作。除了国防部层面维修保障管理体制做出重大调整,在军兵种层面、战区层面和部队层面也都进行了相应的优化重组,使其与国防部保持一致[13]。

5.2.1.1 国防部

"新面貌"军事改革后,原装备主任主管的装备采购和技术保障两项职能分离,将装备采购职能移交给俄联邦武器装备、特种装备和物资器材供应署。原武装力量后勤主任主管的国防部后勤保障协调与规划司改编为后勤技术保障计划协调司,该司与物资保障司、运输保障司一同划归后勤技术保障副部长管辖。此

外,俄军还撤销了铁道兵司令部,成立了铁道兵主任局,并将该局也并入统一的后勤技术保障系统。

1. 总参谋部

根据俄联邦总统2013年7月23日第631号命令批准的《俄联邦武装力量总参谋部条例》第3章第21条规定,总参谋部在规划武装力量主要类型武器装备、特种技术装备、物资器材保障及其应急储备的存储和发放方面,承担以下7项职能:①组织制定采购和维修武器装备、特种技术装备、生产技术用途类产品和其他资产的支付依据,以及计算为保障武装力量动员需求而建立国家物资储备所需的物资量;②确定武装力量对武器装备、特种技术装备、物资器材的需求量,拟制相关清单和明确应急储备需求量,与武装力量中央供给机关共同制定武装力量动员扩充所需武器装备、特种技术装备、物资器材的当前和未来规划,并对上述武器装备在军队的存储、分配及其现状进行监督;③分析武装力量武器装备、特种技术装备、物资器材保障情况;④计算部队(力量)武器装备、特种技术装备、物资器材的需求量,拟制相关清单和标准;⑤将武器装备、特种技术装备、物资器材分配至各军兵种、军区、舰队及不属于军兵种的部队;⑥组织武装力量列装(换装)武器装备、特种技术装备、物资器材,组织存储和发放应急储备;⑦组织协调相关军事指挥机关从国防部储备中将未使用的武器装备、特种技术装备、物资器材无偿移交给其他军队、队伍和机构,以及按照程序将其移交给工业机构和其他申请单位,或用于出口。

根据以上职能可见,"新面貌"军事改革后,总参谋部在俄军装备维修保障的总体需求规划计划,装备和维修器材的存储、分配以及换装等方面均承担重要的职责。

2. 物资技术保障系统

"新面貌"军事改革中,俄军将原来的后勤部与装备部两大保障系统合并,建立起新的"武装力量物资技术保障系统"。"东方-2010"战略演习结束后,俄军根据演习试验结果,加快了在全军建立物资技术统一保障系统的步伐,取消了两大部门长期以来各由1名国防部副部长领导的做法,将国防部副部长兼后勤主任和国防部副部长兼装备主任两个职位合并,所属后勤和装备管理机构合并为统一的物资技术保障机构。同时,任命1名国防部副部长为"国防部副部长兼武装力量物资技术保障主任"。

国防部主管物资与技术保障的副部长,负责组织领导全军物资与技术保障工作。在装备保障领域,主要负责组织制订并呈报国防部长批准物资与技术保障系统建设发展构想和实施计划;组织领导全军武器装备和物资器材的供应保障,以及物资和装备的储存、使用管理、升级改造、修理、销毁工作;组织制定军事运输、国防部非通用公路和铁路的维护修理与改建;武器装备计量保障监督等方面的计划规划,并组织实施。在国防部层次,武装力量装备部与武装力量后勤部合并后,装备使用管理和修理工作并入物资与技术保障系统。目前,国防部层面的物资与技术保障系统由8个分部组成(图5.8)。

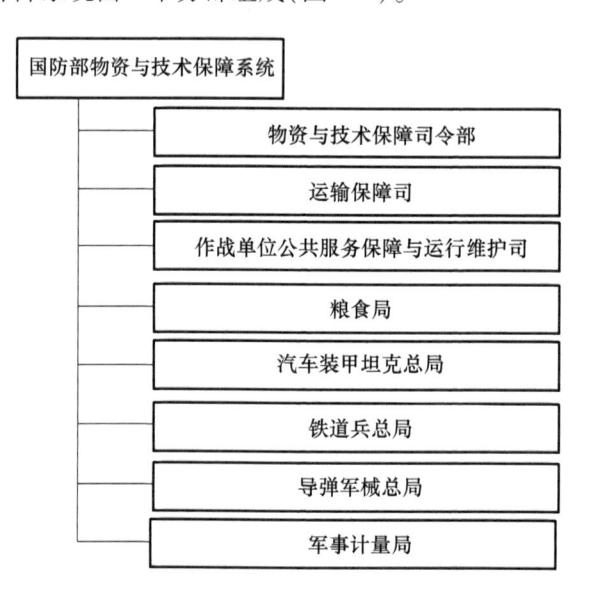

```
国防部物资与技术保障系统
├── 物资与技术保障司令部
├── 运输保障司
├── 作战单位公共服务保障与运行维护司
├── 粮食局
├── 汽车装甲坦克总局
├── 铁道兵总局
├── 导弹军械总局
└── 军事计量局
```

图5.8 国防部层面的物资与技术保障系统

国防部物资与技术保障系统中与装备保障相关部门及职能如下:

(1)物资与技术保障司令部。2014年4月改为现名,以前称物资与技术保障计划协调署。负责组织隶属于国防部物资与技术保障副部长、负责平时和战时物资与技术保障工作的总部军事管理机关、兵团、部队和单位的计划与协调工作,下设战役计划局(下设4个处)、生态安全处、消防安全处、兽医卫生处。其主要任务:①组织制订平时和战时物资与技术保障工作计划;②发展物资与技术保障系统、军队活动消防安全系统、生态安全系统和兽医卫生保障系统;③协调物资与技术保障机关和部队完成物资与技术保障任务。

(2)汽车装甲坦克总局。该局负责筹划坦克技术保障和汽车技术保障系统的建设与发展,组织装甲坦克技术保障和汽车技术保障,制定装甲坦克武器和技术装备、军用汽车技术装备发展、使用和修理方面的军事技术政策,并按规定程序加以落实,下设技术保障指挥局、保障类坦克和汽车发展处。其主要任务:①制订坦克技术保障和汽车技术保障系统的完善计划;②组织坦克技术保障和汽车技术保障；③制定并按规定程序落实装甲坦克武器和技术装备、军用汽车技术装备及其发展、使用和修理方面的军事技术政策；④在本局权限范围内，落实俄联邦与外国开展军事和军事技术合作的措施；⑤计划和组织装甲坦克武器和技术装备、军用汽车技术装备及其他规定品名的物资器材保障；⑥筹划装甲坦克武器和技术装备、军用汽车技术装备的发展。

（3）导弹军械总局。该局下设组织计划局、技术服务保养组织局。其主要任务：①组织领导导弹和军械器材技术保障；②计划和组织武器、军事技术装备及其他规定种类的物资器材保障；③组织完善导弹技术保障和军械技术保障系统的各要素，就导弹技术保障和军械技术保障问题协调军事管理机关的有关活动。

（4）军事计量局。该局负责组织实施国防与国家安全领域和军队计量保障领域中的测量统一保障。其主要任务：①组织制定测量统一保障和军队计量保障方面的法规调节文书；②组织军队的计量保障；③组织制定国防与国家安全领域国家测量统一保障政策；④协调测量统一保障和军队计量保障领域的活动；⑤对军队国防与国家安全领域的活动开展国家计量监督；⑥参与组织与外国国家机关和国际组织在测量统一保障领域的协作。

3. 国防部武器装备总局

俄军的武器装备研发工作由国防部负责军事技术保障的副部长领导，由国防部武器装备总局负责。在飞机、舰船等大型尖端装备维修保障和升级改造中，国防工业部门是不可或缺的重要保障力量。国防部武器装备总局要负责通过与国防企业签订全寿命周期合同，利用国防工业力量向在役装备提供维修保障和升级改造，确保在役装备状态完好率。装备总局负责管理和执行大型装备采购和维修合同的经费。因此，国防部研发采购部门从装备全寿命周期管理的角度也承担着装备维修保障的职责，负责通过合同，引入国防工业部门力量，协助部队开展武器装备维修和现代化改造。

5.2.1.2 军区

各军区（军改后的西、南、中、东四军区划分）原装备部技术保障机构与军区后勤部合编为物资技术保障系统，并设立1名主管物资技术保障的副司令兼物资技术保障局局长一职，主要负责计划和协调战区的物资技术保障、筹划和使用战区物资技术保障力量，并对其实施指挥等。2010年改革结束后，该副司令员下辖物资技术保障计划与协调中心、后勤保障局、技术保障局、铁道兵局四个分支机构，其中物资技术保障计划与协调中心是军区物资技术保障的指挥机构。2011年，军区后勤保障局又被分解为物资保障局、运输保障局。部署在军区辖区内军种部队的物资技术保障部队,隶属于军区物资技术保障局指挥。

军区物资技术保障系统主要任务为:规划和组织部队(兵力)物资技术保障;规划和使用军区物资技术保障兵力并对其进行指挥;协调、监督物资技术保障兵团、部队和组织的活动,对其状况和准备情况进行监督;组织物资保障兵团、部队和机构训练;对保障行动的及时性、充分性和质量进行监督等。军区物资保障系统保障的对象,除了军区下属的各兵团和部队,还包括部署在军区辖区内的内务部、紧急情况部、联邦安全局等其他强力部门的所属部队,不管其隶属关系如何。

5.2.1.3 军兵种

在"新面貌"军事改革中,陆、海、空军总司令部全部退出作战指挥链,主要担负军种行政管理和建设发展职能。改革后的军种总司令部,除空天军仍继续保留远程航空兵和军事运输航空兵部队外,均不再保留与本军种部队的直接隶属关系。不过,改革后的军种总司令部作为中央军事指挥机关,在其职责范围内下达的训令和指示,军区及相应军种的部队必须执行。此外,战略火箭兵和空降兵两个兵种司令部仍保留在指挥序列中。改革后的各军种总司令部设有与国防部机关相对应的物资与技术保障机关,不过不再有保障指挥权,职能任务由以前的领导指挥调整为计划协调,保障力量基本上都移交给军区(舰队、空防司令部)保障部门和海军(航空兵)基地。各军兵种都建立了各自的物资技术保障系统,负责计划和协调事宜以及本军种的专业勤务保障,与国防部机关设置相对应,军种总司令部编有物资技术保障局。陆军设 1 名主管物资技术保障的副司令兼物资技术保障局局长,空天军设 1 名主管物资技术保障的总司令助理兼物资技术保障局局长,海军设 1 名总司令助理主管物资技术保障。军种物资技术保障局负责组织制定和监督完成本军种专业物资技术保障任务。

以空天军为例。在长期实践中俄罗斯空军严格按照作战指挥体系,设置航空工程勤务部门和机构,各级均配有主管航空工程勤务保障副职,构建了从空军部到兵种、军团和航空兵师级再到部队的三级组织管理体制。俄罗斯空军总司令部设有主管装备的副总司令兼总工程师,下设空军总工程师办公室,是航空工程勤务最高领导机关,主要负责制定和批准各项有关航空工程勤务和空军工程技术工作的规章,如《航空工程勤务》《航空工程保障教令》等。主管装备的副总司令还主管装备部,装备部又下设订货局、军械局、汽车勤务局、电气勤务局等部门,负责已列入国防部名录中的部分武器装备及空军专用装备的请领、供应和维修。自 2004 年以来,空军已经陆续接管了陆军和海军航空装备的订货与管理权,未来还可能接管防空武器装备、雷达和电子战装备的订货权。俄罗斯空军直接领导两个兵种(远程航空兵、军事运输航空兵)、若干区域性战役军团(相当于军区空军)和兵团(相当于军或师)。其中,在两个直属兵种和区域性战役军团都设有航空工程勤务副司令,同时也兼任总工程师;兵团级设有航空工程勤务副指挥员,各级指挥员都有各自办事机构。部队级装备维修保障机构自上而下包括飞行团、飞行大队和飞行中队。飞行团为航空兵战役战术活动的基本单位,设有航空工程勤务副团长,并设有办事机构,负责具体组织实施航空工程保障。飞行大队设有航空工程勤务副大队长,主要负责指导和监督各飞行中队的维修和使用准备工作,以及飞行大队航空工程勤务保障工作的组织实施。飞行中队设有负责航空工程勤务保障的副中队长,直接领导一个中队技术使用队,主要完成飞行准备,保障飞行以及日常维护保养和停放工作。

5.2.2 俄军装备维修保障体系

俄罗斯经过新一轮军事改革,从俄罗斯国防部到军种部再到基层部队都相应地对装备维修保障进行了重大调整,形成了后勤保障和技术保障"后技合一"、上下一致的装备保障体系,基本实现了装备维修保障建设的集约化、联合化和社会化[13]。此外,俄军还十分注重装备维修的教育训练和基层维修力量的建设,以形成一套较为完善的装备维修保障体系。

5.2.2.1 划区维修保障体系

为了使保障体制与市场经济体制接轨,俄军现已在高度集中统一的保障体制基础上建立起具有区域联勤性质的划区保障体系,并通过在各军区设立的若干划区保障中心来具体实现这种保障体系,负责对保障区域内的各军种进行装备维修保障。其中,平时的维修保障由各军区设立的综合性的技术修理中心承担。技术修理中心属于非建制单位,设有若干修理厂和修理所。由于它有一定的业务自由度和经济自主权,故平时还可开展有偿出租仓储设备和提供运输及维修等服务。而建制维修机构主要组织战时装备的维修保障。

5.2.2.2 三级维修作业体系

根据装备维修任务的不同,俄军将装备维修划分为小修、中修和大修三个等级,并由各级维修部门组织实施:小修是通过更换个别零部件、进行调整作业来排除故障,主要由使用人员和修理分队在使用现场进行;中修是对装备中损坏的部分进行更换和修理,并对其余部分进行故障检查,从而恢复装备的使用性能,主要由修理厂、专业修理所和维修基地完成,一些大型装备的中修通常有使用人员参加;大修是对装备进行全面拆卸和故障检查,更换或修理其所有损坏的组成部分,然后进行装配、综合检查和调试,由修理厂、维修基地和军工厂完成。同时,俄军的维修保障按装备的种类来实施,分为火炮、坦克、汽车、工程、化学、通信和军队指挥自动化系统、航空工程和后勤勤务、舰艇及其他专用武器维修保障等。

5.2.2.3　预防性维修方法体系

俄军非常重视装备的日常性维护保养,规范性的要求是:采用统一计划的预防性维护保养制度,严格控制维修质量,并采用多种保养方法,力争将部分故障消灭在萌芽状态。工作中常用的程序为:各维修保障单位根据装备的试验数据,制订装备综合维修检查计划。计划批准后,由各类装备维修勤务的主管人员组成装备维修检查委员会;委员会对装备状况及保管方法进行详细的调查,以控制维修质量。

俄军维护保养方法主要有:①分组作业法:成立装备维护保养组,对一种装备进行保养作业,主要用于对坦克、火炮的保养。②岗位工序法:将不同装备的全部作业任务分散到若干个专业岗位,进行程序化的保养,主要用于小批量装备的保养。③流水作业法:划分各作业小组,在各专业工位配备所需的设备,使各型装备在各个专业工位上所耗用的时间相等,实现大批量装备保养的流水线作业。

5.2.2.4　战场抢修能力体系

俄军有关条令规定装备维修尽量到现场进行。目前,从连到集团军所有作战级都力争进行战损装备的现场抢修。特别是在营一级,小修通常在装备损坏现场或附近隐蔽测点进行。在这一级编有一个修理排(分队),其任务是帮助使用人员对损坏装备进行修理。俄军现场修理的通常做法是:各营在战时设技术观察站,由负责补给和修理的副营长指挥。技术观察站的任务是观察战场情况,发现损坏装备时,立刻将其位置报告给营修理排,同时对装备损坏程度和原因做出评估。技术观察站和修理排经常保持通信联络,需要时,营修理排则派人到装备损坏现场去进行修理。

俄军还非常重视装备维修机构的机动能力,在维修装备的配备、维修部队训练方面都采取了相应措施,如装备大型运输机,提高空运能力;优先发展机动后勤维修装备等。同时,对保障分队进行合理编组和配备,如通过合理编组为机动部队编配相应的运输、修理、后勤和物资保障分队。积木式搭配训练和使用,使之具有较强的灵活反应能力。为使技术保障装备具有高机动能力,俄军在装备研制中力求使武器装备向智能化、高技术化、轻型化和小型化方向发展,以方便实施机动维修保障。

5.2.2.5 维修保障训练体系

为了确保装备维修保障工作的顺利实施,俄军非常重视维修保障人员的训练[14]。俄军的维修保障技能训练绝大部分在和平时期完成,并分成多个训练层次,每个层次都规定了严格的训练内容和考核标准。此外,俄军非常重视在战斗期间,根据不同战斗行动的特点和需要开展相关训练。在和平时期,俄军装备维修保障人员根据所承担的任务不同,需要接受以下三类训练:专业等级训练,技术保障兵团、部队和分队任职训练,技术保障指挥机构任职训练。在战时,部队要在不同的阶段,根据武器装备的使用条件、人员在当前战斗(行军)中的任务、人员训练水平以及可用于训练的时间等因素,组织实施维修保障人员的技术训练和专业训练。技术训练的内容由各级部队指挥员确定,由部队参谋长、装备副指挥员、兵种首长和勤务主任进行筹划。

5.2.3 俄军装备维修保障力量建设

俄军自组建以后,非常重视装备维修保障力量的建设,紧密结合高技术局部战争的需要,对装备维修保障力量进行了一系列变革,取得了明显的成绩。

5.2.3.1 "驻防区"公司与军工企业

目前,俄军部队维修队负责例行保养,"驻防区"公司与军工企业负责进行中级维修、大修和现代化升级。国防部决定由俄罗斯武器生产商对部分装备实行全寿命周期维护,直至其报废,并与国防部签订全寿命周期的维护合同,即保修期内的武器和其他系统的维修必须由工业部门的专家负责,保修期外的武器和其他系统的维修保障由工业部门军工企业和隶属国防部的"驻防区"公司下属修理厂共同实施。

1. "驻防区"公司

长期以来,俄罗斯的国防工业企业在武器装备的技术状态监测工作中参与程度不高,提供维修保障服务的工厂技术水平不到位,导致武器装备的维护保障效率很低,装备体系的完好程度不足70%,无法达到战备要求。此外,由于管理体系不完善和改革的滞后,很多工厂无法适应市场经济为主导的市场发展模式,在运行中时常出现政治利益和经济利益相矛盾的情况,一些工厂还明确表示,工厂获得的国防财政资金不足,导致工作效率十分低下,无法按时有效地执行大量秘密级的维修任务,影响俄军当前的现代武器更新速率。

为改变这一局面,俄军对维修保障厂也采取了相应的改革措施。2008年9月15日"新面貌"军改期间,俄联邦政府批准发布了第1359号总统令,成立"国防服务"开放式股份有限公司,负责管理和协调下属的维修保障股份公司,该公司在2014年更名为俄罗斯"驻防区"股份有限公司。该公司的成立将上述提供武器装备维修保障的企业进行统一管理和监督。该公司总部位于莫斯科,在克里米亚联邦区、中部军区、南部军区、西部军区和东部军区设有5个代表处,下辖9个分公司(具体从事业务如表5.1所列),各分公司又下设各类子公司330多个。例如,航空修理分公司的下属企业包括20家航空修理厂、10家航空及相关设备修理厂、6家企业负责航空及其物资存储基地、"224飞行中队"国家航空公司、俄联邦国防部"鉴定人"科学技术中心、俄联邦国防部"雄鹰"航空中心。纳入"驻防区"股份有限公司的企业均重组为开放式股份有限公司。"驻防区"公司内部实行"总公司—分公司—子公司"三级一体化垂直管理结构。国防部长和主管副部长根据作战需要,向总公司提出任务需求;由国防部资产关系司根据国防部领导的命令、指示,向集团公司的领导机构下达"强制执行的任务"指令,集团公司董事会和总经理根据国防部指令,通过书面形式向相关分公司下达指令;相关分公司再向所属子公司下达指令,由总公司和分公司监督相关子公司完成国防部的任务指令。各代表处、分公司和子公司领导均由集团公司总经理任命,并根据总经理的委托书开展工作,其权限范围由代表处、分公司条例或总经理的委托书确定。

表5.1 "驻防区"公司下属分公司业务领域

分公司	业务领域
航空维修	为俄罗斯联邦武装部队、政府和其他客户提供保修和维护服务、装备现代化、翻新和新技术的引进和应用等
特种维修	
武器维修	
军贸	军品贸易
国防建筑	基础建设工作,确保基础设施的正常运行
国防能源	电力设施的运行、维护、修理、改装工作
军用商业	日常商业维护和物资供给
红星	文化和信息宣传
斯拉夫夫人	酒店服务

"驻防区"股份有限公司的成立是顺应俄罗斯市场经济发展的产物,由国防部控股公司对原军队庞大的维修保障厂进行管理,使维修保障业务的管理效率和技术水平得到提升,公司资产也可靠市场机制得到盘活,以减轻国防部预算外资金压力。

2. 军工企业

改革虽然取得了很大成效,但维修保障工厂仍存在无法完成密集维修任务的情况。俄罗斯前国防部长称,军队实施大修和现代化不仅效率低下,而且属于国防部的非核心能力,维修工厂的技术和人员状态均不能保证完成大量密集的维护任务,且该业务不在国防部的预算范围内。2014年,俄罗斯国防部决定将原国防部80%的维修保障厂划归军工企业管理,一方面最大化增加工业企业在武器装备和设备全寿命周期的参与程度,提高维修厂的技术和保障能力;另一方面可减少国防部非核心业务,提高管理运行效率。

根据国防部改革执行方案,国防部下属的131家维修厂将压缩至26家,其中17家为军械厂。这26家工厂将主要负责部队的日常维护,其他修理、大修和升级改装任务则完全由工业部门负责。被划分的维修厂中约有50家将移交至"俄罗斯技术"国家集团,这些厂家主要以车辆、装甲和炮兵装备维护为主;另有5家移交至"联合造船集团";航空类维修厂则移交至"联合飞机制造集团"管理(2019年,"联合飞机制造集团"已隶属"俄罗斯技术"国家集团)。

5.2.3.2 陆军

1. 军区

军区物资技术保障建制力量主要负责战时区域内装备维修保障工作,分为机动保障力量和固定保障力量。其中,机动保障力量主要是常备的物资和技术保障旅,每个战区至少编有2个汽车营、2个道路警备营、1个修理修复营和1个管线营等单位;固定保障力量主要是物资和技术保障基地,军械厂(库)及其分部、储备基地等。除了建制力量,在战区成立若干非建制划区保障中心,负责平时区域内各军兵种的装备维修保障工作。

1)机动力量

俄军在各军区建立专门的物资技术保障旅,用于向军区所辖兵团和部队提供装备维修保障。这种物资技术保障旅不仅包括技术保障系统的修理机构,还包括后勤保障机构。物资技术保障旅是军区最主要的机动物资技术保障力量。其作为军区内的机动物资技术保障力量,接受军区联合战略司令部指挥,主要负责所属部队物资保管和运输、武器装备维修、军用道路的维护和技术防护等。物资技术保障旅采取模块化设计,主要作为军区或集团军级别单位的保障部队,向其下属部队提供支援保障。在"新面貌"军事改革过程中,俄军提出"为了向联合战略司令部所辖兵团和部队提供后勤保障和技术保障,每个军区(联合战略司令部)至少建立2个多功能型物资技术保障旅"。如今,俄军的改革还在继续进行中,到目前为止,俄军已经陆续建立起来12个物资技术保障旅,都分配给各集团军或舰队,用于支撑集团军部队保障活动。

除物资保障旅外,俄军将在5个军区成立多个修理与后送团。陆军在2016

年改革时,首先在南部军区成立了第10独立修理与后送团,驻地位于库班斯拉维扬斯克。随后,国防部计划在每个军区都要成立多个独立修理与后送团。2016年底,西部军区在莫扎斯克成立了第5独立修理与后送团,2018年底,中部军区在乌拉尔成立了第24独立修理与后送团。东部军区的独立修理与后送团目前正在建设中,据称驻地将位于尤格拉地区。这些独立修理和后送团直接隶属于军区,可根据使用需求按上级指挥,灵活配属给某一集团军,既可伴随其在前线执行装备救援、修理和后撤任务,也可在后方建立维修基地,帮助部队修理战损装备。战时,独立修理与后送团可以调整为战时编组,在后方建立维修基地的同时,建立机动维修支队,靠前线部队提供小修服务,并把损坏严重的装备回收到后方维修基地进行维修。

独立修理和后送团由两个营组成,分别为修理营和后送营。修理营配备数辆多功能高机动修理车,已实现模块化布局,无须外部帮助即可修理各类技术设备,从军用吉普、坦克到平流层通信车或防化侦察车均可修理。后送营装备8×8轮式后送牵引车,吊臂起重能力为8.4t,做好疏散准备只需10~12min,能以50km/h的速度拖拽重量为30~38t的受损车辆。未来,新式修理后送团还将组建侦察连,在战场上搜索损坏的技术设备、评估其损伤状态并呼叫后送牵引车前往处理。侦察连将配备最新式MTR-K技术侦察车,载重量约3t。该侦察车将装备"科尔德-S"式机枪、导航仪、夜视仪和360°视频监控系统,必要时还可配备无人机[15]。

2)固定力量

俄军原有330个各类物流和装备存储与维修基地。表5.2是其中部分物流和维修基地。近年来,俄罗斯国防部透露的消息表明,俄罗斯国防部计划在各军区建立综合转运和物流中心,用于进行物资接收、存储、发放。国防部在2016年原计划到2020年前建立24个转运和物流中心,取代俄罗斯现有的330个基地和仓库。但从目前来看,俄罗斯国防部最初的计划并没有完成,只有奈良、杨科夫斯基等部分地区的综合转运和物流中心完成建设。阿尔汉格尔斯克等地的综合转运和物流中心2019年才授予建设合同,目前仍在建设中,预计2020—2021年陆续完成。整体计划的完成时间已经推迟到2025年。塞瓦斯托波尔、符拉迪沃斯托克、哈巴罗夫斯克、新西伯利亚、叶卡捷琳堡等地的综合转运和物流中心都将推迟到2025年前建成。俄军在新的综合转运和物流中心建设中,采用了现代化的物资跟踪技术,应用了格洛纳斯定位系统,对库存装备和物资及其运输过程进行跟踪,力图实现对武器装备和物资的全资可视能力,实现对仓库物资进行现代化管理。这些物流中心将为俄军管理所有武器装备储备、维修备件,将成为未来俄军装备维修保障的重要支撑力量。

表5.2　各军区固定物资技术保障力量(部分)

基地名称	驻地	所属军区
第225军事装备储存和维修基地	亚斯纳亚	东部军区
第227军事装备储存和修理基地	乌兰乌德	东部军区
第237军事装备储存和修理基地	哈巴罗夫斯克	东部军区
第245军事装备储存和修理基地	列萨沃茨克	东部军区
第247军事装备储存和维修基地	莫纳斯特里谢	东部军区
第240军事装备储存和维修基地	别洛戈尔斯克	东部军区
第243军事装备储存和维修基地	哈巴罗夫斯克	东部军区
第7020军事装备储存和维修基地	乌苏里斯克	东部军区
第230军事装备储存和维修基地	达奇诺耶	东部军区
第7021军事装备储存和维修基地	尼古尔斯科耶	东部军区
第7018军事装备储存和维修基地	德罗维亚纳亚	东部军区
第7043军事装备储存和维修基地	坦波夫	西部军区
第7051军事装备储存和维修基地	穆利诺	西部军区
第216军事装备存储和维修基地	彼得罗扎沃茨克	西部军区
第7014军事装备存储和维修基地	列宁格勒州卢加	西部军区
第1061军事物流中心	罗斯托夫	南部军区
第744炮兵装备基地	新谢尔克斯克	南部军区
第719炮兵弹药库	克拉斯诺达尔	南部军区
第430中央轻武器库	阿尔马维尔	南部军区
第1103弹药基地	斯塔夫罗波尔	南部军区
第7024军事装备存储和维修基地	罗斯托夫	南部军区
第3791综合保障基地	巴泰斯克	南部军区
第91通信装备存储和维修基地	克拉斯诺达尔	南部军区
第7029军事装备储存和维修基地	伏尔加格勒	南部军区
第178武器和装备存放基地	下诺夫斯克	中部军区
第103武器装备存储和维修基地	希洛沃	中部军区
第104武器装备存储和维修基地	阿列斯克	中部军区
第7017军事装备储存和维修基地	奥伦堡	中部军区
第7019军事装备储存和维修基地	下诺夫哥罗德	中部军区
第7006军事装备储存和维修基地	萨拉托夫	中部军区
第7007军事装备储存和维修基地	阿拉米尔	中部军区
第1311中央坦克存储和维修基地	亚比什马	中部军区

续表

基地名称	驻地	所属军区
第 349 中央坦克存储和维修基地	托普奇卡	中部军区
第 2544 中央坦克存储和维修基地	克拉斯诺亚尔斯克	中部军区
第 103 武器库	萨兰斯克	中部军区
第 638 中央弹药库	克拉科夫斯基	中部军区
第 1215 中央火炮弹药基地	济马	中部军区
第 2256 中央火炮弹药基地	卡加特市	中部军区
第 1819 炮兵弹药基地	别兹梅诺沃	中部军区
第 3794 个综合物资和技术服务基地	叶卡捷琳堡	中部军区

此外,俄罗斯国防部还计划在各个军区建立技术导弹基地。技术导弹基地则主要用于确保各军区导弹装备的技术维修工作。其具体包括:维护导弹系统(导弹发射系统、指挥所)的所有技术准备工作;保持发射器、控制中心、战斗无线电信道系统接收和发射设备、自动控制系统、电源系统和技术保障系统处于技术战备状态,确定大地自动化测量系统、地面保障系统的正常运行和战备状态;及时修复故障和损伤的导弹;定期进行导弹武器系统维护和维修,组织开展武器装备正确、安全操作的技术和战术培训等。据俄罗斯国防部称,俄军准备建立 5 个技术导弹基地。这些基地建立起来后将使俄军导弹装备维修能力提升 1.5 倍。

2. 部队

在部队层面,俄军部队装备保障力量按部队层级进行编配。集团军编有 1 个物资技术保障旅,合成旅新编设物资技术保障营,旅级部队保障营的编成结构基本相同,其下辖的保障分队随任务特点不同在数量上存在差异。作为旅的基本单位——营也编设物资技术保障力量,增配后勤和保障人员。近年来,"新面貌"军事改革中俄军推行的"师改旅"行动有所反复,部分部队开始"旅改师",恢复后的师级单位通常编有 1 个物资技术保障营。

1)集团军

"新面貌"军事改革中,俄军提出"每个诸兵种合成集团军至少编 1 个物资技术保障旅"。目前,俄军在不断增加物资技术保障旅建设,现已组建 12 个这种模块式物资技术保障旅,全部分配给各个军区集团军,由集团军指挥,伴随集团军部队行动,向集团军下属师、旅级部队提供支援保障。其中,东部军区编有 4 个物资技术保障旅,中部军区编有 2 个物资技术保障旅,南部军区编有 3 个物资技术保障旅,西部军区编有 3 个物资技术保障旅,如表 5.3 所列。

第5章 装备维修保障体制、体系与力量

表 5.3　俄军物资技术保障旅编制情况

名称	驻地	保障对象	所属军区
第 101 物资技术保障旅	乌苏里斯克	第 5 集团军(乌苏里斯克)	东部军区
第 102 物资技术保障旅	古西诺奥泽尔斯克	第 36 集团军(乌兰乌德)	东部军区
第 103 物资技术保障旅	别洛戈尔斯克	第 35 集团军(别洛戈尔斯克)	东部军区
第 104 物资技术保障旅	赤塔	第 29 集团军(赤塔)	东部军区
第 105 物资技术保障旅	罗辛斯基	第 2 集团军(萨马拉)	中部军区
第 106 物资技术保障旅	尤尔加	第 41 集团军(希洛沃)	中部军区
第 78 物资技术保障旅	布琼诺夫斯克	第 58 集团军(弗拉季高加索)	南部军区
第 99 物资技术保障旅	迈科普	第 49 集团军(斯塔夫罗波尔)	南部军区
第 133 物资技术保障旅	塞瓦斯托波尔	黑海舰队	南部军区
第 51 物资技术保障旅	圣彼得堡	第 6 集团军(圣彼得堡)	西部军区
第 69 物资技术保障旅	穆利诺	第 1 集团军(奥丁佐沃)	西部军区
第 152 物资技术保障旅	利斯基	第 20 集团军(穆利诺)	西部军区

俄军物资技术保障旅作为一种常备旅,主要编有 2 个汽车营、2 个道路警备营、1 个修理修复营、1 个管线营、1 个油料运输连、1 个野外面包厂、1 套洗浴洗衣综合系统。该旅能够遂行保障部队战备的全部任务,具体包括维护和前送物资、维修武器装备、对军用汽车道路执行警备勤务、对道路实行技术掩蔽、为装备加油。

近年来,俄军在保障专业演习以及其他演习中,对将不同功能的部门混合编成提供物资技术保障的合理性进行系列验证,结果表明,从下达命令到实际完成各项任务,所需要的时间比以前明显减少。在 2013 年 7 月进行的大规模突击战备检查中,俄军投入的 4 个物资技术保障旅经受住了野战条件下的检验,这些机动保障力量圆满完成了输送弹药和物资、组织武器装备维修、饮食等相关任务。

2) 师旅

俄军在"新面貌"军事改革中,进行了大规模"师改旅"改革,但 2013 年,又逐步恢复作战师编制。由于改革尚未结束,且俄军受制于兵力和财力不足,目前俄军编制中,既有尚未恢复师编的"军——旅——营"编配方案,也有恢复师编制后的"军——师——团"编配方案,以及正在改革之中的"军——师(旅)——团(营)"混编等临时组合编配方案。受此影响,俄军师旅级当前维修保障力量编配也没有齐装满员,编配方案也比较混乱。

在"军——旅——营"编配方案下,军下设有一个物资技术保障旅,合成旅编设物资技术保障营。旅级物资技术保障营的编成类型相同,但根据各旅的不同特点,其物资保障分队、汽车运输分队、修理分队等物资技术保障分队的数量

一般不同。旅的基本单位——营(炮兵营)也编有物资技术保障系统,其组织结构与旅的物资技术保障系统基本一致。但俄军在师改旅的过程中,旅的编制较强,保障力量不足,部队战备水平始终不能令人如意。在师改旅后不久的2010年1月,俄军高层对东部军区进行了一次战备检查,结果没有一个旅被认定为"处于战备状态",整个远东军区的突击检查鉴定结果被评为"不合格"[16]。绍伊古上任国防部长后,为评估俄军"师改旅"后的真实能力,检验其前任关于部队的改革方针是否正确,于2013年2月启动了苏联解体后首次针对俄军整个师的战备突击检查警报,驻扎在莫斯科附近的空降兵第98师闻令启程,紧急前往位于中央军区辖区内的切巴库尔靶场参加演习。同年,绍伊古对俄军战备状况进行了全面抽点,结果证明旅级作战部队保障能力严重不足,中层指挥员对旅级作战力量的集成使用也很不适应,部队技战术协调水平普遍不高。

在"军——师——团"编配方案下,尽管俄军近年来恢复了部分作战师编制,但恢复师编的部队在保障力量上并没有恢复到之前的状态。以前作战师有自己的师属独立修理救援营和独立勤务保障营,恢复后的师仅编有师属物资技术保障营,虽然是二者力量的整合,但师级的维修和后装保障力量均大幅削弱。部分恢复后的作战师为加强装备维修和保障力量,在师级增编了维修连和后送连。例如,2020年1月,俄军首个恢复6团满编制的作战师——第150摩步师,在师级不仅编有1个独立物资技术保障营,还额外增编1个独立维修连和1个独立后送连,以增强作战师级维修和战场运输保障力量。其他正在逐步恢复师编的部队,有些仅编有物资技术保障营,有些则在物资技术保障营之外增编有独立后送连或独立维修连,主要取决于各部队能获得的人力和装备资源。但从未来趋势,在师级增编独立维修连和后送连有望成为标配。在"师改旅"前,师属各团均编有1个维修连和1个物资保障连。重新恢复师编以后的各团中保障力量的编配方案目前仍不清楚。预计至少会编配一个物资技术保障连。装甲团可能还需要增编连级维修和救援力量。

5.2.3.3 空天军

俄罗斯空天军将航空维修称为"航空工程勤务",构建三级组织管理体制同时,也配套建设了比较完善的力量体系。其建制力量的建设主要体现在部队级。团一级的维修机构主要是指副团长直接领导下的"团技术使用队",也称为"团修理厂",其按照部队装备类别不同可以细分为十几个小组,这些小组可分为两类:一类是专门完成定期检修工作;另一类是直接支援外场开展重要设备的故障诊断、监控和检测以及部分临时修理任务(图5.9)。除了团一级的维修机构——团技术使用队外,还在某些部队设有特种工程勤务队,其主要任务是负责特种航空杀伤兵器(如空地导弹等)的维修和使用。值得注意的是,对于新服役飞机,通常由飞机制造厂或设计局的代表常驻部队,在航空工程勤务副团长领导下工作,主要负责监督飞机在部队的试验和领先试验情况,并及时向制造厂或设计局反馈有关信息。飞行大队航空工程勤务副大队长领导1~2个勤务组,负责各中队共用的地面保障设备的维护、保管、分配及回收,支援各中队一般保障勤务。飞行中队航空工程勤务副中队长直接领导一个中队技术使用队,主要完成飞行准备,保障飞行以及日常维护保养和停放工作。中队技术使用队下设若干勤务组或准备组,按照专业分工完成各项准备工作。每架飞机配备一个地勤机组,由飞机主管机械师负责,机长领导地勤机组,空勤和地勤工作按照各自专业技术活动分别组织实施。

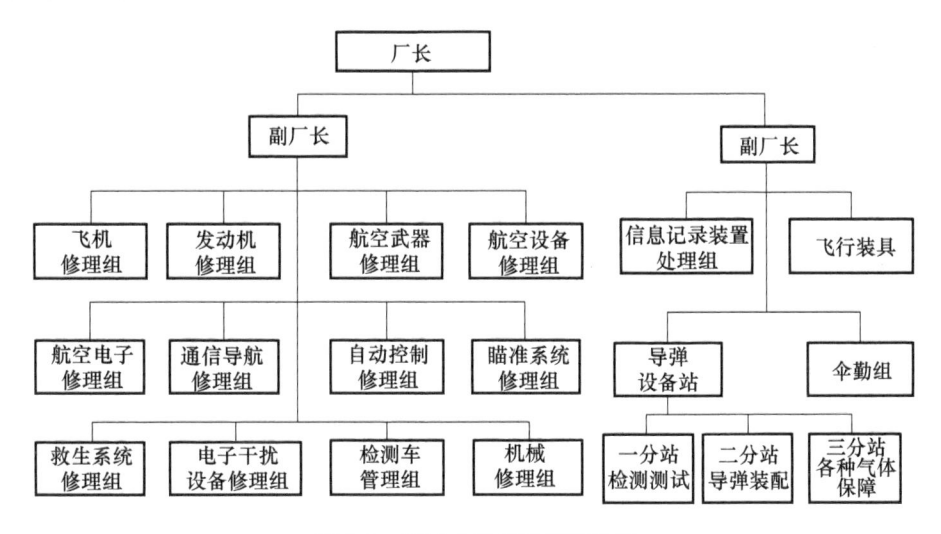

图 5.9 团技术使用队组织机构

5.3 其他国家军队装备维修保障体制、体系与力量

5.3.1 英军

总体来看,英军装备维修保障实行的是国防部——陆军师(旅)、空军联队、海军基地和舰队的两级管理和实施体制,横宽纵短、深度军民结合是其显著特征。

5.3.1.1 装备维修保障管理体制

1. 国防部层面

近年来,英军装备维修保障管理与实施调整幅度较大。总体局面是:陆、海、空三军各类装备维修保障等顶层管理工作由国防采购大臣抓总负责,改革后的国防装备与保障机构(2014年4月,由原国防装备与保障总署改革而成的一家定制贸易实体机构,属于保留在公共部门内部的非政府部门公共机构,可以接触到政府和战略合作伙伴)具体组织实施;由于原隶属于国防装备与保障总署的装备大修机构——国防保障集团也随着国防装备与保障总署的改革,大部分被出售,国防部仅保留了部分装备维修、计量等关键能力,陆、海、空军装备的深度维修绝大部分均交给了企业,由私有企业完成,少部分由国防部仅有的国防电子与部件局(提供了国防部装备维修和校准关键能力)维修;前方维修则分别由陆军皇家电气工程师部队和空军各基地的保障联队负责;海军舰船装备维修基本上都是在海军基地完成的;国防工业企业作为英军装备维修保障的重要支撑力量,通过合同参与大型装备的深度维修、升级改造等工作。2017年,英国国防运营中心成立,其职能像美国国防后勤局,英国国防部期望通过该中心实现战略级精确保障能力和联勤保障能力,彻底变革英国向各地武装部队提供后勤保障的方式,该机构由美国防务承包商雷德斯(Leidos)公司负责日常运营。

2. 军种层面

目前,英国陆、海、空三军均设有参谋部,负责所属军种部队的作战指挥,以及编制、装备、计划、通信与情报、训练、保障支援等方面的工作。陆军由陆军参谋部、野战集团军、地方部队以及联合力量中的陆军部分构成,由陆军参谋长(上将军衔)通过国防部下设的陆军参谋部领导。陆军参谋部下设的保障机构包括陆军装备总长以及陆军保障局。陆军装备总长即陆军派驻在国防装备与保障机构的陆军装备部门负责人,其下属部门要负责为陆军作战部队提供其训练与作战的装备及保障。保障局主要负责制定保障政策与计划,协调部(分)队的保障,保障局也负责装备运输和备件供应与配送。海军由海军参谋长(也称第一海务大臣)通过海军司令部领导。海军司令部设有舰队总司令和第二海务大臣领导海军司令部,其日常工作由舰队副司令代为主持,与装备维修有关职能包括作为派驻在国防装备与保障机构的代表,对海军未来10年的能力建设进行计划,并对未来4年的海军资源进行规划。空军由空军参谋长通过空军参谋部和空军司令部领导。空军参谋部下设的保障机构主要是空军装备总长和空军物资局。空军装备总长即空军派驻在国防装备与保障机构的空军装备部门负责人,其在空军参谋部下属部门负责空军装备及保障计划;空军物资局主要负责协调空军的物资补给等工作。

5.3.1.2 装备维修保障体系与力量

英国国防实力位居欧洲各国前列,国防工业与科研实力均属世界一流水平,军队武器装备性能优良,其装备维修保障体系与力量建设也独具特色。

1. 国防承包商

国防承包商是英国军队重要的大修保障力量。虽然英国军队自21世纪以来一直十分依赖国防承包商提供装备大修服务,但以前至少还拥有自己的独立大修机构——国防保障集团。2014年12月,随着国防装备与保障总署的重组,其下属的国防部大修机构——国防保障集团被英国国防部以2.19亿美元的价格出售给英国工程保障企业巴布科克国际公司,仅保留了其中的电子与部件维修业务。这意味着英国国防部选择在未来装备大修保障中高度依赖国防承包商。

2. 陆军

陆军保障部队主要有三个保障旅,分别是隶属于第1装甲师的第102保障旅和第104保障旅,隶属于第3机械化师的第101保障旅。在装备维修保障力量方面,主要是皇家电气与机械师部队和皇家后勤部队,这两个部队的下属部队(主要是保障营)分别编入101保障旅、102保障旅和104保障旅或者伴随某个部队开展保障。

3. 海军

除舰载保障力量外,英国海军的装备维修保障力量主要集中在几个海军基地。英国皇家海军舰船维修保障主要由朴次茅斯(港口城市朴次茅斯)、德文港(德文郡普利茅斯城西面)和克莱德(格拉斯哥市西北25英里)三大海军基地完成,但主要是交给承包商在这些基地实施装备保障任务。

4. 空军

按英国政府的政策走向,空军装备维修工作也大量委托给承包商,空军自己的装备维修力量大幅减弱。以前在各作战基地伴随着作战部队基本都编配有保障联队。但随着后来的改革,大部分的保障联队都已撤编。目前,空军还保留的保障部队是2014年成立的第38作战勤务保障大队,总部位于威特灵皇家空军基地。该大队下设的装备保障部队主要是第42远征支援联队和第85远征保障联队,重点面向海外作战的空军部队提供装备维修保障和运输及备件保障等工作。

5.3.2 德军

冷战结束后,德军装备保障领导与组织实施体系基本上10年进行一次大规模改革,根据国际形势发展变化,不断调整其装备保障领导与组织实施体制。如今,德军的装备保障领导和组织实施体制可以分为三个部分:一是国防部层面的装备机关及其下属的部分保障力量;二是联合支援保障部队下属的联合装备保障力量;三是各军种的装备保障力量。

5.3.2.1 装备维修保障管理体制

1. 国防部层面

国防部层面负责装备维修保障的主要是国防部装备总局及其下属机构。国防部装备总局下设4个司,其中与装备维修保障业务相关的主要是三司的三处、六处和四司。装备总局三司的核心业务是推动、落实和监督国防部公私合作,主要管理德国国防部出资持股的国防企业,包括装备维修企业和备件保障供应机构。三司三处负责管理德国国防部投资成立的装备维修企业和国防部所属的装备维修备件仓库,三司六处主要负责武器装备回收和升级改造;四司负责德国国防部武器装备"从摇篮到坟墓"的全寿命周期保障,并对各级部队在装备列装和使用过程中应完成的保障任务(包括"装备战备完好率")实施技术监督,还负责制定武器装备执勤战备责任制,确定保证装备战备完好性的原则、方案和制度,以及装备质量管理、标准化和规范制定。

2. 军种层面

德国陆军、海军和空军各军种负责完成各军种的战役和战术级装备维修保障任务。德国陆军由陆军监察长领导,下设陆军司令部、陆军训练司令部、陆军发展办公室等。陆军司令部是陆军监察长的参谋部,协助陆军监察长计划、协调和控制所有下属部队。陆军司令部内设情报与训练、规划与国际合作、人力资源、保障等部门。其中,保障部承担陆军装备保障规划和管理职责,根据陆军监察长确定的优先事项,规划和管理陆军装备维修保障等任务。陆军装备保障力量与作战力量编配在一起,组成陆军作战部队。德国海军由海军监察长领导,海军司令部是海军监察长的参谋部,负责领导海军第1舰队、第2舰队、海军航空司令部、海军保障司令部、作战训练中心、海军医学研究所以及4所海军院校。海军保障司令部在2012年重组后职能进一步扩大,主要负责海军装备的管理及装备维修计划的安排,检查督促条例的执行情况和维修计划的落实情况,确保海军舰船、飞机和岸基设施的正常运行,并提供技术支持和物资保障。海军保障力量分散在舰队和海军保障司令部。德国空军由空军监察长领导,空军司令部是空军监察长的参谋部,是空军的上级指挥机构,负责计划、协调和控制空军下属部队。2012年改革后,空军保障力量主要由空军部队司令部集中管理,可分为伴随保障力量和独立保障力量。空军部队司令部机关设有保障部,作为保障机构的指挥官,领导空军部队司令部的维修保障机构和部队的维修保障部门。

5.3.2.2 装备维修保障体系与力量

德国作为老牌的军事强国,其装备维修保障体系与力量建设有其自身的特点。

1. 联合支援保障部队

德国2000年成立新的联合支援保障部队，作为一个独立的军种，与陆、海、空军并列，聚焦于联合作战，面向三军统一组织战略级支援保障。该部队由联合支援保障部队司令部监察长负责指挥，在国防部总监察长的领导下，向部队提供作战支援、后勤保障和装备保障，其下属机构包括多国行动联合司令部[①]、联邦国防军保障司令部、联邦国防军本土任务司令部、武装部队办公室、联邦国防军宪兵突击队、联邦国防军核生化防御司令部、联邦安全政策学院。其中，负责装备保障业务的主要是联邦国防军保障司令部。联邦国防军保障司令部负责指挥、控制和训练其下属的所有后勤与装备保障力量，向联邦国防军提供联合支援保障。联邦国防军保障司令部负责指挥和控制15000名人员的行动，几乎占联合支援保障部队总人数的1/3，是联合支援保障部队中规模最大的能力司令部，下辖部队包括：第161、171、172、461、467、472营共6个保障营（2020年10月还将增加1个新的保障营），1所保障学校，1个保障中心，1个特种工兵团和1个机动车中心。

2. 陆军

德国军队未在师级和旅级编配专门的高等级装备维修保障力量。战时，该部队在行动初期主要靠部队自身携带资源自行保障，后续保障主要靠联合支援保障部队提供支援保障。旅保障营主要负责伴随作战旅，向旅所属作战部队提供近距支援保障。旅保障营通常设4~5个连，负责旅保障物资的接收、供应和运输，也负责旅属部队装备的1~2级维修任务[②]。

3. 海军

舰队维修保障力量主要是由两个舰队领导，包括基层级维修力量、支援舰队和岸基保障力量。基层级维修主要是由舰队部队利用舰载保障资源对舰船进行日常维护和紧急抢修（1~2级维修）。支援舰队主要是由支援舰组成的舰队支援力量。两个舰队各辖1个支援舰队。

---

① 该司令部位于德国乌尔姆，是德国作为北约成员国，为保障欧盟参与北约行动而成立的，直接隶属于欧盟政治和安全委员会。2018年6月，北约决定将其联合保障和使能司令部也设在德国乌尔姆，与该司令部驻扎同一地点，进行指挥、保障、训练、演习和防护。

② 德军装备维修采用4级维修体制：一级维修主要是日常维护保养和装备准备；二级维修包括部件更换、调整和小型维修工作，包括故障诊断以及经批准在特定时间内使用日常资源进行的少量改造；三级维修包括深度修理、部件复位以及需要特殊技能或特殊设备开展的改造；四级维修包括装备全面复位、重大改装改造、基地级大修等。

4. 空军

空军伴随保障力量和作战力量混编在一起,组成空军作战联队。每个联队编有参谋部、作战大队和技术大队。技术大队编有电子系统维修中队、武器系统维修中队、补给和运输中队,不仅要负责该联队的装备维修等所有技术保障任务,还要负责包括武器、弹药、降落伞、加油等方面的供应和使用保障任务。空军独立保障力量主要是空军部队司令部下属的两个武器系统保障中心。两个武器系统保障中心主要面向空军提供装备维修服务,但在需要时,也会向联邦国防军的其他单位提供技术支持。中心还会通过派遣流动的维修队的方式,向国内和海外执行任务的部队提供技术专家支持。

第6章 战时装备维修保障组织实施

战时装备维修保障,是装备维修保障的一项重要内容,在战时装备保障中也占有十分突出的地位。未来高技术战争中,高效、稳定的装备维修保障将成为保持和提高部队战斗力的关键,也是夺取作战乃至战争胜利的重要因素。综合分析美国、俄罗斯、英国、德国等战时装备维修保障组织实施的做法和特点,能够得到一些共性规律。

6.1 美军战时装备维修保障组织实施

从海湾战争以来的历次战争来看,在作战过程中,美军在向战场提供的远程战略支援能力、抢修救援能力和信息化保障能力上展现出其强大的一面。在个别方面也暴露出一些小问题,但在冷战后美军参与的战争中,这些问题并没有真正影响美军作战能力。

6.1.1 美军装备维修保障指挥

美军装备保障指挥体系是其作战指挥体系的内在组成部分。从海湾战争到叙利亚战争,美军在历次战争中会根据作战规模的大小和作战样式建立符合作战需要的指挥体系,但都是以战区为核心来组织实施装备维修保障指挥。

6.1.1.1 战略级

在海湾战争、阿富汗战争、伊拉克战争等大型地面战争的行动期间,美国均成立了由总统、国务院、国防部高层领导组成的国家级作战指挥机构,对作战行动实施战略级指挥和协调。例如,海湾危机爆发时,美国立即成立了以总统、副总统、国务卿、国防部长、参谋长联席会议主席和总统国家安全助理组成的最高指挥当局——"战时内阁"。在"战时内阁"的统一指挥下,由参谋长联席会议统一协调指导国防部和各军种所属保障机构,具体组织本土向海湾地区的战略级装备维修保障支援。

6.1.1.2 战役级

战役级保障指挥是美军历次战争装备维修保障的核心中枢。战役级指挥机构通常围绕作战行动地所属的战区来设置,通常由战区司令担任战役级军事行动总指挥。装备保障指挥权是作战指挥权的重要组成部分,负责指挥作战行动的战区司令也担负装备保障指挥职责,对战区内其指挥范围内的所有部队实施保障指挥,且按美军条令规定,作战总指挥的保障指挥权不得委派给他人。战区司令通过战区军种来实施战役级保障指挥,即战区内各军种指挥部负责根据作战计划,筹划各军种在战役行动中各自的保障行动,并指挥军种的部队执行联合作战环境下的装备维修保障任务。

6.1.1.3 战术级

战术级装备保障指挥由战区军种和作战部队合作完成。战区军种保障部门负责对战区级保障力量实施指挥控制,向作战部队提供保障支援。作战部队则对自己配属装备保障力量实施作战指挥控制。2004 年,美国陆军针对战争需要对其作战部队进行了师改旅的转型。转型后,军和师的保障机构被撤除,改编为保障旅,交由战区保障司令部负责指挥控制,作战旅则编配了自己的建制保障力量——旅保障营。在转型后的伊拉克和阿富汗战场上,战区保障司令部指挥其下属保障旅向战区内的作战部队提供战役和战术级维修支援保障,作战旅依靠保障旅的支援,在战术行动中指挥旅保障营开展战术维修保障活动。

6.1.2 美军装备维修保障力量运用

美军装备保障力量可分为国家级(战略级)装备保障力量、战区级(战役级)装备保障力量和部队级(战术级)装备保障力量。在战时分别按照条令的规定和作战计划的要求开展保障行动。

6.1.2.1 战略级

美军的战略级装备维修保障力量主要包括两部分:一是指国防部国防后勤局向作战部队提供的通用装备维修保障力量;二是各军种面向战区作战提供的军种专用装备维修支援保障力量。2005 年,新一轮基地关闭重组之后,美军进一步提高了装备保障物资的统一供应水平,进一步降低军种的专供水平,并且美军将各军种基地级维修保障所需供应业务也逐步移交给国防后勤局。整个移交工作完成后,国防后勤局面向全美保障基地和全球性作战部队的战略级储供与分发职能更加重要。除国防后勤局外,军种同样向战区提供战略级支援,其支援的渠道主要是通过军种装备部门为战时紧急采购作战所需装备和维修备件等物资,向战场派驻装备采购、维修、报废和装备回送保障支援力量。军种向战区提供支援是由战区军种保障部门直接与军种相关装备管理部门进行协调,军种按照作战所需向战区作战部队提供及时的后援服务。例如,陆军装备司令部通过向战场派驻后勤支援代表、野战勤务代表、合同签署代表以及基地级维修队等方式向作战人员提供丰富的战区援助。

从本土向战区的超远距离战略支援能力是美军确保在全球作战的重要支撑能力。从海湾战争到叙利亚战争,美军在本土到战场的超远距离战略支援维修方面表现出超强实力。海湾战争期间,执行作战任务的第24机械化步兵师等一线作战部队可以在每天晚上直接向美国本土报告其急需的维修备件,由空军战略运输部队直接将其所需的备件空运到沙特的宰赫兰。高优先权备件通常能在24h内从美国本土运至沙特,再由东道国的卡车直接送往作战部队。第24机械化步兵师平均每天有70个航空货盘的备件通过空运抵达战场[17]。充裕的备件保障确保了战区装备的战备完好性,据政府问责局战后的调查,空军称战争期间未发生过一次因备件短缺影响任务执行的情况。战争期间,空军装备战备完好率平均达到93%,陆军主战装备的战备完好率也达到90%~97%不等,海军陆战队装备战备完好性达到90%~95%[18]。在伊拉克战争中,美军提出更加激进的保障方案,称为基于配送的保障,刻意回避海湾战争时曾出现过的大量保障物资存放战场的情况,强调在适当的时间、适当的地点向适当的部队提供适当的保障,即精确保障的理念。这种保障理念对从战略后方向前线战场的战略支援能力提出更高的要求,不仅要能保障,而且要能做到按时按地按量交付,不能早更不能晚,不能多更不能少,充分体现信息技术支撑下战略支援能力的未来发展方向。到了利比亚战争和叙利亚战争时期,美军横跨战略战役战术各级的一体化保障信息系统初步建成,已经基本实现对战场保障需求的快速感知,对从战略到战术供应链进行端到端管理,对保障资源进行精确管理和配送,与海湾战争时期相比,战略支援维修保障能力已经发生了从机械化时代向信息化时代的质的改变。

6.1.2.2 战役战术级

战役级保障力量主要由战区司令部保障部、战区军种司令部保障部、战区军种保障司令部及其下属保障力量组成。战术级保障力量则主要是作战部队配属的建制保障力量,如空军联队配属的建制维修大队、陆军作战旅配属的建制保障营、海军舰船上的维修保障大队等。战役级保障力量运用方式主要是,战区司令部保障部根据战区司令的要求,组织开展作战保障规划。战区军种保障部则根据战区司令部的保障规划制定战区内军种的保障规划,根据作战规模,战区军种保障部可能将这一职能授权给战区军种保障司令部完成。战区军种保障司令部直接领导军种在战区内的战役级保障力量,向该军种在战区内的作战部队提供战役级支援保障。其包括在战区内开辟后方基地,对进驻战区的军种装备、保障物资和保障人员进行接收、整备、前送和整合；利用其下属保障部队向作战部队提供维修备件配送支援和装备维修支援；对战损装备进行救援，对基层级无法修复的装备进行回收、后送等。战术级保障力量则跟随作战部队，在作战部队的行动区提供伴随装备保障。

战时装备抢修救援主要体现在海湾、阿富汗和伊拉克等地面战争上。美军战时装备抢修救援能力配置比较全面，给战时开展装备抢修救援奠定了装备基础，但战时装备抢修救援还受作战环境、辐射污染、运输能力、人员技能等多种因素制约，难以单纯从装备角度加以评价。海湾战争中，美军运用了多种技术工具和设施，提高了装备抢救抢修的速度。一是美军为陆军师以下部（分）队配备了抢救修理专用车；二是配备先进抢修救援设备和工具。在阿富汗和伊拉克战争的初始阶段，美国陆军仍旧采用以师为基本作战单位的"精锐陆军"的部队结构，部队救援抢修装备配备与海湾战争时期类似，战时装备救援抢修能力大多时候都能满足作战后期救援需求，但在前期作战行动激烈进行的阶段，也有一些装备来不及抢救被遗弃在战场。在主要作战阶段结束后，美国陆军在战场上进行了从师向旅的重组改革，因改革原因，一些保障部队改制后缺少重型救援装备，导致战场救援能力一度出现不足。美军装备抢救抢修人员的救援能力和水平比较强，在适应战场环境后，维修能力得以明显提高，如第2旅战斗队维修队大多数时候可以在10min内完成一项装备抢救任务[19]。

6.2 俄军战时装备维修保障组织实施

苏联解体以来，俄军正式参与的作战行动主要是两次车臣战争、格鲁吉亚战争、克里米亚战争和叙利亚战争。在这些战争中，交战双方并非势均力敌的对手，俄军都是占据压倒性兵力和装备优势，双方也没有高强度大规模火力对抗，因此对战时装备维修保障能力的要求相对较低，但即便如此，每一次战争也都是对俄军军事行动装备维修保障能力的检验。

6.2.1 俄军装备维修保障指挥

俄军在车臣战争至叙利亚战争期间，对部队编制结构、指挥体系进行了大规模改革，装备维修保障指挥体系也随之改变，由于作战环境的不同，每一次行动都有自己的变化。

6.2.1.1 战略级

在历次战争中，俄军的战略级指挥都是由总统、国防部长、总参谋长、内务部长等强力部门领导组成联合战略指挥中枢,进行战略指挥。战略级指挥主要负责确定作战行动目标,制订战略层面作战行动总方案,下达动员、集结和作战命令,调集部队,进行装备准备,筹措装备保障资源。在历次战争中,俄军总参谋部作为中央作战指挥中枢,负责整个军事行动的战略指挥,也负责装备维修保障的指挥。在两次车臣战争期间,俄军均快速成立了战略级联合指挥机构,组建联合作战集群及其装备维修保障力量。在叙利亚战争中,俄军战略级直接参与作战指挥的能力显著提升,充分发挥了战略筹划作用。作战指挥通过新组建的国家防务指挥中心实施指挥控制。从战略决策到开始军事行动,俄军动员速度快、打击手段多样,凸显了近年来俄军"新面貌"军事改革,尤其是在联合作战指挥(保障指挥)体制方面的改革成效。装备维修保障决策层次高、指挥环节少,确保了能够对瞬息万变的战场装备毁伤态势下迅速反应。

6.2.1.2 战役战术级

两次车臣战争期间,俄军在战略和战役级建立了联勤保障组织指挥机构,来保证保障活动有序进行。第一次车臣战争中,俄军在作战地区组织了"总部(中央)业务组",负责对装备维修保障力量实施直接指挥。该业务组以陆军技术保障部的军官和国防部各总部及海军、空降兵、内务部队司令部的代表为基础组成,由车臣所在的北高加索军区装备副司令为首的军区装备部负责参战部队技术保障力量和修理器材的指挥与协调。在战争期间,初次实施联勤保障也暴露出各种问题,上至战略、战役保障,下至战术保障,因保障体制不顺造成的指挥协调困难、保障功能下降等现象时有发生。在第二次车臣战争中,俄军汲取了第一次战争的经验教训,在战区建立了"总部临时指挥组",既有后勤各总部、总装备部等总部成员,也有海军、空军等参战军兵种后勤部、装备部军官,还有内务部等参战力量成员,混合组成的联合保障指挥机构下设物资、运输、技术等指挥小组,并在东、北、西部三个作战集群和北高加索军区派设代表,统一指挥各军兵种后勤与技术保障行动,协调联合作战后勤与技术保障。在各作战方向上,俄军装备保障的指挥工作主要由各军主管装备的副军长指挥,由隶属于参加战役的各兵团和部队的活动指挥所及装备指挥所对所属部队装备保障活动实施指挥,为了提高保障效率,军层面还建立了一些支撑保障指挥决策的业务小组。在师以下战术单位,部队装备指挥主要由部队主管装备的副职首长组织实施。俄军从上到下的装备保障指挥线极其清晰一致,形成了一个集中统一的指挥体系,保证了装备保障指挥有序性。格鲁吉亚战争中,俄军保障指挥仍然沿用了传统的模式进行,构建了包括"总部—军区"及"战役方向保障指挥所—集团军保障指挥所—师保障指挥所—部(分)队保障指挥所"在内的两段、五级指挥链条。保障指挥主要由战役方向指挥所通过建制保障指挥系统实施,总部则负责解决空军、海军部队保障协同问题,军区主要为前方部队提供战役支援保障。在叙利亚战争中,俄军作战指挥既实现了军区、军兵种和中央指挥机关指挥人员的联合,又依托新型指挥系统实现了俄叙两军的联合,成功开创了俄军海外遂行联合作战任务式指挥模式。俄在叙前线指挥所还设有物资技术保障组。从叙利亚战争可见,俄作战型装备维修保障指挥体系悄然成形,并在战争中经受了实战考验。

6.2.2 俄军装备维修保障力量运用

从两次车臣战争到格鲁吉亚战争再到叙利亚战争,能够明显看出,俄军装备维修保障力量运用均是借鉴上次战争的经验教训进行相应调整,其运用手法逐渐成熟,运用效果也不断提高。

6.2.2.1 战前准备

两次车臣战争中,俄军在战前均进行了大量的战前装备准备工作。第一次车臣战争期间,俄军为作战行动加快调配装备物资器材。俄军在北高加索军区内及全国范围内,紧急调配装备、弹药、器材等各种作战物资,保障参战部队急需。各种作战物资按要求源源不断运抵北奥塞梯共和国的一些机场。同时,冷战时期苏联在俄罗斯各地建立了大量战争装备储备与维修基地,也为俄军战争准备提供了重要支撑。但苏联解体后,俄军整体处于能力不足状态,装备配备和维护工作并不充分。因缺乏维修经费,部分战车战前没有得到充分修缮,直接投送战场。其中,有646辆战车(338辆轮式车、217辆装甲车和41门火炮)必须在开战前进行维修,由于维修需求太大,以至俄军不得不将573t装甲车备件和配件、605t轮式车备件和配件以及60t火炮备件和配件运入战区,以补充战区内维修所需的维修零件。随着苏联后期军队预算削减,库存中的许多装备维护不善,导致第一次车臣战争期间,俄军部分装备出现重大性能问题。在车臣使用的俄军坦克状况很差,在向格罗兹尼进军的过程中,每10辆俄军坦克中就有2辆因为机械故障而被迫退出战斗[20]。这些坦克大多是T-72型而不是较新的T-80型,而且大部分坦克已经大修过两三次。坦克的射击记录显示,这些装备从1989年开始就没有进行过测试。由于自动装弹器和电子发射装置等复杂系统没有经过测试,许多俄军坦克在整个战争期间都出现了发射故障。第一次车臣战争中使用的俄罗斯直升机是20世纪70年代和80年代制造的,维护不善,在作战中损失的直升机一半以上是由于机械故障而坠毁的。

在第二次车臣战争中,俄军充分吸取前一次战争的经验教训,在装备维修保障方面做了更加充分的准备。总装备部及各兵种装备部为应对可能发生的第二次车臣战争进行了相应装备器材的筹措与储备。军区仓库除现有的维修零配件外,新运入战区的装甲车、轮式车、炮车用的增补性零配件就多达千吨。在第二次车臣军事行动开始之前,俄军就开始保障系统准备工作。"总部临时指挥组"组建以后,立即开始抽组维修保障力量。以参战部队原有维修保障力量为主,并从曾参加过第一次车臣战争其他部队和其他军区中,抽调部分维修保障力量编组综合保障力量体,以及补充加强作战部(分)队的保障力量。到1999年12月中旬,俄军在未增加兵力进攻格罗兹尼之前,共派出5000余名维修保障人员,组建了8个汽车营与若干基地、仓库[21]。特别是俄罗斯陆军集团军修复基地,具备较强的综合保障能力,在战争中发挥了定点综合保障和基地支援保障作用。正是这些充分的战前准备,使得第二次车臣战争的装备维修保障工作明显比第一次车臣战争时表现得更好。

格鲁吉亚战争爆发前,俄军对格鲁吉亚可能采取的军事行动早有预料,在平时已经做好战争准备。由于多年来与车臣及周边地区的冲突,北高加索军区驻有俄军最精干的部队。针对南奥塞梯和阿布哈兹发生冲突的潜在风险,俄军每年都要在北高加索军区组织开展大规模军事演习。其中,规模最大的是"高加索边疆2006""高加索边疆2007"和"高加索2008"演习。驻扎在该地区的第58军、第4航空与防空军、空降兵部队和俄罗斯黑海舰队的部队均参与这些演习。演习的规模每年都在增加。尤其是在2008年8月8日格鲁吉亚战争爆发前,针对美国和格鲁吉亚7月15日组织的"立即反应-2008"联合军演,俄罗斯总参谋部已经指示北高加索军区,提高保障部队战备等级,并于当日出动部分保障部队参加"高加索2008"演习。这次演习有1万名军人和数百辆坦克、装甲车参加,保障部队重点演练了机动途中物资保障、维修保障等课目。演习结束后,参演保障部队未返回常驻地,而是前出至边境地区,进行战役行动的保障准备。为组织部队的物资保障,北高加索军区以第2655军事基地、第2595和第1970军用仓库力量为骨干,在古达乌特、德沙瓦两地开设了综合保障基地群。

叙利亚战争中,俄军在战前物资与技术保障准备方面,同样是利用演习等机会秘密向叙利亚战场投放装备和物资。战前,俄军以高度保密的方式,利用各种掩护机会将武器装备之外的非敏感物资,提前秘密转运至俄驻塔尔图斯物资与技术保障基地。借口演习和军事援助,俄罗斯成功隐蔽了自己的军事企图。2015年,俄罗斯新组建的空天军以9月初举行的"中部2015"大规模演习为掩护,将苏-30SM歼击机由多姆纳机场转场至克雷姆斯克机场。随后,利用大型客机作掩护,3天之内完成所有作战飞机的转场部署。俄空中作战集群分批跟随安-124和伊尔-76运输机、图-154客机穿越黑海、阿塞拜疆、伊拉克、伊朗等国上空飞抵叙杰拜勒机场,降落后迅速以伪装网进行遮蔽。与此同时,俄罗斯利用多种手段结合,快速组建在叙利亚的军事基地。战前,俄罗斯在叙利亚只有一个塔尔图斯海军基地,是俄罗斯在叙利亚唯一的物资技术保障基地,且由于军费紧张等原因该基地被俄军长期闲置,2011年以后才开始逐渐受到重视,在俄军事介入叙利亚之前该基地常驻人员不到50人,不适合空军驻扎。在军事行动开始前,俄军即开始对叙利亚塔尔图斯港口进行扩建,使其具备接纳俄罗斯二级军舰和大吨位船只的能力,大大提高其综合保障能力。俄军还紧急对叙利亚拉塔基亚赫梅米姆机场进行了整修,作为俄罗斯空天军驻叙利亚主要起降基地使用。

6.2.2.2 战场装备抢修

从两次车臣战争和后来的格鲁吉亚战争及叙利亚战争来看,俄军十分重视战场装备救援抢修保障能力建设。

在第一次车臣战争中,俄军装备抢修力量在三个主要作战方向上呈梯次配置,在部队开进沿线开设修理站。在莫兹多克方向部署2个损坏车辆收集所、1个加强修理后送组、1个综合后送组和各营的修理后送组;在弗拉季卡夫卡兹方向部署2个损坏车辆收集所、1个加强修理后送组、1个综合后送组和各营的修理后送组;在基泽尔方向上部署1个损坏车辆收集所、1个团修理后送组、1个综合后送组和各营的修理后送组。此外,还调用了20个殿后技术保障组,作为后备力量分别配置在上述3个主要作战方向上(每50km设1个);在莫兹多克和普罗拉德内依两个居民点征用了2个汽车器材仓库;在莫兹多克、弗拉季卡夫卡兹和基泽尔3个方向上各配置2个损坏装备抢修班。各作战方向上的修理后送组编有2辆坦克修理车、1辆汽车修理车、1辆MC－A车、1辆CP－A车、1辆修理车、2台轮式牵引车、2台履带式牵引车和若干技术器材与油料输送车。由于及时抽调和合理配置修理力量,战场抢修能力得到显著加强。在战争中,维修需求远超过了预期的常规作战维修需求。装甲车的维修尤为关键,部队主管维修工作的首长努力控制尽可能在团或旅一级开展车辆维修活动,以加快装备维修返还速度。俄军在每条作战推进线路上都建立了战损装备回收和维修点。在西线战场,后方维修点设在弗拉季卡夫卡兹,前方维修点跟随一个空降师部队前进。在北线战场,后方维修点设在莫兹多克,前方维修点则跟随一个摩步旅前进。在东线战场,俄军建立了三个前方装备抢救和维修点,分别伴随一个摩步师、一个空降团和一个摩步团前进。在1995年1月,前方支援部队和后方基地维修部队共修复了1286辆战车,并归还给作战部队。其中包括404辆装甲车、789辆轮式车和75门火炮。在1月的战斗中,维修人员从格罗兹尼撤离了259

辆受损的装甲车[22]。

两次车臣战争中,为保证及时修复损坏的武器装备,战场上各修理修复机构都建立了2~5天所需的技术器材储备,并对各级修理力量的抢修任务进行了适当区分。部队的修理部门主要负责修理底座和不太复杂的武器及特种设备。在战斗过程中,武器装备的小修由乘员及各分队的修理队在战斗队形中进行。有较大损坏和故障的技术装备由装备后送组后送到部队或兵团的损坏装备收集所修理。维修分队长对送至损坏装备收集所的技术装备进行逐个接收登记。其中,损坏的装甲输送车直接送至北高加索军区和其他军区内的总部所属装甲坦克修理厂进行修复。在收集所中采取的主要修理方法是总成互换修理,首先修理工作量较小的装备。从一些故障性质和零部件损坏程度来看,相当多的武器装备(约占26%)修理是综合性的,需要维修人员具备较高的专业技术水平。为此,在各级装备收集所和装备修理厂吸收了大量武器装备制造厂家的专业技术人员。因火控系统、弹药自动装载系统、电力系统和通信系统的复杂性,26%的装甲车是由厂家代表完成维修的。两次车臣战争中,由于俄军能够合理配置与运用装备保障力量,从而保证了战场装备抢修有序进行,保障了战争胜利。

格鲁吉亚战争中,由于俄罗斯对格鲁吉亚具有压倒性兵力和战斗力优势,各型车辆技术状态保持较好。为组织技术保障活动,俄军在兹纳乌里、茨欣瓦利、德沙瓦、郭力等地设立了损坏车辆收集与修复点,组织受损车辆的中、小修和进一步后送工作,在古尔特综合保障基地内展开了车辆修理所,负责车辆的中修和大修。战役期间,共后送修理车辆400台次,每天修复速度20~37台不等。至2008年8月30日,完成了所有故障车辆的修复工作,共修复车辆844台次,占全部车辆(4033件,含作战车辆)的20.9%。由于技术原因出现故障的达343台次,占所有参战车辆的9%[23]。

在叙利亚战争中,俄军的军事行动只有从海面舰船和飞机上发起的空袭,因此,战场抢救抢修相对简单。时任俄罗斯国防部副部长布尔加科夫2017年7月称,俄罗斯武装部队的物资和技术保障系统在叙利亚证明了其可靠性和灵活性。在叙利亚地理、气候和外部环境都很艰难的条件下,俄罗斯武装部队的物资技术保障力量向作战装备提供了及时必要的物资,确保了空天部队成功行动。俄军在叙利亚赫梅米姆空军基地开辟了两个维修区,可停放510辆战车。配置在叙利亚基地的保障力量不仅有俄罗斯作战部队建制保障力量,还包括国防工业部门派驻的技术代表,自从叙利亚行动开始以来,国防工业部门的军事代表和建制维修队总共完成了3000多次修理任务以及25000项俄罗斯武器和军事装备的技术服务。俄军在基地配置了现代化维修设备,无须将装备返还俄罗斯本土维修。同时,俄军还建立了战场后送小队,帮助叙利亚部队救援战损装备送到集结点,再送回后方维修基地。战场维修专家不仅向俄军自己的部队提供维修服务,还在霍姆斯基地的叙利亚维修厂和位于拉塔基亚的汽车维修厂积极帮助叙利亚军队对武器装备实施中修和大修。在俄罗斯专家的参与下,叙军装备的修复率提高了3~5倍。

6.2.2.3 战场器材运输

两次车臣战争中,为保证战场物资供应,俄军灵活使用不同的运输工具,多种手段确保器材供应。俄军器材物资保障的模式一般是从总部仓库和北高加索军区仓库运往作战地区保障部队的野战仓库,然后分发给前线作战部队。在战略运输层面,俄军主要依靠火车和飞机。由于车臣是俄罗斯的一部分,保障物资集结主要依赖北高加索军区已有的基础设施。第一次车臣战争的大部分保障物资和部队都部署在莫兹多克军营附近。莫兹多克有良好的铁路和机场,距离格罗兹尼约110km。当将器材从总部仓库或军区仓库运往莫兹多克野战仓库时,主要依靠铁路实施重载长途运输。需求量大的物品几乎都是通过航空运输的。俄军事运输航空队几乎全部投入战场运输,还有些商业航空队加入了战场支援保障工作。第二次车臣战争与第一次车臣战争类似,俄军也根据器材运输的不同阶段而采取不同的运输工具和方式。在达吉斯坦共和国内的作战开始以后,物资器材由总部仓库前送到马哈奇卡拉和卡斯比斯克,使用的是铁路运输和空运,而后运输使用的是军区和各部队的汽车。在运输过程中,铁道兵部队负责军列的护送以及铁路的技术掩蔽与修复。为了护送军列,俄军还专门派出了装甲列车。由于采取了灵活多样的方式与途径,运输保障有力,作战期间器材保障部门向战区前送了5000多吨器材。

在从野战仓库运到保障分队的战术级运输上,俄军主要使用汽车,情况紧急时使用直升机。战区内的卡车运输十分重要。在第一次车臣战争准备期间(1994年12月11日至30日),俄军动用了2850辆长途卡车支援地面部队,其中90辆出现严重故障,83辆因不值得修理而报废。在格罗兹尼战役期间,地面部队对长途卡车的需求增加到6700辆。为此,俄军在开展重大行动的同时,不得不组建一个临时的交通管制大队。在两次车臣战争中,俄军在战术运输上都存在一个问题,补给卡车是软皮的,在城市战斗中十分脆弱,这导致卡车只能前进到一定的位置,后续所有的物资必须利用BTR、MTLB或其他装甲车转运,但俄军装甲车并不是为运货设计的,装甲车需要反复多次才能转运完一辆卡车的货物。这使得装甲车被大量消耗在运输上,无法参加正常战斗。

尽管存在各种问题,车臣战争中俄军运输体系建设总体比较完善。在装备和器材供应上,建立了独立完善的装备器材储供体系,保证了器材供应的持续稳定。为充分发挥仓储管理、运输前送的优势,并使技术保障系统集中力量搞好装备的技术维护和修理,俄军对技术保障与后勤保障的职责进行清晰的划分。除地地战役战术导弹、战术导弹、防空导弹由军区及军地移动战术导弹技术基地和移动防空导弹基地负责储备、测试、供应外,其他武器装备、弹药(包括反坦克导弹、炮射导弹)、维修器材的仓储管理、运输前送等环节由后勤保障体系负责,计划订购、调拨供应、组织维修等环节则由技术保障体系负责。战场装备器材的储备、供应和保管储备的具体执行机构是北高加索军区的数个物资保障旅和各集团军的物资保障旅。每个物资保障旅都编有炮兵装备仓库、装甲仓库、汽车仓库、工程器材仓库、化学器材仓库、通信器材仓库,以及独立汽车营、独立前送营等;师(旅)后勤编有独立物资保障营,下辖导弹兵与炮兵装备、装甲器材、车材、军事技术器材、工程弹药等多个仓库,以及独立汽车连、弹药运送连;团后勤编有物资保障连,辖有装备器材仓库,以及汽车运送排;营也编有物资保障排,编有汽车运送班。自上而下完善的储供组织体系,为车臣战场装备器材的持续保障奠定了坚实的组织基础。总体来看,在两次车臣战争期间,俄军的军事计划人员和运输保障人员还是比较出色地完成了从俄罗斯各地集结部队及完成保障物资配送的任务。

在格鲁吉亚战争中,战略级器材物资运送主要由北高加索军区保障部完成,战术级运输保障主要由参战部队的建制运力完成。参与运输保障的部队主要包括第58集团军第533独立汽车运输营、第42摩步师第1独立汽车运输连、北高加索军区第342、第293独立汽车运输营。其中,第342汽车营部署于北高加索南部地区,主要负责南奥塞梯方向的物资前送工作;第293汽车营部署于阿布哈兹方向,负责向参战的空降76师部队提供运输保障;第58集团军、第42摩步师的运力跟随作战部队行动,负责作战物资的前接后送工作。由于南奥塞梯地区以山地地形为主,平均海拔1000m左右,公路网不发达,沟谷坡地纵横,道路通行条件较差。尤其是北高加索与南奥塞梯接壤地带,陆上交通仅靠一条通过罗基隧道的公路连接。从战役后方前送的物资,必须翻越两条海拔3600m的山脊线才能运抵战区,给运输保障的组织工作带来极大的困难。为了保证部队机动和物资前送工作,北高加索军区向战区派出道路勤务部队,在道路沿线开设交通管理点,重点加强罗克斯基山口附近的道路勤务。

在叙利亚战争中,俄军采用海空运结合的方式高效向战场投送器材物资。为避免第三国查扣和检查,俄军从三大舰队调派多艘大型登陆舰和军用辅助船只实施物资运输,形成了所谓的"叙利亚快递"。俄罗斯国防部还紧急从土耳其购买了8艘二手运输船只,作为海军辅助船只投入军事行动的保障,并征集了10艘民用集装箱运输船参与军用物资运输。此外,俄军还动用运输机参与物资运输,每天至少有13架安-124运输机飞往叙利亚,俄罗斯空军、紧急情况部和其他部门出动的伊尔-76运输机架次更多。俄罗斯在叙利亚的战机包括弹药和器材在内每天要消耗高达1200t的补给物资,将这些物资从俄罗斯本土运到叙利亚是一个非常艰巨的任务。

6.3 其他国家军队战时装备保障组织实施

6.3.1 英军战时装备维修保障组织实施

从马岛战争到叙利亚战争,英国军队战时装备维修保障以2000年为分水岭,在此之前使用的是冷战时期军种独立保障体制,2000年后开始实施三军联勤保障。目前,英军装备维修保障在运行机制上,大致可分为平时保障和战时保障两种情况。平时,国防部及其所属国防装备与保障机构以及国防电子与部件局按照预算计划,为三军部队提供日常维修和器材补给。执行海外军事任务或本土防御作战时,由常设联合作战司令部指挥官,直接向国防部提出装备维修保障需求,国防部先从后方仓库向部队卸载地域紧急调运各类装备维修器材,由驻卸载地域的联合保障旅对作战部队实施保障。为保证平战时保障有效运转,英军强化了国防部的调控职能,强调装备维修保障按照"一个体系、一个计划"运作,也就是由国防部统一计划、统一组织,没有"通专划分"的概念。

6.3.1.1 装备维修保障指挥

从马岛战争开始,英国在历次战争中都是采用联合作战模式,装备维修保障指挥体系通常作为作战指挥体系的一部分,以三级指挥形式实施。

1. 战略级指挥

在大规模军事行动中,英军在战略级通常会成立由内阁成员组成的战时内阁统帅机构,统一指挥和协调三军作战所需的内政、外交与军事保障。除了战时内阁,国防部层面的战略指挥与协调对战时快速筹集和形成装备维修保障能力具有重要作用。国防部层面的战略指挥与协调通常是指国防部主管保障的副参谋长或助理参谋长及其领导的军种主管保障的主官。在1996年常设联合司令部成立后,常设联合司令部也成为其中的一部分。在马岛战争中,英军在远离其常规基地的情况下开展行动,对装备维修保障能力的需求更胜其他行动。当时国防部层面负责武装部队装备保障的是国防参谋部主管人事与保障的副总长,其直接向国防参谋长报告保障相关事宜。陆、海、空军各军种也均有一名四星上将(海军舰队保障主任、陆军总军需官、空军主管供应保障和组织实施的副参谋长),在国防部副总长的指挥下负责本军种保障组织实施工作,负责战役中装备与后勤保障的详细规划和组织实施,形成了国防部和各军种层面的装备维修保障指挥与组织协调能力,确保了各部门能够快速投入作战保障行动。

如今,随着英国国防部保障指挥日益规范化,根据联合作战保障条令的规定,国防部主管保障的助理参谋长以及常设联合司令部构成的国防危机管理机构,是与其他政府部门、盟友和联盟伙伴进行战略层面保障联络和实施战略级保障指挥的机构。英国的军事行动通常是在北约框架下实施,英军装备维修保障通常也是在北约组织的联合保障框架内实施的,但英军的战区保障通常还是由英国自己负责。在保障多国部队中的英国军队时,英国在战区内通常保留有自己的联合供应区,在该供应区内接收、存储和发放英国特有的装备物资。为确保整个北约部署部队的资产可见性,由主管保障的助理参谋长负责联络相关的信息共享事宜。

2. 战役级指挥

英军在历次战争中的战役级指挥主要是由联合作战司令部和各军种作战部队各级指挥部实施作战指挥的。同时,装备维修保障指挥作为作战指挥的一部分,同样由联合作战司令部和军种作战部队指挥部负责实施指挥。在马岛战争中,英国军队成立了联合作战司令部,由国防参谋长海军元帅卢因领导,海军上将菲尔德豪斯任总指挥,柯蒂斯空军中将和特兰特陆军中将任副总指挥,主要负责制订作战计划,指挥和协调三军行动,监视战区作战情况等。当时陆、海、空三个军种各自管理和运行自己的保障供应链,通过国防部联合作战中心协调空、海军以及民用部门运输装备,将三个军种的装备物资从本土投送到战区。

1996年,英国国防部成立了常设联合司令部,负责所有联合行动的规划和管理。到2000年,英国国防部对其保障业务进行了改革,以当时的国防保障组织为中心,建立了国防部统一的联勤供应链,保障阿富汗和伊拉克军事行动。2001年,英国首次在条令里提出,在未来行动中将按海、陆、空、特种部队和联合部队后勤要素组建作战保障方案,形成了英军现行的战役级装备保障指挥关系(图6.1)。在阿富汗、伊拉克乃至利比亚和叙利亚战争中,英国军队的战役级保障指挥都是按这一方案来组织实施的。具体装备保障关系是,联合特遣部队司令部指挥联合作战部队的各军种或特战部队,各军种指挥自己的保障部队向军种作战部队提供保障。特战部队每次行动则按任务设计保障方案,抽调军种保障力量形成该次任务的特战部队保障力量,由执行该任务的特战部队指挥。联合部队保障部的概念是针对当时英国在国防规划中假设,要打一场大规模或同时进行两场中等规模作战的要求提出的,需要把联合部队保障部门集中在一个总部——联合部队保障部进行指挥,并将陆军的保障团、空军的保障联队等保障部队都交给该指挥部指挥,以达成必要的联合保障效果。这一概念提出后,并不是在每一场战争中都会启用联合部队保障部,而是由联合特遣部队司令部根据作战规模和作战需要来决定,且通常是授权某个军种的保障部队行使联合部队保障部职能。

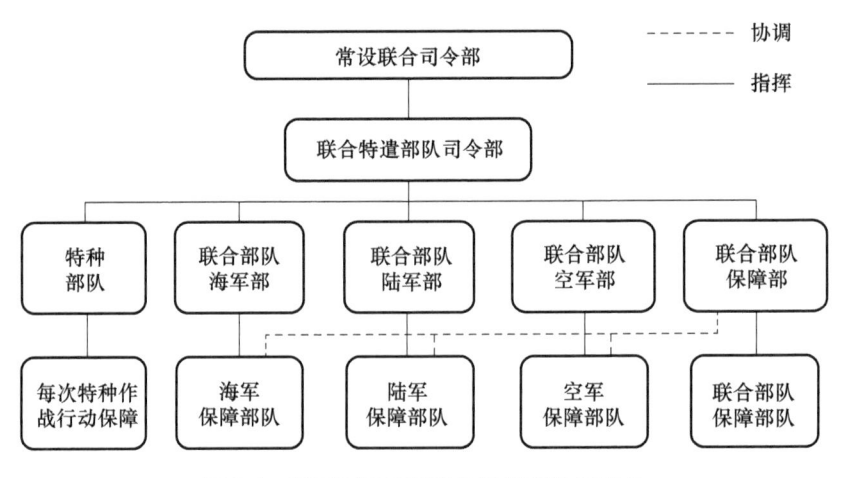

图 6.1 英国军队现行战役级保障指挥关系

3. 战术级指挥

英国军队的战术级装备维修保障指挥模式基本固定,没有进行大的调整。英军战术级保障部队都被指定伴随各军种作战部队,在作战期间由军种作战部队指挥官指挥保障部队向作战部队提供保障。英国陆军和海军的保障部队与作战部队的伴随保障关系相对固定。空军在 2000 年之前,保障部队与作战部队伴随保障关系也是固定的,但 2000 年后,空军伴随保障力量大幅削减,现只剩 1 支能够开展战场维修保障的保障联队,负责根据任务要求向在海外作战的空军作战部队提供伴随保障。

在海湾战争中,英国陆军第一装甲师配属两个皇家电子工程师营,由该师指挥,伴随提供装备维修保障。在阿富汗和伊拉克战争中,英国军队派往前线的作战力量相比先前的战争日益减少,在战术级保障指挥中,陆军依旧以皇家电气与机械工程师部队为主,向作战部队提供近距支援,接受作战部队指挥,提供伴随保障。空军则以保障联队为主,派驻前线作战基地,向作战部队提供飞机的维修保障。海军则主要以舰载保障力量和岸基保障力量向海军作战部队提供维修保障。

6.3.1.2 装备维修保障特点

从马岛战争到叙利亚战争,虽然英国军事能力在全球的影响力呈下降趋势,装备和部队规模也在缩小,但英国积极参与了近些年美国发动的每一场战争,英军整体战争装备准备能力和装备维修保障能力与其部队军事行动能力比较匹配。

1. 展现出强大的战争动员和保障准备能力

虽然近些年英国军事影响力在全球呈下降趋势,但作为老牌资本主义国家,英国军工基础较好,战争潜力大。常规武器装备由国内生产或与北约盟国联合生产,自给率高。飞机、舰船、武器、车辆等各种装备配套,且有较多的备用量。且英国积累了丰富的战争动员经验,战争准备政策和程序相当完善,装备物资储备丰富。这些均为自马岛战争以来英国参加历次战争取得胜利奠定了物质基础。即便马岛战争准备时间仓促,由于准备的物资比较充分,物资消耗虽然超出原来的估算,但在战争期间也未发生匮乏现象。在马岛战争、海湾战争和伊拉克战争中,英国军队表现出很强的战争保障准备能力。

马岛战争时,英国虽然是仓促应战,但其战争准备却更胜一筹,军队战备水平较高,武器装备维护保养较好,通常有60%的军舰能立即投入作战,有1/2的潜艇处于随时出航状态,参战的6艘潜艇中的5艘在接到起航命令后的24h内就完成了一系列复杂的备战备航。英国在成立南大西洋特混舰队的同时,便开始在很短的时间里,从33家公司征用和租用总吨位达67.3万吨的50多艘民用商船,作为舰队的支援保障力量,并根据保障需要进行了快速改装。

在海湾战争期间,由于战前准备时间长,英国军队的装备和备件保障十分充足。英国军队根据联合司令部的指示,按部队预计在战区停留6个月来准备所需的装备和备件。最初的装备物资大部分是通过海运送达战区,后续则根据作战优先级,选择空运或海运。海军为部队提供了一系列作战所需备件,考虑环境、对手、漫长的海上交通线以及无法迅速满足需求的作战后果,海军还刻意增加了海外部署所需的备件数量。通过刻意提高备件库存水平,英国陆军的"挑战者"号坦克在陆战期间达到了95%的可用率。同时,英国工业界也被动员起来,持续提供作战保障物资生产,满足了大约900项紧急作战需求,紧急履行了装备和部件维修与翻新合同,迅速有效地进行装备改装设计和生产等任务,对战争的成功起到了至关重要的作用。

英军在历次战争中能够取得这样的快速动员效果,取决于三个方面做得到位:一是制定了较为完善的战争动员法律、法规和规章。英军多年来积累了丰富的战争动员经验,已形成比较完整的动员制度,并且通过法令固定下来。二是平时准备了完整的动员预案或计划。平时,英国国防部常备联合司令部会根据其总的战略方针和可能出现危机地区的情况,制订一套完整而周密的应付局部战争和全面战争的动员计划,并备有改装商船所需的技术力量和资料,还根据军队需要和地方民用人力、物力的性质,按计划归口落实到地方各个部门、公司。三是平时的战争储备充足。英军一直以来比较注重装备器材、弹药储备的数量和质量。从冷战期间到现在,虽然英国判断其国防安全环境发生显著变化,战争储备物资种类和数量也在调整,总体是收缩的,但英军始终维护着保持其安全目标所需的战争储备。其中,主要是各类备件和弹药,如 42 型驱逐舰推进器,"台风"和"狂风"战斗机机翼、发动机等备件。

2. 高水平战场抢救抢修保证了装备较高战备水平

自马岛战争以来,英军的战场装备抢救抢修能力一直保持较高水准。高水平的抢救抢修能力,在战时有效保证了作战装备的可用性,有效维持了部队战斗力。

马岛战争是第二次世界大战后一段时间内规模最大、战况最激烈的陆、海、空联合战争。作战双方围绕以马岛为中心半径约 500km 的广大海域进行了长时间作战,岛上战斗激烈短促,制空、制海权的争夺贯穿始终,双方参战装备战损严重,弹药器材消耗大,海、空军装备保障任务非常艰巨。英军参战飞机共 268 架,损失 34 架;投入使用的舰船 113 艘,损失 18 艘。参战装备大量损坏,不仅要求及时提供补充,而且需要及时的装备技术保障,从而使英军装备保障任务非常繁重。英军战争中表现出很强的舰船维修能力,大部分战伤舰船修理后重返战场。英军特混舰队编有由商船改装的作战维修船"勤奋"号,专门从事战时抵近装备维修和提供零部件。在战斗过程中,英军发挥了强大的舰船抢修能力,"勤奋"号多次靠近作战水域甚至直接在作战区域内,对受损舰船进行修理作业。除 6 艘被击沉的舰船以外,多数受伤的舰船都由舰上人员在专业保障力量的协助下修复后,继续参加了战斗。在航空装备维修方面,英军也展示了极高的维修水平,2 艘航空母舰上配备有飞机保养维修人员和零部件,参战飞机保持了极高的出勤率。以固定翼飞机为例,英军固定翼作战飞机以较高的使用率弥补了数量的不足,在飞机数量少于阿军的情况下,总出动量反而超过了阿军。战争初期,英国参战的"海鹞"式飞机仅 28 架,加上后期增援的"鹞"式飞机 14 架,比阿军参战的 200 余架作战飞机少得多。但是,由于零备件准备充裕,维修工作效率高,飞机良好率经常保持在 90%～95%,因飞机故障影响出动的仅 1%;再次出动准备时间短,只需 15min;出动强度高,每架飞机平均日出动 6～7 次,最高达 9 次。整个战争期间,"海鹞"式和"鹞"式飞机出动 2536 架次(其中战斗出动 1300

架次)。直升机方面,英军直升机的战备程度高,维修人员对可能损坏的部件进行了预防性维修,整个战争期间,英军直升机的完好率达90%,保证了作战使用。

在海湾战争期间,英国陆军部署了两个皇家电气与机械工程师部队,携带着装甲维修车间和一个飞机维修车间,支持陆军第1装甲师的陆战装备和陆军航空兵直升机维修保障。英国皇家空军为"支奴干"和"美洲豹"直升机提供技术和维修保障,皇家海军为支援直升机提供技术和维修保障。皇家空军部署的维修中队加强人员数量,固定翼飞机在整个作战行动期间保持了很高的装备可用率。在舰船保障上,海军在杰贝阿里建立了海军基地设施,加上从马岛抵达的作战维修船"勤奋"号,为海军提供了重要的前线维修支援。"勤奋"号在战争期间发挥重要作用,能够在作战行动期间抵达前线,为战舰提供即时的维修保障,在"的黎波里"号和"普林斯顿"号战舰触雷时提供了紧急援助。

在伊拉克战争期间,第102保障旅带领配属的皇家电气与机械工程师部队和皇家保障部队为主战装备提供了很好的维修保障服务,主战装备在作战期间保持了很高的战备水平。"挑战者Ⅱ"号坦克的平均可用率为90%,AS90自行榴弹炮的可用率为95%。在战场上,战备出勤率最低的是工兵部队的战斗工程拖拉机,可用性低于50%,主要是因为该装备20世纪70年代开始服役,过于老旧导致。"山猫"反坦克直升机在主要作战阶段的平均可用率只有52.6%,所有直升机的可用率为66%。导致直升机可用率低的原因是国防部给装备在沙漠环境下作战配备的沙子过滤器不够。国防部通过紧急作战需求调度,协调装备使用,但仍影响了战区内直升机装备的可用性。

3. 信息化保障能力在实战检验中不断提升

英军战场装备维修保障信息化建设启动较早,从海湾战争时期,就开始利用信息系统跟踪战略级的装备物资请领,经过多年建设,到阿富汗战争和伊拉克战争时,英国军队已经能够利用分散化的保障信息系统,跟踪进出战场的配送活动,但其系统仍然是烟囱式的,难以保证适时适地维修行动所需的高质量保障信息。近年来,英军在国防部主导下,加快保障信息系统建设,在战略层面已经建立起一体化的跟踪管理配送系统。但在战术级,保障信息系统和战区内的通信能力仍然不足以支撑精确化的保障需求。

在海湾战争时期,英国军队只有静态的装备物资可视化管理能力,即当时的英军只能在仓库内使用信息系统跟踪仓储装备和器材,无法实现对装备运输过程的跟踪管理能力。用户可以通过通信系统,远程申请装备和器材,但无法跟踪申请结果,也无法知道申请的装备和器材现在何处,何时抵达战场,何时交付。

到了阿富汗和伊拉克战争时期,英国国防部国防保障组织和后来的国防装备与保障总署为了保障军事行动,大力推进保障信息系统建设,努力实现战场装备物资管理的透明化,实现对仓库、运输途中和战场内的装备定位。且由于从工业部门采购装备需要大量时间,为保证满足作战需求、节省成本,国防装备与保障总署需要对所需装备与器材的类型、需求出现的时间进行预测并提前订购。为了使预测结果更加准确,国防装备与保障总署需要广泛收集保障需求信息。

数量众多的保障信息系统虽然给伊拉克和阿富汗战场上的装备维修保障带来一定的便利,但也带来很多显著的问题。国防装备与保障总署使用数以百计的信息系统用于采集保障活动各环节中的信息。尽管各军种的供应链已经整合在一起,但各军种使用的信息系统并未能有效整合。这意味着,尽管国防装备与保障总署是管理国防保障工作的唯一机构,但其获取保障信息的渠道并不单一,而是需要通过多个不同的复杂系统来采集信息。这些系统当初就是针对各军种不同的供应链设计的,且存在严重的互通性问题。

为了实现装备维修保障高效管理,获得高质量的保障数据,并进行整理、分析、报告,形成有用的管理情报,国防装备与保障总署开发了"一体化数据仓库",用于消除保障瓶颈,推动改进措施执行,提高供应效率,强化管理能力。这个系统在 2012 年取得重要进展,从各分系统中采集的数据都将汇集在该系统中形成高水平的供应信息。此外,国防装备与保障总署还利用 IBM 的商业现成报告工具 COGNOS 从数据仓库中查询和分析数据。但这个系统的能力还不能支持英国国防部开展有效分析。近年来,英国国防部正在通过大力推动联合部署库存管理系统、联合资产管理和工程系统与基地仓库库存管理系统建设,构建联合的信息化供应链保障能力。例如,联合资产管理和工程系统改善了地面环境下装备的维修和资产管理,已于 2014 年初全面部署应用。这三套系统的部署使用,极大提高了英军平时和战时装备维修保障能力。

6.3.2 德军战时装备维修保障组织实施

第二次世界大战后,德国作为战败国,所有武装部队都被解散。冷战时期,随着美苏双方对抗升级,东西方阵营冲突不断加剧,德国军事化政策随之改变。1955 年,德国联邦国防军正式建立,最多时兵力达 50 万,但德国《基本法》限定,联邦国防军承担的任务仅限于本土防卫和救援任务。冷战结束后,德国兵力大幅削减,但也逐渐放松对联邦国防军使用的限制。1994 年,德国联邦宪法法院对基本法中规定的"防卫"做出解释,把防止国际人道主义危机扩散也纳入防卫范畴,为联邦国防军走出国门,在海外参与军事行动扫清了法律障碍。此后,德军先后参与了北约领导的在科索沃、阿富汗、叙利亚等地的军事行动。联邦国防军在联合国维和体系内和北约框架下,参与了一系列海外军事行动,不断放松对联邦国防军的制约,行动范围从向伊朗库尔德人提供人道主义救援,向联合国在柬埔寨维和行动提供医疗援助,逐步发展到向联合国制裁伊拉克提供直升机部队,在亚得里亚海参与波斯尼亚军事行动。但在军事行动中,德军始终没有突破主动进攻的行动红线,始终保持以防御姿态用兵。因此,德军战争期间的装备维修保障难度相对较小。

6.3.2.1 装备维修保障指挥

德军装备维修保障指挥体系在2000年之前是"国防部—军种—作战部队"三级指挥体系,在2000年成立联合支援保障部队、2001年成立联合部队作战司令部之后,采用了"国防部—联合部队作战司令部(联邦国防军保障司令部)—作战部队"的三级指挥体系。冷战后德军参与的历次军事行动,都是在北约框架下实施的,国防部层面并没有参与实际作战指挥,而是把作战部队作战控制和战术控制授权给了北约领导历次行动建立的各类临时指挥部,由各临时指挥部统一指挥部队实施行动。在保障方面,联合部队作战司令部成立前,是由军种组织向本军种的作战部队提供保障;在联合作战部队司令部成立后,由联合作战部队司令部负责规划德军在海外行动的保障,向北约的指挥部派驻代表,具体负责指挥、协调和实施保障活动。

1999年,北约牵头的对南联盟空袭行动是德军第二次世界大战后首次正式参与军事行动。在这次战争中,德国空军部署了14架"狂风"战斗机,共出动636架次。受法律约束,在这次行动中,德国军队没有承担攻击性任务,而且为科索沃行动提供的飞机携带的是电子战载荷和侦察载荷,主要负责压制敌方空防,侦察地面部队和难民流情况。德国空军在北约的联盟部队保障大队行动区内部署了一个空军保障大队,受德国空军指挥,负责从本土向作战部队提供支援保障。战争结束后,德国在科索沃驻兵的维修保障任务主要由联合部队作战司令部规划,联邦国防军保障司令部负责具体执行。

在阿富汗战争中,德国在2001年10月至2002年4月的主要作战阶段行动派遣了一支极小规模的特战部队,特战部队的战略级维修保障任务由联合保障部队协调空军从国内支援到巴基斯坦,然后由美军的中央司令部接替承担战术级保障指挥任务。在主要作战阶段结束后的维稳行动期间,德国战略级维修保障任务由联合部队作战司令部进行规划和指挥,通过协调国防部、联邦国防军保障司令部和各军种,共同向战场部队提供保障。在战役级,德国派驻阿富汗的部队(含战役级支援保障部队)均通过联合部队作战司令部派驻在阿富汗的特遣部队指挥官实施指挥。联邦国防军保障司令部下属各保障营在过去近20年间均轮流部署到阿富汗,向安全援助部队提供战役级保障支援。

在叙利亚战争中,德国联邦国防军派出6架"狂风"侦察机和1架A310空中加油机,部署在土耳其因吉尔利克空军基地,并以1艘护卫舰协助法国军队实施行动。后来由于德国和土耳其政府发生争执,德军飞机部署地更换到约旦的穆瓦法克-萨尔蒂空军基地,"狂风"侦察机数量也从6架降为4架。整个行动中,德军装备维修保障力量投入较少,以保障"狂风"侦察机和加油机为主,均为部队配属保障力量,由部队自行指挥。

6.3.2.2 装备维修保障特点

德军在近几年参与的军事行动中,由于是以防卫盟军为目的,行动时间较短,战争准备需求不多,战场装备维修保障难度较低。最能体现德军战场装备维修保障能力的是阿富汗战场等需要地面部队长期行动的战场。随着伊拉克战争的深入,美军主力部队投入伊拉克战场,在阿富汗战场形成能力空缺,阿富汗反叛势力行动开始升温,德国被迫不断增加驻阿富汗部队,2010年达到最高峰的5433人,战场装备维修保障需求和保障难度均大幅提升,装备战备完好性持续下降,暴露了与实际行动需求之间存在显著不足。

1. 战场装备维修面临严峻压力

在阿富汗战场上,德国是除美国、英国之外派驻军队最多的国家。派驻阿富汗的德国联邦国防军在装备维修保障方面遭遇很多问题。部队在国内时,德军十分注重"实战训练",提出部队建设要采用"实战思维"的口号。但从阿富汗战场的装备维修保障效果来看,部队平时在各方面的训练与真实的战场相比还是有差距的。在阿富汗战场的作战经历是对德军当前装备保障能力的全面检验,暴露了德军在装备维修保障方面存在的诸多问题。在阿富汗战场上,德军装备维修保障面临的问题主要如下:

(1)战场恶劣环境导致装备消耗严重,维修需求极大。阿富汗战场的恶劣环境对人员和装备都构成极为严重的挑战,昼夜温差很大,细微沙尘能从最小的缝隙渗透到装备内部,造成装备老化与损耗速度大大加快。作战行动中,装备的密集使用,使得装备很快达到寿命极限,部分车辆的装备维修任务量是国内同时期的2倍。同时,与国内相比,战场的基础设施也相当有限,开展装备维修工作的场所也很简陋,缺乏维修车间和大型吊车。这两种因素导致战场故障装备难以得到快速修理,装备维修任务大量积压。

(2)战场部署的装备数量多、型号多,对维修能力提出了极高要求。德军高峰时期在阿富汗战场部署了大约1300辆装甲车,包括改进型在内的装备型号总计约125种。各种类型装备对维修人员、工具、设备和器材有不同的要求,给装备维修带来很大难度。为了减缓装备型号多带来的装备维修压力,德军内部对技术人员和保障人员要求装备标准化的呼声很高。但实际作战环境中,针对不同情况,往往又要求有专用装备或改装装备才能提供最有效的作战或防护性能。从阿富汗战场来看,军队在执行任务过程中往往需要新型装备(至少是现役装备的改进型),才能符合实际作战环境需求,在执行长期任务时更加突出。

(3)军方缺乏对新研制装备的保障能力。新装备维修能力建设是一个滞后于装备研制的较漫长的过程,不仅要准备好全套资料、储备维修备件、制定维修流程,定制所需的专用维修工具与设备,还要对维修人员开展全面培训。此外,受技术快速发展的影响,工业部门通常在最新研制的装备上应用了大量新技术成果,新技术的应用又导致装备复杂性大大增加。并且,同型装备采用多种不同配置,也会导致装备维修过于复杂。新装备的不断加入,对军队维修人员的技能要求越来越高,加大了装备保障能力建设的难度。

(4)战场环境限制了地方技术专家深入参与战时装备维修。德军在装备维修保障上高度依赖地方技术专家提供临战技术支持。由于企业人员熟悉产品,所以在装备保障过程中其能够部分替代军队力量,尤其是针对那些还没有形成全面作战能力的军用装备。然而,雇佣地方合同商也有不足之处,因为在极端危险的环境下,军事行动变化速度快,行动范围忽大忽小。在作战范围扩大时,地方技术专家通常不能到场指导。在这种情况下,装备维修保障工作必须由军队自己来完成。但是,军事人员通常需要获得战场之外的专家提供技术指导才能完成任务。

2. 装备抢修能力不足以支撑保障需求

德军在阿富汗战场开展的维稳行动并不局限在某个具体的地区,军队在全谱作战范围内进行部署、侦察和联合行动。叛乱分子的威胁使不同地区所处的危险环境各不相同,对德军战场装备抢修行动提出了较高的要求,但部队抢修能力不足以满足保障需求。

为应对海外军事行动的装备抢修需求,德军在装备战场救援维修方面构建了一个"装备救援链"。在这个救援链中,装备操作人员负责装备战损抢修和定期维护,构成了实施装备维修的第一个环节。战区维修设施内的装备维修军士及其团队构成了装备救援链的第二个环节,负责开展广泛而详细的专家评估。每个基层单位的武器系统维修军士是战场中的初期修理专家,负责对武器的战斗损伤进行评估,核定受损装备所需维修的程度,从战术的角度提出对选择最佳维修地点的建议;负责领导战斗损伤修复(Fight Damage Repair,FDR)小队,该小队具备一定资质,能够快速修复车辆或武器系统的基本功能,使其能够继续完成当前任务。远程专家构成了装备救援链的第三个环节,在装备发生故障或损坏后及时同操作人员进行交流,帮助对故障进行定位,或者指出可采取维修行动,避免操作人员陷入孤立无援的环境之中。

在作战行动地区,大多数车队在离开军营时要有战斗损伤修复小队随行。在需要时,保障营的维修人员能够为作战部队提供保障服务。修理严重损伤的装备要在前线保障基地进行,在那里可以获得专业地方合同商的协助。在日常行动中经常出现车辆损坏和损失的情况,此时,不能将发生故障的车辆留在原地,再派机动维修小队在没有保护的情况下回去修复,而是需要操作人员对损坏车辆进行初步修理。修理工作通常需要专家的支持,但由于军队部署高度分散,维修专家并不能很快到场指导。战场内紧急抢修能力和资源不足,为了修复损坏的车辆,德军有时必须从前方保障基地甚至德国本土抽调维修小队,这又导致大量额外装备和人员进入作战行动地区,资源消耗巨大,而且又会延长车辆修复之前的维修等待时间。

3. 高度依赖企业实施战场装备维修

自冷战结束以来,德国联邦国防军预算不断削减,装备维修越来越多依赖公私合作。其主要原因如下。

(1)国家政策导致军队装备维修保障必须依靠工业部门。在国防部装备总局下设的4个司中,三司专门负责管理国防部公私合作伙伴。为了降低成本和提高服务质量,联邦国防军把大量保障业务私有化,尤其是2005年HIL公司成立后,从联邦国防军手中接管了第一批维修车间,2006年12月实现了全面运营能力,陆军装备2~4级保养和维修均交给HIL负责。如今,陆军几乎所有的装备,包括车辆、武器和电子部件均交给HIL进行维修和保养,而HIL要保证所服务的装备达到70%的可用性。在这一政策思路驱动下,德国军队对工业部门的依赖越来越重,德国军队核心保障能力不断萎缩,部队的专业维修技术人员也流失严重。这一现实情况拉大了军队保障能力与实际需求的差距,使军方难以及时提供海外军事行动急需的保障能力,在战场上也不得不严重依赖工业部门提供保障。在阿富汗执行任务过程中,德军委托地方维修力量实施装备维修的合同数量越来越多。在2008—2012年,德军配发阿富汗战场的装甲车数量增加了1倍以上。同一时期内,装备维修任务外包合同的数量则增至先前的4倍。由于军队拥有熟练技能的保障人员流失严重,德军从国防部到基层部队,都存在人手短缺状况。德军缺乏保障能力的现状将持续存在,在短期内,很难提出可行的方案,解决装备维修任务大量外包的问题。考虑德国当前的国内总体政策走向,也很难推动装备维修向军方倾斜,这就使得工业部门至少在当前和未来一段时间内成为军队不可或缺的保障力量。

（2）新研制装备必须依靠工业部门提供保障。由于德国政府为联邦国防军投入经费不足，军队无法为初始生产的新研装备建设全面的军方保障能力。同时，为适应战场的特殊需求，装备在从初始生产直至达到最终的全面作战能力之前往往要经过多次升级改造。但在战时，德国国防部为满足战场紧急需求而大量采购新研装备，在使用过程中每次升级改造后都需要对维修能力进行相应升级。装备配置的不断变化和不同配置总量的增加，使得建设全面军方保障能力难度很大。例如，随着武器装备信息化建设，陆军在车辆装备上加装了大量电子系统，配套维修能力建设的成本很大。这些装备的军方维修能力建设相对滞后，需要很长时间之后才能建设到位。考虑上述诸多因素，至少在新研装备服役后的短期内，寻求地方工业部门帮助开展装备维修是必需的途径。在阿富汗战场，派驻战场协助德军开展装备维修的合同商达10余家，各家合同商派驻战场的维修人数不等，均在战场直接协助部队开展装备维修。装备在战场上依赖地方工业部门的力量提供保障，不仅仅因为军方未能建成全面的保障能力，还因为军方在战场上能承受的保障负担有限。军队在战场上依赖合同商提供保障不仅仅体现在利用合同商的维修人员上，还包括利用合同商拥有的数据文件、测试设备、专用工具以及维修备件。具体如图6.2所示。

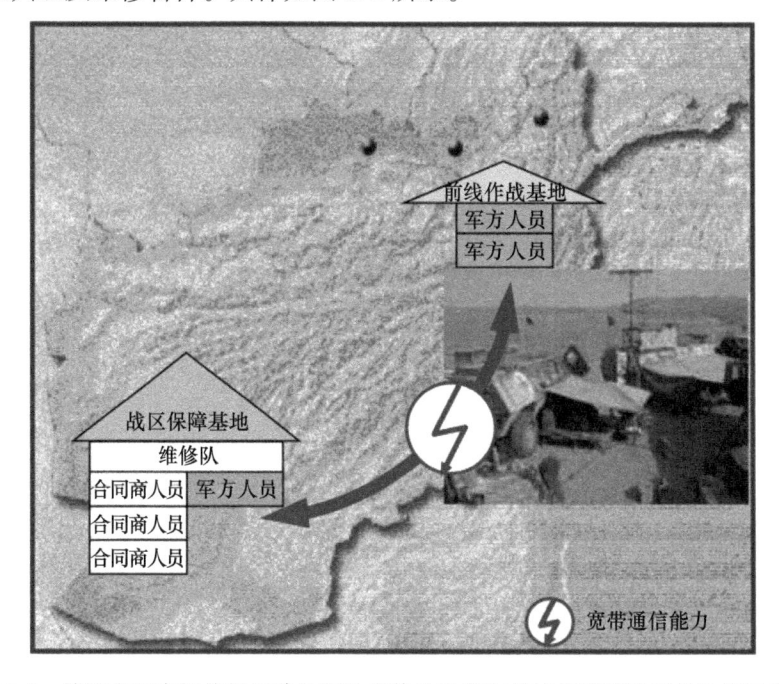

图6.2 德军在阿富汗战场组建的军地维修队及其向前线作战基地提供协作示意图

(3) 自身能力不足,迫使必须依赖工业部门。德军自身的装备维修能力并不完善,对大量装备维修任务无能为力。为了更好地利用战场上的合同商维修力量,提升军队装备维修水平,驻阿富汗的德军通过组建军民维修队等方式,促进军地维修人员的合作与交流,提高装备维修效率。为了更好地利用战区内保障基地内合同商维修专家的能力,德军努力加强战区内军队维修人员与合同商维修人员的沟通与合作,将战场上的军队和地方维修人员组建成混编的维修队,通过在装备维修现场共同实施维修,促进军队和地方维修人员交流装备维修知识。通过有效的交流,即便战事紧张时,地方保障人员需要撤离,军队维修人员也能够临时形成新装备的维修能力。在这种情况下,至少能确保将装备恢复最基本的作战与行动能力。即便在更严峻的形势下,利用现代通信方式,保持国内和海外战区维修人员间的交流,也可以保持战区最基本的保障能力。从工业部门的角度来看,在战区内开展军地密切合作也有利于工业部门对装备使用和作战形成全面的了解,掌握装备在战场的实际维修需求,发现装备的不足,在将来的武器装备研制或现役装备升级改造中制造出更有效、更成功的装备。

(4) 维修保障人员技能水平不能满足战时维修保障需求。由于装备技术复杂性越来越高,对战场保障人员提出了更高的要求。军用武器的多样性和新产品的引入,导致装备的技术复杂性大幅增加。技术复杂性的增加要求负责装备维修保障的部队必须提升专业化程度和技术资格,同时也要购置更好的维修设备和制定更加合理的维修规程。部队遂行高效率的装备维修保障工作既要求充分的资源储备,又要求同时具有丰富的技术经验。高度复杂的装备现场维修,对维修人员的技能水平提出了很高的要求。此外,自2003年之后,德军在阿富汗战场的军事行动大幅增加,部队在阿富汗战场行动范围不断扩展,新的前线作战基地不断建立,战场上新的装备损伤模式也层出不穷,基层维修人员需要将装备恢复到最低限度的可使用状态,对军队维修人员的技能水平要求较高。装备维修人员需要应对在部队集中训练中未曾遭遇的情况和问题。这都给战场装备维修带来新的需求和挑战。

第7章 近几场战争装备维修保障分析

20世纪90年代以来,世界上相继爆发了多场具有信息化特征的局部战争,也让世人看到了战场装备维修保障的许多新情况。美军认为装备维修保障的重要地位是战争"打出来"的,海湾战争后提出"高技术战争会给保障系统造成巨大压力,加强保障系统比采办新一代飞机、坦克更为重要";伊拉克战争后提出"即使在力量悬殊的不对称战争中,装备维修保障仍然是保持和恢复部队战斗力的重要因素"。不难看出,装备维修保障对现代战争作战行动有着重要的支撑作用,并会对战争结果产生直接影响。本章梳理几场典型战争的概况、装备作战运用和装备维修保障主要做法,力求结合战争进一步呈现装备维修保障的特点和规律。

7.1 海湾战争装备维修保障

海湾战争是美国主导的联盟军队于20世纪90年代,为恢复科威特主权、独立与领土完整并恢复其合法政权而对伊拉克进行的一场战争。自1990年8月2日至1991年2月28日的7个月的时间里,联盟军队以较小的代价重创伊拉克军队,取得了决定性胜利。军事理论界普遍认为海湾战争是一场高技术战争,美军投入了大量高科技武器装备,对装备维修保障等建设也带来了众多启示。

7.1.1 海湾战争概况

1990年8月1日,伊拉克与科威特围绕石油问题谈判宣告破裂。1990年8月2日凌晨1时(科威特时间),在空军、海军、两栖作战部队和特种作战部队的密切支援和配合下,伊拉克共和国卫队的3个师越过科威特边境,向科威特发起了突然进攻,后续部队源源不断地进入科威特,最终占领了科威特全境。1990年8月2日晚上8时,美国发动防止伊拉克入侵沙特阿拉伯的"沙漠盾牌"防御行动。1990年8月2日开始,联合国安理会先后通过了11个谴责和制裁伊拉克的决议,以及1个授权对伊拉克动武的决议(678号)。1991年1月17日当地时间凌晨2时,多国部队航空兵空袭伊拉克,发起"沙漠风暴"行动。截至1991年2月23日,多国部队共出动飞机近10万架次,投弹9万吨,发射288枚战斧巡航导弹和35枚空射巡航导弹,并使用一系列最新式飞机和各种精确制导武器,对选定目标实施多方向、多波次、高强度的持续空袭,极大削弱了伊军的指挥、控制、通信和情报(Command Control Communication and Intelligence,C^3I)能力、战争潜力和战略反击能力,使科威特战场伊军前沿部队损失近50%,后方部队损失约25%,为发起地面进攻创造了条件。1991年2月15日,伊拉克宣布愿意接受安理会第660号决议,有条件地从科威特撤军。1991年2月24日当地时间4时,多国部队发起地面进攻,在沙科、沙伊边界约500km正面上由东向西展开5个进攻集团。伊军继续向沙特、以色列和巴林发射导弹,使美军伤亡百余人;在海湾布设水雷1167枚,炸伤2艘美国海军军舰。1991年2月26日,萨达姆宣布接受停火,伊军迅即崩溃。28日晨8时,多国部队宣布停止进攻,历时100h的地面战役至此结束。1991年2月28日,达成停战协议,海湾战争结束。

  海湾战争中,多国部队人数为69万人;坦克3700辆,其中美国2000辆;装甲车5600辆;作战飞机1740架,包括美国F-117A隐身战斗机59架、B-52轰炸机40架;战舰247艘,航空母舰9艘(美国的"萨拉托加号"航空母舰、"肯尼迪号"航空母舰、"中途岛号"航空母舰、"罗斯福号"航空母舰、"突击者号"航空母舰、"美国号"航空母舰、法国的克里蒙梭级航空母舰"克里孟梭"号、"福煦号"航空母舰和英国的"皇家方舟号"航空母舰)。"沙漠风暴"作战行动中,空袭占据了主要的地位,其中,美国、英国、法国、加拿大、沙特阿拉伯、阿联酋、科威特、阿曼等国共在沙特阿拉伯、巴林、卡特尔、阿曼、阿联酋、土耳其和迪哥加西亚的空军基地部署了1200多架作战飞机,包括F-117隐身战斗机、F-15E战斗轰炸机、F-15C/D战斗机、F-111战斗轰炸机、F-4C反雷达攻击机、B-52C战略轰炸机。另外,还有法国的幻影-2000和英国的"旋风"等战斗机,电子战飞机则包括E-3D空中预警机、EF-111A电子干扰机、E-8A联合监视与目标攻击系统飞机、TR-19战略侦察机、RF-4C战术侦察机等当时世界上最先进的信息化、电子战机群。另外,还有3个航空母舰战斗群,游弋在地中海、红海和阿拉伯海的海上阵地上。伊拉克在海湾战争前,恢复和新建24个师,使军队总兵力达到77个师、120万人。同时加强了科威特战区的兵力部署,按三道防线共部署42个师,约54万人,坦克4280辆、火炮2800门、装甲输送车2800辆。

  海湾战争改变了传统的作战模式,对第二次世界大战以来形成的传统战争观念产生了强烈的震撼。其最大特点为,这是一次高科技战争。以美国为首的多国部队普遍使用各种先进技术:电子战对战争进程和结果产生重要影响;空中力量发挥了决定性作用;作战空域空前扩大,战场向大纵深、高度立体化方向发展;高技术武器大大提高了作战能力。海湾战争显示出高技术武器的巨大威力,标志着高技术局部战争已经作为现代战争的基本样式登上了世界军事舞台。由于高技术武器的使用,使现代战争的作战思想、作战样式、作战方法、指挥方式、作战部队组织结构以及战争进程与结局等方面都出现了重大变化,对第二次世界大战以来形成的传统战争观念产生强烈震撼,促使在全世界范围内掀起了研究未来新型战争的热潮,从而引发了一场以机械化战争向信息战争转变为基本特征的世界性新军事革命。

7.1.2 海湾战争装备运用情况

海湾战争中,以美国为首的多国部队大量使用高技术武器装备对伊拉克展开连续的猛烈进攻,以极小的代价取得了决定性的胜利。高技术武器装备的作战运用,对战争结局产生了深刻的影响。

7.1.2.1 多国部队装备运用

1. 电子信息装备全程使用

美国把多年着力发展的各种新型电子信息装备投入海湾战场,对伊拉克展开了战争史上最大规模的一场电子战。这些电子信息装备从空间到空中、从海上到地面,形成了一个立体化的电子信息装备体系。电子战改变了双方力量对比,在决定战争进程乃至战争胜负中具有重要作用,成为夺取战场优势的关键和先导。正是通过全过程的电子战,以美国为首的多国部队才完全掌握了战场的制电磁权。相反,在强烈电子干扰、电子摧毁的双重打击下,伊拉克不仅整个防空指挥控制系统完全失灵,几乎所有"萨姆"导弹系统无法发挥作用,而且造成整个伊拉克军队的通信中断、雷达迷盲、指挥失灵,几乎完全切断了高层指挥和前线部队的通信联系。

2. 航空装备实施高强度打击

多国部队参战飞机中,第三代以上的先进作战飞机占大部分。在空袭中,多国部队充分利用美国先进的 C^3I 系统,对参加空袭作战的数千架作战飞机和支援保障飞机,实施了精确的指挥控制,从而保证了来自不同国家、不同军种的数千架飞机协同作战,使空袭作战始终高效有序进行。在作战管理系统和空中预警机协调指挥下,多国部队日平均出动2700余架次,保证了空袭作战的大规模、高强度。多国部队凭借其空中力量的优势对伊拉克战略目标和主力部队实施了大规模、高强度和高精度的空中打击,不仅为后续的地面作战扫清了障碍,而且为赢得这场战争奠定了基础。

3. 海军装备支撑空中和地面进攻

多国部队海军虽然在海上作战方面没有用武之地,但海军战机参与了空中作战并发挥了重要作用。美国海军舰载机出动了18120架次,占作战飞机总出动量的16%。舰载机配合空军战机对伊拉克形成多面夹攻态势,夺取了海上制空权,并夺取和保持了战区制空权。参战的18艘舰艇共发射288枚"战斧"巡航导弹,对伊拉克纵深的重要目标造成巨大破坏。在地面作战中,舰载航空兵和陆战队航空兵对地面进攻部队实施了有力的空中支援。两栖作战部队通过一系列佯动和攻击作战,牵制了伊军进行海岸防御的重兵集团,为顺利进行地面作战创造了条件。在攻占科威特的战斗中,美国海军"威斯康星"号和"密苏里"号战列舰用406mm舰炮提供火力支援,共发射1102发炮弹,有力地压制和摧毁了大量的伊军目标。

4. 新型地面装备提高作战效率

为了准备最终的地面决战,以美国为首的多国部队,在海湾集结了大量的新型陆战装备,包括约3000辆M1A1"艾布拉姆斯"在内的6000辆坦克、以"布雷德利"战车为代表的5600辆装甲车,以及以M270多管火箭发射系统为代表的数千门火炮。大量新型主战坦克、装甲车辆和直升机的使用,极大地提高了地面部队的机动力,加快了作战的节奏。新型地面作战装备的运用大大提高了地面作战的效率。例如,M270多管火箭炮,1枚火箭弹内装有644个反步兵/反装甲子弹头,12枚一次齐射可以抛出7728枚子弹头,足以覆盖6个足球场大的范围,在几分钟内消灭一个坦克营。新型武器装备使传统的地面作战发生了新的变化,空地一体作战成为新的作战样式。

5. 精确制导武器实施重点打击

在空袭作战中,多国部队使用大量空空导弹、空地导弹、地空导弹、地地导弹、炮射导弹以及制导炸弹等,对提高空袭作战的效果起到关键作用。例如,"爱国者"导弹的命中率高,可以全天候、全空域作战。此外,AIM-20中距空空导弹、AIM-132近距空空导弹、SRAM-2空地近距攻击导弹、CL-289智能导弹均在这次战争中首次实战使用。海湾战争使用的精确制导武器在作战使用方式上有其新的特点:一是使用多种发射(投掷)平台,做到近程与远程交错匹配,中、高空与低空密切协同,达成了攻击的多方位、全高度;二是针对不同纵深、不同目标,遂行战术上的精确定点攻击;三是遂行诱惑攻击,专打防空配系,致使伊拉克防空设施瘫痪。

7.1.2.2 伊拉克军队装备运用

1. 防空火力配系受制于指控能力

伊军经过两伊战争的锤炼,具有现代作战的基本经验,通过引进装备形成了高射机枪、防空高炮、防空导弹、制空作战飞机等多层次、不同距离的防空火力配系。然而,在以美国为首的多国部队强大电子干扰、火力摧毁的双重打击下,伊军作战指挥体系通信联络受到极大破坏,根本无法组织起较为有效的多层次、连续性防空抗击行动。在制空作战方面,交战初期,伊拉克空军派出少量飞机在空中巡逻和进行空中拦截,但由于质量、数量对比悬殊,加上没有制电磁权,在多国部队完善的空中作战体系面前不堪一击,根本无法与多国部队进行抗衡。伊拉克空军未能组织起有力的空中拦截,只在1991年1月18日和24日组织了两次空中进攻;开展第一天有50多架次战斗机升空,第一周平均每天起飞30架次,第二周为24架次,第三周则为5架次。

2. 部分高技术装备未发挥应有作用

萨达姆曾经指出:在任何情况下,要想将一个士兵从地面赶走,最终要靠一个带手榴弹、步枪和刺刀的士兵,在战壕里同那个士兵搏斗。在此种思想指导下,伊军在科威特战区摆兵布装过于密集,没有把坚守阵地与机动、攻势行动很好地结合起来,始终处于被动挨打境地,成为多国部队地空打击的活靶子。另外,对于多国部队的作战意图缺乏准确的判断,将防御重点放在科威特,兵力部署不当。当多国部队主攻方向指向伊拉克南部重镇巴士拉时,便无法应变。作战指挥思想落后,还体现在没能组织装备开展有效的侦察。特别是丧失空中侦察能力后,没有充分利用地面和其他侦察手段,以致多国部队几十万大军在沙特境内向西横向机动,伊军竟浑然不觉。总之,伊军具有一定高技术兵器,但由于其作战思想落后,指挥控制混乱失效,基本未对多国部队形成有效威胁。

7.1.3 海湾战争装备维修保障经验与教训

海湾战争是机械化战争向信息化战争迈进的转折点。以美国为首的多国部队之所以能在这场高技术、高消耗的战争中速战速决、取得胜利,与成功的装备维修保障密不可分,同时,伊拉克军队缺乏强有力的装备维修保障也是导致其战斗力和士气迅速衰退的重要原因之一。

7.1.3.1 构建精干高效的保障指挥体系

美军认为,装备保障指挥体系完善与否,不仅直接影响装备保障的组织与实施,而且对战争的进程和结局具有决定性影响。为了适应海湾战争装备保障的需要,以美国为首的多国部队在完善装备保障指挥体系上采取了一系列措施。战略级,在"战时内阁"的统一指挥下,由参谋长联席会议统一协调指导国防部和各军种所属保障机构,具体组织本土向海湾地区的战略级装备保障支援。战役级,为适应多国家、多军种部队作战的需要,以美国为首的多国部队,在海湾战区建立了"联合指挥协调中心",即联合司令部。同时,与作战指挥体制相一致,建立了集中统一的战区装备保障指挥机构,各军兵种均设立有相应的装备保障指挥机构。海湾战争中美军装备保障信息化整体水平并不高,但信息化装备保障活动却已有较多运用,最突出的是空军网络保障系统,呈现出较高的信息化水平。在海湾战争中该网络系统在提高维修保障的快速性上发挥了重要作用。

7.1.3.2　扎实做好战前维修器材储备

美军的装备维修器材储备分为平时储备与战时储备两部分,前者用于保障平时战备训练的基本需要,以部队储备为主;后者用于保障战时消耗,以基地储备和集中储备为主。美国从其争霸全球的需要出发,全面加强在海外地区的军事部署,与此相适应,特别要求在海外战区尤其是西欧、中东和西南亚地区预定战场储备足够的维修器材。到海湾危机爆发前,在西欧已预储了6个加强陆军师的成套装备和物资;在中东、西南亚各基地也预储了相当数量的成套装备和物资。在印度洋迪戈加西亚岛部署的海上预置船,满载保障陆军和空军的维修器材等物资。海湾危机发生后,在临战准备阶段,美军又根据预定作战计划的需要,加强了战场维修器材准备。一是在沙特境内靠近作战部队的地域,开设5个前方供应储备基地,增加作战地区的维修器材储备量;二是取得驻在国支援,扩大维修器材储备来源;三是动员盟国和国内军工企业,紧急生产前线急用器材,增加和扩大紧缺器材的储备数量。

7.1.3.3　采取科学的装备维修制度及措施

海湾战争中,美国各军种结合战时具体情况建立起了科学的维修制度,并在这些维修制度的基础上采取了许多有效的举措,确保了维修保障任务的圆满完成。陆军在海湾地区采取靠前维修原则,通过缩短故障发生地点与修理地点之间的距离,最大限度地保证武器系统的有效使用;为了加强现有的中继级和基地级维修设施,陆军装备机构部署和管理了数个专门的维修机构,提高了装备的持续作战能力;陆军装备机构成立了美国陆军保障大队,以便为战区提供全面的维修和补给系统,并管理合同商维修。空军在三级维修制度的基础上,成立了具有战损飞机修理能力的基地战斗保障中队;航空航天制导与度量衡中心向沙特部署了一个机动式校准实验室;有效地利用欧洲的维修机构,同时从美国本土选派维修人员来加强这些维修机构的力量;积极利用其他军种提供的服务来完成维修保障任务;为部署在战区的每个战术战斗机中队配备1名技术人员;利用网络更新战区的计算机软件。海军除基本依照平时的维修秩序进行维修外,成立了毁伤飞机修理小队,并把他们派到西南亚地区;海军飞机维修与供应基地、船厂和系统司令部野战机构还派出由政府雇员组成的支援小组,对战区的飞机和舰艇进行修理;把一个携带修理设备的毁伤飞机修理训练小组派到巴林,帮助那里的战损飞机修理人员。海军陆战队最典型的是航空兵保障船的使用。

7.1.3.4 以国防科技实力为坚强后盾

强大的国防科技实力,是多国部队装备维修保障顺利实施的坚实后盾。一方面,海湾战争初期,由于保障需求剧增,装备零备件不足。根据此情况,美国参谋长联席会议下令,要求国防工业加强武器装备,尤其是零备件的生产,千方百计满足维修保障的需要。与此同时,又动员民间企业生产零配件。由于有强大的实力为依托,很快美军各军兵种都准备了足够战争使用的零配件。另一方面,凭借强大的经济实力和科技实力,美军研制配备了一大批先进的保障装备、检测设备等。海湾战争中,美军运用了多种技术装备和设施,提高了装备维修保障的速度和效益。美军为陆军师以下部(分)队配备了抢救修理专用车,如 M88 装甲抢修车、M578 辅助车。海湾战争中,美军使用的飞机、坦克、装甲车辆、自行火炮等武器装备均具有自动检测、快速诊断故障功能,同时还可实施快速换件修理,从而实现检测、维修的准确性、快速性。

7.1.3.5 维修器材保障存在浪费和混乱

海湾战争暴露出美军在获知战场装备保障信息上的不足,维修资源的使用效益还存在不少问题。参战各军种按照传统的"多多益善"的保障思想,各提各的需求,结果运到战区的 4 万只集装箱中,大约有一半没有派上用场。美军维修器材保障中,由于信息技术运用不充分,保障信息透明度不理想,造成一定程度上的供应管理混乱、重复请领和运力浪费等。对于运往前线的维修器材,既没有良好的跟踪系统,也没有全面的可视化能力,集装箱在需求不明的情况下进入保障通道。一方面,造成保障人员和前线部队都无法实时掌握维修器材情况,从而导致部队不断地重复请领,加大了保障的工作量;另一方面,由于集装箱上缺乏有效的标志装置,导致为了弄清楚集装箱里面装的是什么,保障人员不得不将堆积在沙特港口的成千上万只集装箱逐一打开,清点后再重新投入供应链。这不但使部队无法及时得到所需的维修器材,而且还给运输系统造成了不必要的紧张。

7.1.3.6 伊军维修保障人员素质制约装备效能发挥

海湾战争时期,伊拉克拥有数量相当可观的高技术装备。例如,法国造 KARI 防空系统、"幻影"战斗机、"飞鱼"导弹和"米兰"反坦克系统等。另外,在战争中伊拉克还从荷兰引进了夜视仪,通过占领科威特缴获了大批包括"霍克"导弹系统在内的先进美式装备。但由于伊军兵员素质差,缺乏装备维修保障训练和维护修理知识,保障水平落后,制约了这些先进装备性能发挥。伊拉克军队编有多个师,但除 8 个共和国警卫师外,战斗力保障力较强的部队并不多。特别是海湾战争爆发后,伊拉克为扩充部队,几次扩大征兵范围,竟然将规定可以免除兵役的农民征召入伍,大批 16 岁以下的少年也招进了部队,并且未经过严格的军事训练即调往前线。因此,伊军装备维修保障人员素质低劣,能力水平比较落后,难以保持先进装备处于良好状态,既不能对一线部队实施有效保障,也无法发挥先进装备的战技术性能。

7.2 科索沃战争装备维修保障

1999 年 3 月 24 日至 6 月 10 日,以美国为首的北约集团,为维护其在欧洲的战略利益,在未经联合国授权的情况下,对南斯拉夫联盟共和国(简称南联盟)发动了一场代号为"联盟力量"的大规模空袭作战,国际上普遍称为科索沃战争。研究和总结科索沃战争双方装备维修保障情况,有利于深入探索高技术局部战争装备保障的一般特点和规律。

7.2.1 科索沃战争概况

科索沃战前是南联盟塞尔维亚共和国的一个省,历来都是民族矛盾和宗教矛盾比较复杂的地区。漫长的历史变迁和人口迁徙,加之遭受过列强的蓄意摆布,为科索沃的动荡不安埋下了隐患。其主要矛盾体现在,塞尔维亚族和阿尔巴尼亚族(简称阿族),两个不同宗教、不同文化和语言的民族,都认为自己是科索沃地区的主人。1998 年 9 月,南联盟当局为了维护国家主权,开始对科索沃阿族非法武装实施全面进攻,重创了"科索沃解放军";阿族非法武装则大肆开展恐怖袭击,使科索沃地区的冲突达到了白热化的程度。1999 年 3 月 23 日,南联盟代表与科索沃阿族代表之间的朗布依埃谈判破裂。1999 年 3 月 24 日,北约在没有联合国授权的情况下,对南联盟实施空袭打击,科索沃战争正式爆发。科索沃战争根据北约的空袭进程,大体可分为四个阶段:第一阶段(1999 年 3 月 24 日至 3 月 27 日),北约夺取制电磁权和制空权,南联盟举国抗敌;第二阶段(1999 年 3 月 28 日至 4 月 4 日),北约削弱南军作战能力和潜力,南联盟持续作战;第三阶段(1999 年 4 月 5 日至 5 月 27 日),北约全面轰炸,南联盟形势严峻;第四阶段(1999 年 5 月 28 日至 6 月 10 日),北约以打促谈,南联盟屈服。

北约和南联盟双方定下作战企图后,就不断调兵遣将、排兵布阵,以营造有利的战场态势。在这次战争中,13 个北约成员国参加了对南联盟的空袭,几乎动用了北约所有现代化的空、海作战平台和先进的空中打击兵器。空中力量方面,共实际部署各型飞机819架,武装直升机103架。使用了近50颗侦察通信卫星。在参战飞机中,战斗机、攻击机和轰炸机454架(包括B-1、B-2、B-52、F-117、F-15、F-16、A-10、"幻影"-2000、鹞式、旋风等先进作战飞机),侦察机46架(包括U-2、EP-3、RC-135、"猎人"等先进侦察机),电子战飞机56架,预警机23架,加油机160架,运输机和特种作战飞机等80架。海上力量,战争结束前北约舰船增至32艘,包括航空母舰3艘(美国、英国和法国各1艘),巡洋舰2艘,驱逐舰9艘,护卫舰10艘,潜艇2艘,其他舰船6艘,各种舰艇装备"战斧"巡航导弹460枚,部署于地中海和亚得里亚海海域。地面力量,截止到1999年3月24日,北约在与南联盟相邻的波黑、阿尔巴尼亚和马其顿三国部署地面部队2万人,坦克、装甲车300多辆及大批远程火炮,6月增至6万人,其中美国2.45万人。

南联盟为了捍卫国家的统一、独立和领土完整,与强大的北约进行坚决的殊死斗争。陆军10.1万人,主要装备包括各种坦克1000多辆、装甲车850多辆,其中较为先进的是由T-72改进的M-84型主战坦克和M-80型步兵战车;各种压制火炮和火箭炮近4000门,反坦克炮近4000门,各种高炮2000门,各种防空导弹发射装置100余部,主要是俄制"萨姆"-2、"萨姆"-3和"萨姆"-6型地空导弹。空军1.6万人,装备作战飞机约260架,其中米格-21型100架、米格-29型16架、南产J-22"鹰"式攻击机66架、G-4"超级海鸥"和"海鸥"式训练机75架、"小羚羊"等武装直升机54架;防空导弹发射装置100余部,SA-2型24部、SA-3型16部、SA-6型60部、SA-9、SA-13系列自行式近程地空导弹130枚,"箭"式2M/SA-7、SA-16和SA-18肩射导弹约800枚,20mm、30mm、57mm口径高炮1850门。海军0.75万人,装备各种舰艇60余艘,其中南产鱼雷攻击潜艇4艘,"萨瓦"级和"英雄"级各2艘;护卫舰4艘,"科托尔"级和"斯普利特"级各2艘,均装备SS-N-2C"冥河"反舰导弹发射台;大型巡逻舰2艘;导弹快艇10艘,"蚊子"级和"奥萨"Ⅰ级各5艘,均装备SS-N-2A"冥河"反舰导弹发射台;坦克登陆艇2艘,"锡巴"型和501型;炮艇8艘;扫雷艇10艘;巡逻艇16艘;微型潜艇6艘;俄制岸舰导弹发射车10部。

科索沃战争是在全球范围内新军事革命的大背景下,第一场完全由空中力量进行的高强度局部战争。在这场高技术战争中,强势国家完全依仗绝对优势的空中力量,配合其政治外交攻势,高效地实现既定的战略战役目标。北约声称,空袭行动大大削弱了南联盟军事实力,并最终迫使南撤出科索沃,因而其军事打击行动基本达到预期目标。南联盟则坚持只接受进驻科索沃的是联合国旗帜下的维和部队,两个多月的抗击行动在一定程度上保存了实力,赢得了支持,维护了主权。

7.2.2 科索沃战争装备运用情况

在这场战争中,北约使用的几乎全部是20世纪90年代以来的新装备,各种先进作战飞机几乎全部登场;南联盟大部分装备相对北约落后一代甚至更多,体系结构也不尽合理。在整场战争中,北约能够采取非接触的方式攻击南联盟的任何目标,而南联盟在大部分时间里只能被动防御,难以对北约构成威胁。

7.2.2.1 北约装备运用

1. 利用陆、海、空、天侦察装备对战区进行全维监控

以美国为首的北约在这次战争中动用了大量的卫星、空中预警机和无人侦察机,以及数不清的地面和海上侦察监视监听设备,对战区进行全维监控。在太空,北约有50余颗卫星组成的侦察网,居高临下,对南联盟进行24h不间断侦察。在空中,北约使用了40多架各类侦察机截获南国家指挥中心与各军兵种和警察部队的通信,搜集南军雷达工作参数,以及对轰炸效果进行评估。在地面,北约通过设在塞浦路斯、土耳其和意大利境内的多个各类电子侦听站搜集南政治和军事情报。在海面,美国、英国、法国等在亚得里亚海部署了强大的航空母舰战斗群及电子侦察船,可对以它为中心的广大海域及一定范围内的陆上电磁辐射源进行信号侦察和精确定位。依靠这些全维监视侦察装备,以美国为首的北约基本上掌握了信息优势,整个战场处于高度透明的状态,空中打击行动得以顺利展开。

2. 大量投入电子战装备掌握制电磁权

北约空袭行动,"软""硬"两手电子战贯穿始终。"软"是指电子干扰,"硬"是指火力摧毁。一是用电子干扰保障空袭。北约在空袭行动中大量使用专用电子战飞机和机载干扰器材,对南军雷达和通信设施实施超强干扰或压制,为空中突防提供了有力保障。1999年4月23日前,北约共出动飞机9300架次,其中一半以上用于电子干扰和防空系统压制。二是对南联盟电子信息节点进行硬摧毁。北约空袭飞机大量使用美制AGM-88"哈姆"反辐射导弹、英制"拉姆"反辐射导弹对南联盟雷达进行硬摧毁。美军还第一次将电磁脉冲炸弹投入实战使用,对破坏南军电子装备发挥了一定的作用。

3. 运用C^4ISR系统实施高效指挥

北约通过C^4ISR系统,将分属于十几个国家、执行10余种不同任务、从20多个空军基地出发的飞机严密地聚合到一起,形成一个具备较强综合作战能力的空战体系,在狭小的空域组织实施密集的空袭。担任此次作战指挥的北约盟

军最高司令克拉克上将,坐镇于距战场 2000km 以外的比利时蒙斯北约总部指挥整个空袭作战,北约各国之间、海空军之间协调一致,配合默契,充分验证了美军全球指挥控制系统的先进性。

4. 精确制导武器在装备运用中"唱主角"

一是精确制导武器使用数量多、比例高。从使用的数量来看,精确制导武器充当了这次空袭作战的主要"杀手"。在空袭初期,北约所投掷的精确制导武器占全部弹药的比例高达90%以上。在整个 78 天的空袭期间所用的大约 23000 枚炸弹和导弹中,精确制导武器占35%,这一百分比尽管不算高,但仍比"沙漠风暴"行动中使用精确制导武器的比例高出 3 倍多。二是精确制导武器的作用突出。精确制导武器虽然只占对地攻击弹药的35%,但其摧毁目标的数量却占总数的74%。北约精确制导武器大量从 100km 以外进行发射,有的甚至是在千里之外的飞机和战舰上发射。这种精确打击不但使北约无人伤亡,还使南联盟很难组织有效抗击。三是使用方法灵活。北约在对精确制导武器的运用上,主要采用"点摧毁"武器实施精确摧毁、"面杀伤"武器实施覆盖打击、"新机理"武器实施特种破坏三种方式。

5. 利用装备性能的优势实施夜战、非接触战

一是利用夜视优势实施夜战。北约空军先进的作战飞机,普遍装备了脉冲多普勒雷达、夜视红外观察仪、夜视镜、微光电视,主战飞机还挂载了"蓝盾"夜视低空导航和红外瞄准系统吊舱等先进夜视器材。北约除极少的几次空袭行动是在白天发起外,其余空袭行动均是在夜间发起的,并实施昼夜不间断全时连续打击。二是利用导弹射程优势在南联盟防空距离外实施非接触战。在对南联盟的空袭作战中,北约大量运用巡航导弹和远程空地导弹对目标实施脱离接触的空中打击。"战斧"式巡航导弹的射程达上千千米,机载导弹的射程可达数十乃至数百千米。三是利用飞机航程优势,大量实施中远程轰炸。战争期间,北约主要使用 B-1B、B-2A 和 B-52 三种战略轰炸机实施远程奔袭打击。例如,B-2A 隐身轰炸机每次都是从美国密苏里州基地起飞,远程战略机动达 2 万多千米执行轰炸任务。

6. 装备运用效果受多种因素的制约

一是南联盟的抵抗制约了北约武器装备效能的发挥。南军采取比较成功的对抗措施,击落了北约相当多的巡航导弹和空袭飞机,包括 1 架 F-117 隐身轰炸机。由于惧怕南联盟的防空火力,北约飞机大部分时间都是在 5000m 以上高度投弹,在保证自身安全的同时也削弱了空袭的效果。二是受到战场地形和天气等非人为因素的很大制约。南斯拉夫复杂的地形地貌,连绵阴雨的潮温春季

天候,茂密的森林植被,一方面有利于南军隐蔽生存,另一方面使北约高技术武器装备的某些弱点暴露无遗。而北约对这种制约作用事先似乎缺乏足够的认识。在78天的空袭过程中,南联盟大部分时间天气不佳,云雾密布,遮挡了要袭击的目标,这对飞行员寻找和瞄准目标造成了很大的影响,并降低了激光制导炸弹的打击精度。

7.2.2.2 南联盟军队装备运用

1. 最大限度保存了武器装备实力

一是空军在多次空战后,不再与北约硬拼,保存了剩余实力。战争初期,南联盟多次起飞性能较好的米格-29战斗机进行拦截作战,但由于空战体系中缺乏预警机这样的关键环节,在空战中始终处于劣势,被击落多架后便不再与北约硬拼,转而以保存实力为主。二是海军避战不出,基本没有损耗。由于北约海军封锁了南海军的出海口,弱小的南联盟海军在这次战争中干脆避战不出,既没有损耗,也没有对北约构成威胁。三是陆军以藏为主,积极准备地面战,保存了大多数装备。由于缺乏进攻型远程打击武器,南联盟对北约在周边国家和地区的军事部署不能形成威胁,不可能从根本上阻止北约的狂轰滥炸,所以希望在地面战中依靠地利与北约一决高下,积极准备地面战。南军从科索沃撤离时,第3集团军部队军容严整,机械化装备基本齐全,坦克280多辆,装甲车450辆,火炮600门,基本上是南军在科索沃的完整军力。

2. 运用劣势装备进行防空作战

南军把防空导弹、高炮与高射机枪共同编组,混合配置,弹炮结合,使各种防空兵器在射程、射高上相互补充,有效增加了防空的火力层次、增大了火力密度、增强了抗干扰能力和灵活应变能力。通常情况下,在较远距离和5000m以上高度,使用"萨姆"-3和"萨姆"-6防空导弹;在较近距离和5000m以下高度,使用高炮和高射机枪,进行集火射击,形成密集弹幕。南军创造的雷达接力、航线伏击、游击防空以及使用高炮和便携式防空导弹拦截巡航导弹等灵活战术,更是有效地抗击了空袭,取得了较好的战果。美F-117隐身战斗机被击落,就是南联盟立足现有装备,采用灵活战法,发挥本土优势,以劣势装备战胜优势装备之敌的一个典型战例。南联盟军的顽强抵抗严重打乱了北约的空袭计划,使其不得不一再加大空袭规模和力度,并延长空袭时间。

3. 现有装备及战斗力发挥存在不足

一是缺乏有效的反击武器,难以扭转被动局面。在几年前的海湾战争中,伊拉克虽然没有南联盟抵抗的时间长,但其飞毛腿导弹还是给对手造成了一定的威胁,具备一定的反击能力。而在科索沃战争中,由于缺乏远程反击武器,南联盟无法对北约空军基地进行反击,致使北约可以随心所欲,无所顾忌。二是战法上一味防守,消极应战。南联盟陆军作战力量完全有战机实施战略外线突击,或组织适度规模的偷袭,但一直"隐于深山密林",坐等敌人发动地面进攻,没有发挥本土作战的优势。南联盟海军也一味"藏舰艇于海岸岛屿",没有利用曲折海岸线和海底地形适时出击,而让北约舰艇在海上自由自在,耀武扬威。造成这种被动局面,既有能力不足的原因,也有作战指导上单纯防御思想的限制。

7.2.3 科索沃战争装备维修保障经验与教训

此次战争,对抗双方围绕各自作战目的展开装备保障,取得了一些成功的经验,也有不少值得吸取的教训。

7.2.3.1 战前进行充分的装备维修保障准备

北约加强预先准备,为战时实施装备维修保障打下了良好的基础。一是建立了维修器材预储。北约在欧洲地区进行了几十年的战争准备,直到冷战结束后,其储备在德国、英国、意大利和土耳其4个保障区9个预置储备点的装备物资依然保持了相当的规模。二是推行了军用标准化。长期以来,北约成员国在彼此技术接轨方面做了大量的工作。参加这次空袭行动的各国飞机型号不同,性能各异,但都能在意大利和英国的基地得到有效的装备维修保障。三是组织了装备维修保障演练。北约在战前的历次联合演习中,有意加大装备维修保障组织指挥演练的力度,特别是大规模行动装备维修保障的组织与协调。南联盟注重平时准备,争取战时装备维修保障的主动性。由于受地缘政治环境等因素的影响,南联盟早在冷战时期,就对未来反侵略战争做出了比较准确的判断和充分的准备。海湾战争和波黑战争发生后,又进一步做了大量针对性的研究和准备。通过研究战时通信指挥问题,总结了指挥军队和装备与敌"捉迷藏"的方法;通过研究反强敌空袭问题,总结了利用国防工程设施、积极储备装备物资、保存实力的方法等。科索沃战争发生前,针对战略环境的恶化,南联盟在经济并不景气的情况下,仍然扩充了维修器材等战略物资储备。

7.2.3.2 通过动员增强装备维修保障整体实力

北约广泛动员国内外保障力量,深入实施科技动员。一是动员国内维修保障力量。科索沃战争中,美国和英国先后两次在国内征召预备役人员,其中用于保障的占90%,并且绝大多数都是工程技术人员。北约空军还从格兰德福克斯、费尔柴尔德、埃德沃兹、麦克迪尔、麦克奈尔、麦奎尔、罗宾斯空军基地、勒肯赫斯、米尔登霍尔皇家空军基地等地,临时抽调维修人员组成维修小分队,奔赴南欧执行保障任务。二是广泛实施科技动员。战争期间,来自雷声、波音等公司的工程师与美国空军一道,仅用4天时间就开发出专门针对南联盟的特定防空与干扰系统技术,大幅度改进了美军飞机的电子对抗能力。南联盟注重挖掘民众潜力,积极实施装备保障动员。一是维持社会运转和正常生产。要求所有政府部门的工作人员坚守岗位,保持各个行业的正常运作;工业、交通、电力等企业人员修复被空袭炸毁的工业设施和交通枢纽,维持了正常生产。二是积极实施战争动员。南联盟政府在宣布全国进入战争状态后,立即实施战争动员,通过紧急征召装备预备役人员,工厂、企业由民转军等措施,有效地将保障潜力转化为现实的维修保障能力。另外,还十分重视发挥科技人才的作用,组织科技人员维修被毁装备等,加紧装备物资生产,在一定程度上满足了装备维修保障的需要。

7.2.3.3 持续装备维修保障能力不足

北约预测战争进程有误,装备物资需要量估计不足,某些重要装备及其零部件短缺。随着战争的发展,美国空军飞机的备件短缺问题日益严重。例如,几乎没有可供使用的备用发动机,备用零部件也已经耗尽,只好通过拆卸飞机获得零部件。为确保意大利北约空军基地的F-16、F-15和其他飞机得到良好的维护,美军不得不削减本土部队的供应,导致美国本土部队的战备状态减弱。为了准备可能对南联盟进行的地面进攻,美军甚至命令全球的阿帕奇直升机全部停飞,以保证科索沃战争中阿帕奇的零部件供应。南联盟低估了北约实施大规模空袭的强度,作战准备出现了偏差。一是对民间工业和设施遭受打击估计不足。虽然南联盟军队损失较小,但关系到国计民生的重要基础工业设施和生活设施却遭到毁灭性打击,致使其国家经济潜力和维持战争的能力受到极大的削弱,从而使南联盟的装备维修保障更加困难。二是对装备、弹药和器材的运输困难估计不足。战中,南联盟的防空作战虽然取得了一定的成效,但对重要交通目标的防护和修复工作准备得不充分,如多瑙河上被炸毁的桥梁至战争结束还没有修复,这些都使装备维修保障的物质支撑难以为继。

7.2.3.4 南军严密防卫、灵活实施装备维修保障

一是严密组织防护,确保装备保障力量生存。南联盟采取的防护措施包括:躲藏,将装备和器材藏入地下防护工程,或直接埋于地下;机动,频繁实施机动转移,或直接针对敌侦察与攻击之间的时间间隔,组织装备和其保障力量进行快速移动;欺骗,大量使用伪装、欺骗及其他误导措施,扰乱敌人的侦察和精确打击。这些防护措施,较好地保证了装备维修保障力量的生存。二是实施重点保障,确保反空袭作战的顺利实施。一方面,集中装备维修保障力量重点保障指挥通信装备和导弹装备等,从而确保南联盟军队击落了包括F-117在内的北约飞机和导弹;另一方面,根据大部分桥梁道路被炸毁,战场被相对遮断的实际情况,依托

战前准备,组织了独立性比较强的区域保障。通过灵活采取多种行之有效的保障方法,基本满足了反空袭作战的装备维修保障需要。

7.3 伊拉克战争装备维修保障

伊拉克战争是以美英军队为主的联合部队在2003年3月20日至5月2日对伊拉克发动的军事行动,历时43天。美国以伊拉克藏有大规模杀伤性武器并暗中支持恐怖分子为由,绕开联合国安理会,单方面对伊拉克实施军事打击。到2010年8月美国战斗部队撤出伊拉克为止,历时7年多,美方最终没有找到所谓的大规模杀伤性武器。伊拉克战争使用了大量的美国现代化新式武器,是一场初具信息化形态的战争,再次诠释了科技是现代军队发展和军事实力的重要支柱,也引发了装备维修保障领域新一轮变革。

7.3.1 伊拉克战争概况

21世纪初,美国谋求建立单极世界,维护全球霸权和利益的战略野心极度膨胀。2001年"911事件"发生后,尽管萨达姆·侯赛因与华盛顿和纽约被袭毫无干系,也没有切实证据表明伊拉克与"基地"组织策划此次袭击有关联。但是,美国借这次事件改变了风险评估标准。布什政府追求"绝对优势""绝对安全"。受其地缘战略、能源战略和反恐战略综合需求的驱使,美国以反恐和消除大规模杀伤性武器威胁为名行战略扩张之实,蓄意发动对伊战争。伊拉克时间2003年3月19日21时,以美国为首的联军部队开始摧毁伊拉克位于西部边境的目视观察所,特种作战部队秘密潜入伊拉克境内。3月20日凌晨5时许,美军动用2架F-117隐身战斗轰炸机,投掷4枚重达2000磅的卫星制导炸弹,对萨达姆进行了斩首突击。美国海军战舰还发射了39枚"战斧"式巡航导弹。伊拉克战争全面爆发。纵观整个伊拉克战争进程,大体可分为4个阶段:美英联军精确打击与伊军重点防御作战(3月20日至3月25日);美英联军重点进攻与伊军伺机反击作战(3月26日至3月31日);美英占领巴格达与伊军全面瓦解(4月1日至4月9日);美英联军清剿作战与战后安排(4月10日至5月2日),美英联军开始向北部重镇发起进攻,相继攻克伊北部战略要地,并开始处理战后事宜。

伊拉克战争,美英联军的作战企图非常明确,即"推翻萨达姆,建立亲美新政权,进而控制中东"。依据这样的企图,美英联军作战原则可概括为先发制人、直指要害、多战并用、速战速决。伊拉克军队作战企图也非常清晰,即"依托本土、顽强抵抗、持久作战、以拖待变,争取国际舆论的声援和支持"。依据这样的企图,伊军作战原则可概括为依托要点、分区防守、军民一体、防反结合、持久制胜。2002年9月4日,美国总统布什公开宣布"倒萨"行动开始,即展开兵力投送与部署,主要分三个阶段进行。首先,保持常驻装备,及时调整战略储备。海湾战区是美国空军的重点部署地区,美国以对伊拉克南北两个禁飞区进行例行巡逻为借口,一直在土耳其、沙特阿拉伯、科威特和巴林等国部署有飞机,并辟有专门的机场、基地和物资存放处。此外,美国空军在波黑维和行动时,还在意大利部署了大量飞机,在德国、英国等欧洲的北约国家内也部署了大量飞机。其次,充分发挥空间侦察卫星的作用,获得作战必需的情报。为保障这次战争的顺利实施,美军动用了太空几十颗军用卫星。战前,各种侦察卫星已经详细地侦察了伊拉克的各种战略目标。利用核查机会,空中U-2侦察机对主要战略目标进行核对,并利用GPS进行精确定位。最后,新型武器逐步定型,计划投入实战使用。主要包括:可以更灵活穿越各种地形、绕开复杂障碍、能检测生化武器的新一代机器人;根据油气炸药技术原理制造的,爆炸后可消耗空气中的氧气,从而使周围的所有生物因窒息而立即死亡的温压炸弹;爆炸后迸出高级碳素纤维致使电流短路,进而切断供电的石墨炸弹;利用大功率微波束毁坏和干扰敌方武器系统、信息系统和通信链路中敏感电子部件的电磁脉冲弹;用于对机场跑道、地面加固目标及地下设施进行攻击的钻地炸弹;改进型"战斧"巡航导弹。

  伊军最高当局为了更有效地抗击美英联军可能发动和进攻,于战前围绕南部战区、幼发拉底河战区、中央战区和北部战区,有重点地进行了兵力部署调整。首先,调整装备配备,力争发挥主战装备的威力。例如,将较为先进的T-72主战坦克,用于主要防御方向伊拉克南部;合理搭配防空兵力形成以重要城市为中心的要地防空体系。其次,分散隐蔽,加强防护。伊拉克军队多次进行"城市战"训练,民兵组织也发放了包括40火箭筒在内的轻武器及手榴弹等传统武器,从军营里撤出武器装备,隐蔽在城市、乡村和树林里。伊拉克吸取了海湾战争中预警指挥系统首先遭到毁灭性打击的教训,战前采取了多种隐真示假、隐藏躲避的方法,加强了预警指挥系统的防护。最后,积极引进先进技术和装备,有效对付高技术武器装备。伊拉克在极端困难和受到制裁的情况下,采取各种渠道,积极引进能用于对付高技术装备的技术和装备,如GPS干扰仪、夜视器材等,提高与美英联军对抗的能力。

  伊拉克战争是一场以武装占领这一传统目的为主旨,而在具体作战实施上大大有别于以往高技术战争的战争。与海湾战争相比,伊拉克战争持续时间短,战争节奏快,没有明显的战争阶段划分,震慑作战、地面进攻、特种作战、信息作战等多种作战行动交织进行。同科索沃和阿富汗战争相比,伊拉克战争动用兵力兵器规模大,指挥控制更复杂。总之,区别于以往美军发动的局部战争,伊拉克战争信息化程度最高,参战装备复杂,装备维修保障要求更高。

7.3.2 伊拉克战争装备运用情况

7.3.2.1 美英联军装备运用

1. 装备体系对抗的特点更加突出

美英联军参战装备涵盖了主战系统、综合电子信息系统、保障系统三大装备体系。在主战装备方面,突出体现在精确制导武器,以及可投放精确制导弹药的各种平台的广泛应用;在综合电子信息系统方面,体现在多种信息装备的互通、互联、互操作,形成了覆盖陆、海、空、天的信息获取、处理、传输、利用的信息支援体系;在保障装备方面,通过先进的保障手段和保障装备,形成了前后方一体的综合保障能力。三大装备体系之间互相支撑,紧密配合,使美军在战争中把握住了主动权,保证了联合作战的顺利实施。

2. 突出信息装备支援保障作用

这次战争中,美军以信息技术为支撑、信息制胜为主导的思想得到充分体现,其信息装备数量多、质量高、系统性强,对取得战争胜利发挥了至关重要的作用。一是预警侦察立体化。美军动用了 150 余颗卫星、48 架预警机、70 余架侦察巡逻机、50 架电子战飞机、90 余架无人机以及大量地面侦察装备,构成全天时、全天候、宽频域、不间断的立体侦察监视体系,保证了战场态势实时感知的需求。二是信息传输近实时化。美军利用全球战略通信网、多种战役战术通信网和战术数据链,以及大量民用通信设施,构成了陆、海、空、天一体化的信息传输网络。与 1991 年海湾战争相比,美国防信息系统通信带宽提高 10 倍,空中作战指挥数据交换能力提高了 100 倍。三是指挥控制一体化。美军依托其长期建设、高额投入、反复试验、不断完善的全球指挥控制系统、机动指挥控制系统等,构成了纵贯战略、战役和战术力量,横连各军兵种,并与部分作战平台直接交联的指挥控制体系,为正确决策、灵活指挥提供了有效的手段。

3. 大量使用精确制导武器弹药

伊拉克战争中,美军精确制导武器的打击精度、突防及毁伤能力大幅度提高。例如,战斧巡航导弹打击精度达 3m,俯冲攻击速度增至马赫数 1,较改进前精度提高 1 倍;GBU-28 精确制导炸弹可穿透 6m 的混凝土或 30m 深的土层;首次使用的 GBU-105 传感引信集束炸弹,1 枚可攻击 40 个装甲目标。在海湾战争中能投放精确制导弹药的作战飞机仅为 20%,而此战争中大多数参战飞机和舰艇均能投射确制导弹药。从美军在战争中的使用情况看,精确制导装备正在向低成本、通用化、系列化方向发展。美军使用的"联合直接攻击弹药"(Joint Direct Attack Munition,JDAM)单价仅为2.1万美元。在科索沃战争中,JDAM只能由B-2A轰炸机携带,而这次战争中,美军几乎所有机型,如B-1B、B-53H、F-16、F/A-18、F-14都可携带JDAM。JDAM已成系列发展了GBU-29/30通用爆破型、GBU-31/32专用侵彻型等多种型号。

4. 对改进武器装备进行实战检验

伊拉克战争中,美军大量运用了经高新技术特别是信息技术改造的装备。例如,美军参战的作战飞机普遍安装了数据链路,具备较强的战场态势感知能力及互联互通能力,对地面目标的瞄准能力提高了4倍。服役40年、经历16次改进的B-52战略轰炸机,战前紧急安装了"蓝盾"Ⅱ改进型吊舱瞄准系统,明显提高了攻击精度。这些经过改造的装备,经费投入不多,作战效能提高非常明显。美军不仅重视依据作战需求变化改进现役装备,同时还十分重视在实战中检验新型武器装备。通过战争,美军已经形成了"提出作战概念—开发新型武器—进行试验演习—用于作战实践"的战斗力生成机制。在伊拉克战争中,美军又一次对部分新概念武器进行了实战检验,如"爱国者"-3动能反导系统采用弹头直接碰撞方式,拦截多枚伊军近程弹道导弹。

7.3.2.2 伊拉克军队装备运用

面对美英联军强大攻势,伊拉克以弱抗强,综合实施多种作战行动,努力进行反击作战,取得了一定的作战效果。特别是战争初期在诸多作战行动中装备运用的成功范例,值得研究借鉴。

1. 充分发挥一般技术装备的效能

与美英相比,伊拉克的武器装备整体水平要相差很多,加之十多年的制裁,伊拉克几乎没有高新武器装备,一般的武器装备储备也受到极大削弱。在这种极端困难的情况下,伊拉克进行了积极的战前准备,充分发挥了一般技术武器装备的效能,通过技术改进,并采取集中配置,将高炮、防空导弹、高射机枪组成一个有机整体,形成密集的防空火力网。在作战中击落了美英军的一些作战飞机和巡航导弹。最为典型的是,伊拉克农民甚至用老式的来福枪击落了美国陆军的"阿帕奇"攻击直升机,创造了人类战争史上的奇迹。

2. 劣势装备结合灵活战术运用

在伊拉克战争中,伊军吸取了1991年海湾战争的教训,采取灵活的战术。一是针对自身长期受到联合国的制裁和禁运,高技术装备、防空武器、重武器缺乏,而美英联军陆军部队已全面实现机械化,空中侦察、监视、打击力量极为强大的实际,采取不与美军正面对抗,划区作战,减少指挥环节、下放指挥权限、分散指挥、近战、巷战、游击战、破袭战等非对称战法,给美英联军造成了很大的麻烦。二是针对自身武器装备射程短、火力弱、威力小的实际,采取了利用不良天候隐蔽接敌、突然攻击、抵近射击的攻击方式。三是针对美军推进速度快、补给线长、供应保障压力大的弱点,避免决战,避其锋芒,充分发挥手中武器的性能,击其软肋,重点进攻美英联军补给、保障部队,干扰和迟滞了其作战决心的实现。

3. 加强预警指挥系统的防护

伊拉克吸取了海湾战争中预警指挥系统首先遭到毁灭性打击的教训,战前加强了预警指挥系统的防护,采取了多种隐真示假、隐藏躲避的方法,起到了一定的效果。在此次战争中,面对美英联军的狂轰滥炸,伊军的中远程探测和跟踪雷达也发挥了较大作用,每当美英联军航空兵和巡航导弹对巴格达等城市实施突击之前,伊军雷达都及时做出了预警。但是,由于信息对抗实力上的巨大差距,伊军预警指挥系统很快便难以发挥作用。

4. 迫使敌高技术装备失效

伊军针对美国普遍使用 GPS 精确制导武器的实际,在战前就购置并装备了烟盒大小的 GPS 干扰机。伊军开创了实战中第一次对 GPS 制导系统进行干扰的先河,收到了一定效果。开战前,美国预料到伊拉克可能会干扰 GPS 信号,提前给 GPS 制导炸弹和导弹加装了抗干扰设备。但在战争初期,美军十几枚"战斧"巡航导弹还是由于干扰偏离预定航线,落在土耳其、叙利亚和伊朗境内。不少 JDAM 联合攻击弹药也遭到干扰而无法命中目标。另外,伊军还成功运用引进的先进俄制反坦克导弹,击毁了美军部分 M1A1 坦克和布雷德利战车。伊军还充分利用各种就便器材,干扰敌高技术装备。例如,在巴格达郊区,预设石油带,当美英联军实施精确打击时,点燃石油燃烧释放热量使红外线制导的精确武器出现偏差,浓烟又降低了能见度,从而干扰了美军依靠电视或激光制导的精确打击武器。

7.3.3 伊拉克战争装备维修保障经验与教训

总结伊拉克战争,美英联军能够迅速达成军事目的,装备维修保障系统发挥了重要作用。在最高当局下定"倒萨"决心后,装备部门迅速做出反应,根据总体作战计划,精心筹划,严密组织,迅速调集保障力量,在较短的时间内完成了投送和其他战前准备。开战后,联军依托先进的信息技术与完善的战场态势感知系统,严密跟踪监控战事发展与作战部队维修保障需求,采用伴随跟进、直达前送和空地一体等保障方式,对一线作战部队进行了快速、精确保障。伊拉克战争中美英联军装备维修保障是"聚焦保障"原则在联合作战中的一次全面实践。

7.3.3.1 发展三军联合、一体化的装备维修保障模式

美英联军武器装备标准化程度高,三军通用性强,"军种联合保障"体制较为成熟,通过借助无缝隙的信息化保障系统,将各种装备维修保障资源联成一个整体,使得一体化保障实践得到极大丰富和发展。一是作战装备与保障装备一体化。美英军保障装备与主战装备一样具有很强的机动能力和信息化水平,提供了连续、不间断的伴随保障。二是作战部队与保障部队一体化。作战部队与保障部队可根据作战任务和作战对手,通过灵活编组形成一个有机的作战实体,使保障部队对作战部队的伴随保障能力更强、更及时、更准确,加快了作战节奏、提高了作战效率。三是作战行动与保障行动一体化。美军在制订对伊作战计划时,同时制订了各类保障计划,并反复论证了各类保障能力特别是装备维修保障能力,如何适应复杂多变的战场需要具体的应对措施,充分考虑各种情况对装备维修保障进行了周密的计划和安排。四是建制保障与社会保障一体化。战争中美军非常重视发挥社会保障力量的作用,大量征召了从事多种专业勤务工作的后备役人员扩充兵力,从事维修、供应等工作。

7.3.3.2 进一步突出预备役、合同商保障的地位作用

为解决"平时少养兵、战时有兵用"的矛盾,美军建立了现役、预备役、合同商三位一体的装备维修保障力量体系。预备役保障力量可不经训练、调整和扩编,或经紧急扩编和调整、训练即可转为现役。合同商在平时以合同的形式明确其战时保障任务,战时根据需要紧急征用。为发挥三种保障力量的整体保障效能,美军建立了统一指挥与控制的联勤体制和战区联合保障指挥体系,并由陆军装备司令部统一管理现役、预备役部队维修保障设施和合同商维修力量,统一安排维修任务。此次战争中,占总数20%左右的现役保障力量,以旅配属保障营、营配属保障连的形式,主要承担供、修、防一体的伴随综合保障任务;占总数80%左右的预备役、合同商保障力量,主要承担了战略投送、战区直达配送保障以及装备生产和技术保障。实战表明,数量充足、结构合理的保障力量是提高装备维修保障效率的坚实依托。战争中的战损装备修复时间均在24h以内,最快的仅需几十分钟,既有先进维修手段和指挥控制系统的功劳,也充分体现了保障力量结构优化后对保障能力的提升效果。

7.3.3.3 应用信息技术增强装备维修精确保障能力

伊拉克战争中,大量应用信息技术使得美英联军信息化装备维修保障已初具规模,"聚焦保障"理论所倡导的精确保障能力得到极大增强。一是依托各种装备保障信息管理系统,保障资源实时可视。在"三军"联合保障方面,初步建

成了联合全资产可视系统。在装备维修器材补给方面,通过在港口、机场、车站、基地等处安装的自动识别系统和安装在车辆上的移动跟踪系统,实现了对战区维修器材分发的总体协调。二是完善装备保障指挥信息系统,保障行动精确控制。到伊拉克战争,美军以作战指挥网络为依托,建立完善的装备保障指挥网络系统,实现了对作战部队装备维修保障行动的精确控制。三是使用大量信息化维修保障设备,保障效率显著提高。例如,美军主战装备基本上配备了交互式电子技术手册(有些还增加了故障诊断专家知识库),并配以先进的嵌入式传感器故障检测诊断设备,装备操作人员可以自行收集信息和判定故障,并通过信息网络与装备保障机构及时传输装备诊断、修理等相关信息,使装备故障诊断效率大大提高,也为适时调用装备保障力量、及时组织器材供应、快速修复受损装备等创造了条件。

7.3.3.4 通过战前预置和战中补充提高战场应急抢修能力

一是战前预建基地、预置物资,装备维修保障应急能力强。在伊拉克战争中,美英联军在装备维修保障部署上主要采取了三种方式:建立储备基地,配套囤积维修器材;设立保障基地,系统预置维修力量;调整海上预置船机动储备。例如,美军拥有强大的海上预置力量,其"预置船队"搭载足以保障3个师在距海岸160～240km的内陆持续作战30天的器材物资,组成了强大的机动预置保障储备。二是战中主动配给、直达保障,装备维修保障速度效益高。伊拉克战争,美英联军根据新的保障理论,首次试验了"即时补给"战略,即不建立储备,利用完善的信息网络和强大的投送系统,将作战维修器材等物资按需要的数量,在需要的时间,投放到需要的地点。这种保障模式,主要有信息化全面监控、可视化重点管理、直达式一体保障三个特点。

7.3.3.5 环境预计不足、缺乏强力支援造成装备维修保障短期困难

一是高温天气和沙尘暴增加了维修保障的负担。在本次战争中,严重的沙尘暴和高温天气对联军的装备维修保障产生了较大的影响。更为不利的是,2003年3月25日以后,伊拉克连续多日的强沙尘暴天气,能见度只有100m,甚至只有几十米。飘散在空中的黄沙侵入装备后,不但严重影响高技术作战装备发挥效能,迟滞部队推进速度和作战行动,而且使维修装备、检测设备的零部件和各种仪器仪表失灵或不能正常使用,维修工作无法行进,直升机无法起飞,保障行动一度中断。二是保障防卫力量不足,导致维修保障效能降低。作战初期,由于美英联军地面推进速度过快,很快将补给线延长到数千米,防卫力量又十分薄弱,不断受到伊军伏击、袭扰,后方补给线的安全受到严重威胁,对部队作战行动和作战进程带来直接影响,地面部队不得不因此而放慢进攻速度。例如,2003

年3月23日,美军第507维修连补给车队遭到伊军袭击,损伤惨重。三是缺乏盟国支持,部分装备维修保障计划难以落实。此次对伊拉克的军事行动中,按照美国原来的设想,主要依靠盟国的保障力量为参战美军提供保障。然而,在战争中,除了英国大力配合,只有少数国家派遣了少量力量提供有限保障,使得美英只能依靠自己的力量来完成维修保障,增大了保障难度。

7.4 叙利亚战争装备维修保障

叙利亚的反政府示威活动于2011年1月26日开始并于3月15日升级,随后反政府示威活动演变成了武装冲突。此后,在地区大国以及世界大国的干预下,叙利亚局势从示威游行到武装冲突,从"叙利亚自由军"出现到"伊斯兰国"异军突起,并最终形成叙利亚政府军、反对派武装、极端组织武装等多方混战、抢占山头的局面。最终叙利亚政府军在俄军的全力支持下,取得了决定性的胜利,并为俄罗斯稳固了在中东的立足点。叙利亚战争是一场透出未来战争味道的准现代战争,出现了一些新型装备,也让人们看到了未来战争装备维修保障的依稀模样。

7.4.1 叙利亚战争概况

"911事件"以后,美国将叙利亚列入支持恐怖主义的国家黑名单。因叙利亚在伊拉克战争以来对美国的强硬立场,美国将其视为地区为数不多的强硬反美政权。2011年3月,叙利亚危机爆发。沙特阿拉伯等海湾阿拉伯国家主导的阿盟介入叙利亚危机后,叙利亚形势迅速恶化。2011年10月24日,美国宣布召回驻叙利亚大使。2月28日,美国宣布额外追加6000万美元,帮助叙利亚反对派在其控制区提供下水道设施、教育、安全保障等基本公共服务,同时向"叙利亚自由军"提供食品和药品援助。同时,欧盟同意英国建议,向叙利亚反对派提供车辆等非致命性装备。土耳其2011年8月起也从巴沙尔政权的友好邻邦变身为主要对手,支持叙利亚穆斯林兄弟会等反对派,并向逊尼派反政府武装提供庇护、武器和培训。叙利亚战争可以大致分为4个阶段:战争萌发阶段(2011年),这一时期是叙利亚从内乱到内战的阶段,也是国内部分反对派形成势力的过程;战争扩大阶段(2012—2014年),这一阶段,反对派及西方特工策反了部分叙利亚军人,政府军当时连主要的大城市都难以确保,首都周围、霍姆斯及阿勒颇的争夺异常激烈;俄军介入第一期阶段(2015—2016年),这一时期俄罗斯军队突然介入了,一方面通过空天军及特种部队遏制住了叛军进攻的态势,同时俄

第7章 近几场战争装备维修保障分析

叙联军打赢了至关重要的阿勒颇一战,由此彻底站稳了脚跟;俄军介入第二期阶段(2017—2020年),这一时期俄叙联军控制几大核心城市之后,开始反攻,最终基本上解放了全国其余的领土。

从2015年9月驻叙利亚俄军发起首次军事行动,到2017年12月11日普京宣布撤军,在这两年多的时间里俄军共出动包含几乎所有兵种的近5万名武装人员进入叙利亚。在叙利亚的军事事件中,俄军选派包括空天宇航分队、无人机分队、网络战分队、海军陆战队、警戒雷达部队、电子干扰和侦察分队、技侦部队、防空分队、炮兵分队、工程兵分队、运输机部队、直升机分队等联队力量,齐集俄罗斯空军驻拉塔基亚军事基地,成为诸兵种联合作战的集群,其作战指挥直接归属俄罗斯武装力量总参谋部。这是一个以空天军为主的,联合的、跨部门的特遣部队。虽然这在美国军队中很常见,但在俄罗斯却是独一无二的。特种作战部队和雇佣军也是俄罗斯派往叙利亚部队的重要组成部分。他们的特种部队为空中、海上力量提供地面引导和地面目标的直接解决方案,而私营军事公司则提供了一支可靠,但俄罗斯似乎又可以否认的地面部队。与主要提供定点或护送安全的美国承包商黑水集团或三蓬公司不同,俄罗斯私营军事力量像联合作战任务部队一样装备齐全,并在俄罗斯的地面战斗中发挥广泛作用。在这场战争中俄军表现最为值得关注的便是空军和特种作战力量。与此同时,俄军还出动了步兵及炮兵部队负责基地防卫,出动了地空导弹和电子干扰部队负责基地防卫,动用了至少10颗卫星进行实时侦察。同时,俄军还派出了军事顾问团负责与叙利亚政府军的协调,并担负起对后者的培训和指导工作。按照俄罗斯卫星通讯社公布的数据显示,在两年多的作战中,俄军派出4.8万多名军人在叙利亚参战,动用了215种武器,共进行了至少23000次战斗,发动空袭约77000次,共击毁恐怖分子设施9.6万余处;消灭了35000名恐怖分子,有9000名恐怖分子放下武器,将超过89%的叙利亚领土从"伊斯兰国"恐怖组织的武装分子手中解放出来。

通过直接军事介入,俄罗斯帮助一度风雨飘摇的巴沙尔政权收复大片国土、稳固执政地位。俄罗斯也以此为契机扩大了在中东地区的影响力,重塑了自身的国际政治、军事大国形象。但俄罗斯与美国和北约的关系也愈加紧张,招来更加严厉的经济制裁、外交孤立和军事打压,外部环境呈恶化趋势。俄罗斯介入叙利亚战事的得与失,值得梳理总结,但其围绕驻海外基地实施的有效装备维修保障活动,确有很多可圈可点之处。

7.4.2 叙利亚战争装备运用

叙利亚战争装备运用的主角是俄罗斯。从表面上看,俄罗斯似乎通过模仿美国在科索沃的模式来展现自己的技术实力。俄罗斯的大部分行动来自天上,通过空军或海军的力量实施。叙利亚军事行动也允许其测试精确打击武器,包括从里海发射的一连串导弹,以展示俄罗斯的能力。但实际上,俄军结合"三情"和自身装备实际,在装备运用上有很多独到之处。

在大量派兵的两年多时间里,俄军在叙利亚展开了全维度、多层次的兵力部署,俄制武器实现了集体亮相。在陆地,T-90A 主战坦克、TOS-1A 和 BM-30 "龙卷风"两款火箭炮虽然不是战场上的主角,但还是走出了阅兵场,迈向了通往战场的第一步;更引人关注的是俄军的"战斗机器人部队"——在 2015 年底,叙利亚政府军在俄罗斯战斗机器人的支援下展开了清除"伊斯兰国"据点的作战行动。俄罗斯媒体骄傲地宣称,这是世界上第一场"以战斗机器人为主的攻坚作战"。在海上,里海区舰队自苏联解体以来首次参加实战,并一举博得世人的关注。2015 年 10 月 7 日深夜,26 枚"神剑"巡航导弹从俄罗斯海军里海区舰队的 4 艘轻型护卫舰上发射,经过伊朗、伊拉克领空,准确击中位于叙利亚境内"伊斯兰国"的重要军事目标。这是俄罗斯海军首次在实战中使用舰射巡航导弹攻击远距离地面目标,在俄罗斯海军发展史上有着里程碑式的意义。在天空,俄罗斯空天军成立不足两个月即首次参加实战。除了苏-35C、苏-34、米-28N 等新型战机首次亮相,图-160、图-95MC 两款服役多年的战略轰炸机也首次在实战中发挥了自己的作用——向恐怖分子的阵地投放了俄罗斯新一代远程隐身巡航导弹 KH-555 和 KH-101。尤为值得一提的是,俄罗斯空天军刚一成立便实现了"空天一体",出动了 10 余种不同型号的卫星,它们在叙利亚上空持续地探测地形,为战机指引目标,并实时评估战场形势。"空天军"也正如其名,通过实战达到了"空"与"天"的无缝对接。

对叙利亚的空袭行动中,俄罗斯空天军出动的作战飞机有 5 架图-160 型轰炸机、6 架图-95MC 型轰炸机、14 架图-22M3 型轰炸机、4 架苏-35C 战斗机、8 架苏-34 歼轰机、4 架苏-30CM 歼轰机、12 架苏-24M 轰炸机、12 架苏-25 攻击机、1 架图-214P 型侦察机、2 架伊尔-20 电子侦察机,以及卡-52、米-8A、米-24 等型直升机。土耳其战机击落俄苏-24M 战斗机后,俄罗斯又在叙土边境部署了 C-400 防空导弹部队。从投入装备的技术层次看,虽然苏-35、苏-30SM、苏-34、图-160、图-22M3 等一系列先进战机以及"口径"巡航导弹、T-90 坦克以及装备时髦的特种部队轮番在叙利亚出场亮相,但俄军空袭使用的绝大多数还是冷战时期的铁炸弹,只有极少数激光制导炸弹;地面特种部队主要也扮演了精锐步兵和空地联络的角色。而在空军力量编组中,俄罗斯空军也表现出极强的灵活性和实用性。从装备普通炸弹和火箭弹的老旧苏-24轰炸机、多功能的苏-34轰炸机、低空突防的苏-25强击轰炸机、装备巡航导弹和重型炸弹的图式系列远程轰炸机、进行战场监视指挥和信息传输的A-50预警机、掌控制空权的苏-27、苏-30战斗机以及新锐的苏-35、苏-57战斗机。俄罗斯空天军通过远近空中力量结合、新老机型搭配的方式成功地构建了低成本高效率的现代化空中作战体系。

当然,这种作战体系也是较为容易出现破绽,在战争中俄罗斯共损失了7架飞机:2架苏-24M2、1架苏-25M1、1架苏-33、1架米格-29、1架安-26和1架图-154B-2。而其他的一些故障和战伤都通过其维修保障体系得以恢复。并且,通过这种大规模的、体系化的装备运用,俄军在两年多的作战过程中共发现702处武器装备缺陷,目前大多已经被排除。

7.4.3 叙利亚战争装备维修保障经验与教训

从俄罗斯军队在乌克兰东部的"非介入战略"和在叙利亚的"混合战争"的表现来看,可以说经过改革后或正在改革中的俄罗斯军队是一支具有较高现代化水平,能够捍卫国家利益、实现国家意志的军队。而叙利亚政府军(阿萨德派系)打了这么多年战争还能继续支撑下去,且为何越是到战争的后半段越是有明显的后劲。这些都值得认真思考和研究。

7.4.3.1 紧盯战争形态演变把握装备维修保障新要求

一是"电磁作战"使用率不断提高,装备维修保障的能力结构需要转变。美国和俄罗斯在叙利亚对抗的方式主要是无形的电子攻防战。美国专门针对俄罗斯的监视雷达进行了电磁干扰,以避免战机受到侦察与定位。同时,各种无人机也在战场上收集俄军的电磁频谱信号。为进行干扰与反干扰,俄罗斯空军出动了伊尔-20电子战飞机专门执行电子侦察和干扰作战,老旧的苏-24战机也装备了最先进的电子战综合体"希比内"。此外,俄罗斯还部署了"杠杆""水银"等电子战系统保障基地安全。二是"特种作战"频谱不断拓展,装备维修保障的灵活性有待提高。近几场局部战争的实践证明,除了营救人员、定点清除等关键任务外,"特种作战"并非"特种部队"的专利,常规部队的"特战化"使用成为常态。例如,俄军近来在报复袭击机场的武装分子的行动中,就是先由情报人员引导打击,然后发射"红土地"制导炮弹予以歼灭。三是"战争无人化"趋势凸显,装备维修保障的对象更为复杂。叙利亚战争中机器人首次被用于战场攻坚。在拉塔基亚省754.5高地争夺战中,俄军无人机将战场实况传送到"仙女座"-D自动化指挥系统,操作员据此操纵4台"平台"-M履带式和2台"暗语"轮式机器人对敌攻击,由叙利亚政府军紧随其后扫灭残敌。最终,"无人"胜"有人",此战击毙70余名武装分子。

7.4.3.2 聚焦装备维修保障能力实施(海外)基地化保障

一是准备到位。与2013年就开始进行的理论与决策准备、法律准备、寻求外交支持的同时,积极开展军事准备。对地中海南段的叙利亚塔尔图斯港实施改建,完善补给、技术维修与防御功能,使其两个浮动码头分别具备接纳巡洋舰或驱逐舰、护卫舰或大型登陆舰的能力。加强空天军驻叙利亚"赫梅米姆"航空基地建设,短时间内建立了数十处基础设施,部署了机场工程、技术与生活等保障系统。二是投送及时。依靠强大、有效的战略投送能力,俄军装备保障维修精确有效,高效地巩固了战场的优势。这些力量投送中不仅有战斗力量也有配套的大量保障力量。例如,航空兵的部署,需要完成三大类转运。首先是飞机和飞行员的部署;其次是飞机所需弹药、燃料和地勤人员的运输;最后是飞机维护设备的部署,包括供氧、充氮、检修、制冷、加油、供弹和供电等车辆。三是能力匹配。两年多的时间里俄罗斯空军在叙利亚上空执行了3.4万次战斗任务,其仅以70余架战机的数量便拥有如此高的出勤率,体现了俄罗斯空军的高超素质和战斗力的恢复提升。在2015年9月至2016年3月期间,在封锁极端分子运输线的空袭行动中,俄罗斯空军就实现出动9000余次,几乎每昼夜都能保持60~80架次的高强度出勤。

7.4.3.3 通过恰当维修保养措施使老旧装备派上用场

在现代战争中,精确制导武器的使用越来越广泛。俄罗斯《军工信使报》在总结俄军叙利亚作战经验时发现,在对手不具备防空能力或防空力量薄弱的前提下,合理使用非制导的"老旧"武器有意想不到的作用。但前提是这些"老旧"装备要得到很好的维修保养。一个明显的例子,就是俄罗斯大量退役T-62坦克被重新启用,用于支援叙利亚政府军使用。T-62坦克是一款研发于20世纪60年代的型号(最晚的一批T-62也是1975年出厂),性能已经无法与现在坦克相比,但是可靠性却非常不错,属于一款非常实用的装备。从目前看到的情况来说,俄军重启T-62基本上都被援助给叙利亚,它们在从封存地调出之后,在专业工厂内进行维修,甚至部分升级之后,输送到俄罗斯西部的港口,再装船运到叙利亚。叙军的主要坦克型号仍以T-54、T-62为主力型号,属于叙军非常熟悉的型号,几乎不需要换装训练,而且有配套的维修保障体系。考虑叙军坦克主要用于支援步兵作战,几乎没有发生坦克战的可能性,那么接收T-62坦克就非常合适了。

7.4.3.4　通过保持并恢复工业能力弥补装备严重损失

叙利亚装甲部队最难熬的无疑是第二阶段,该阶段仅仅3年的时间,叙军就损失了近1400辆坦克,平均每天就要损失至少1辆。此外,还损失了1批装甲抢修车,装甲牵引车和普通装甲运输车等。对于当时一共拥有不到3000辆坦克的叙利亚来说,3年损失了1400辆坦克是极为恐怖的,尤其除了坦克,装甲兵的损失更是短期内难以弥补的。为了弥补军队战力的缺口,叙利亚把战场上还算完整的坦克装甲车送到维修工厂对它们进行维修。正是通过持续不断维修翻新老旧坦克,叙利亚才能保持勉力维持的局面。特别是,俄军帮助叙利亚夺取了大城市之后,叙利亚想方设法使原有军工厂恢复运转,其虽然不具备制造坦克的能力,但是维修及保养却问题不大,这就减少了坦克的彻底损毁率,使得损伤不太严重的坦克可以很快重返战场。在具体修理这些坦克的过程中,由于零配件不足、战场急需等原因,叙利亚大量用到了拆拼修理等应急修理方式,并建立了配套的备用备件库。

7.4.3.5　引进装备配套维修保障体系建立不及时

叙利亚空军战前是中东不可忽视的一支重要空中力量,拥有着较为庞大的机队,尽管大部分战机为MiG-21或者MiG-23等老旧机型,但叙利亚空军仍有1个半中队(约40架)的MiG-29中队,这是叙利亚空军最先进的战斗机,也是最后的底牌。但是由于多年的内战,叙利亚空军遭受了大量的损失,大部分飞机或被击落,或因为维修保养问题而被迫报废。尽管叙利亚空军竭尽全力保护自己少得可怜的MiG-29战斗机,但是由于外部制裁和战争所带来的零件匮乏和维护不及时,叙利亚的MiG-29战斗机仍然蒙受了一定的损失。由于叙利亚自身并没有独立维修MiG-29战斗机的能力,叙利亚的MiG-29战斗机需要俄罗斯的支援才能继续运作,并且叙利亚空军相对较低的维护能力还导致了不少飞行事故。俄罗斯也意识到了这一点,2019年,俄罗斯恢复了叙利亚阿勒颇地区Nayrab空军维护基地的运作,MiG-29战斗机维修能力得到部分恢复。总体来说,若想重振叙利亚上空的猎鹰雄风,仍有很长的一段路要走。这其中装备维修保障体系的建立和完善,是不可或缺的重要因素。

第8章 装备维修保障展望

总览外军情况并结合当代形势综合研判,不难看出装备维修保障这一战斗力的"倍增器"正在发生新的变化。新军事革命、现代联合作战、新型战建关系带来新的挑战,装备维修保障呈现集成化、精干化、精确化、实战化等新的发展趋势,需要把握理论体系、技术方法、科学管理、保障模式、战时能力等关键点,推动装备维修保障建设创新发展。

8.1 装备维修保障面临严峻挑战

随着世界政治、经济和军事形势的变化,地区性冲突、恐怖主义等局部战争已成为影响世界安全的主要危险,需要军事力量更为精干的结构、更好的机动性和更为敏捷的反应,也对装备维修保障的目标、结构、规模、质量、效率、消耗等诸方面提出新的要求,对装备维修保障系统建设提出了严峻挑战。这些挑战主要体现在以下三个方面。

8.1.1 新军事革命对装备维修保障目标的校定

半个世纪以来,核能、航天、微电子、激光等高新技术不断出现,并且更迭的速度越来越快。特别是信息技术的发展和广泛应用,正在迅速地影响着国家和世界的政治、军事、经济、文化环境和形势,改变着人们的精神和物质生活。这些技术首先用到军事装备上,使装备性能大大提高,也引发了新的军事革命。适应新的军事革命,配套高效的装备维修保障成为各国军队的重要任务。

8.1.1.1 突出提高战备完好性和保障效能

提高战备完好性和保障效能是装备维修工作乃至整个装备建设的主要目标。应付作战节奏快、装备使用强度大、战损率高的现代局部战争,要求提高装备的战备完好性和保障效能。纵观美军近几场战争中的连续作战能力,正是靠军事装备的高战备完好性和出勤率来保证的。而这些是通过其多年来在装备发展及维修保障中的持续投入得到的。为了实现军队保障有力,就要把装备维修保障的着眼点放在提高装备的战备完好性和提高保障效能上。装备维修保障的效能是要保障及时、维修迅速、减少延误,突出优质、低消耗保障,以适应信息化作战的要求。优质是装备维修质量可靠,能够保持或恢复装备的良好技术状态,在应急修理中至少是恢复必要的功能或自救能力;低消耗是维修消耗的人、财、物力要尽可能少,以减少军队负担和对生态环境的危害,也就是强调费用效益。

8.1.1.2 突出维修技术变化和流程再造

一方面,以信息技术为核心的高新技术的快速发展及其在维修领域的广泛应用,改变了装备维修保障的基本运作模式。在宏观层次上,计算机和网络通信技术的结合使装备维修系统的组织模式更加精干,虚拟组织或网络组织应运而生,促进了维修体制的变革;在微观层次上,虚拟现实、遗传算法、神经网络,以及人工智能、机器人技术等,引发了维修方式、保障模式、保障手段等的变革。例如,虚拟现实不仅可以用来发展和检验维修程序以及维修人员的培训,而且它与人工智能形式的自适应程序的结合,使远程维修等迅速得到了应用。另一方面,环境的剧烈变化以及信息技术的广泛应用,装备的复杂化,作战使用模式的改变,使以往"以邻为壑"的职能管理逐渐为流程管理所取代,传统的序贯流程为并行流程所取代。同时,维修保障部门通过建立广泛的供应联盟,利用综合武器系统数据库,实现了信息共享,通过信息的传输、交流和运用,显著提高了装备维修保障的综合效益。随着作战使用需求、资源可获得性以及商业实践等环境的变化,新理论、新技术、新方法不断涌现,流程的改进变得必要而可行,系统更加精干、流程更加顺畅合理、维修能力不断加强,装备维修保障的综合效益将显著提高。

8.1.1.3 突出现代化维修器材统供能力

建立三军维修器材统供能力,能够解决保障资源多头采购、重复储备、跨部门使用困难等问题,提高保障资源利用效率,降低装备维修保障成本。美军在保障物资统供能力建设方面走在世界前列,起步最早,技术最先进。英国、德国、俄罗斯三国军队在国防部层面实施装备保障物资统管统供相对较晚,但都在努力采用最先进的技术,实现维修器材供应现代化。近年来,全球定位、射频识别、自动化库存管理等技术手段的日益成熟,为构建现代化维修器材统供能力提供了支撑。俄军应对这一挑战是从"新面貌"改革开始的。2009年,俄罗斯国防部对物资技术保障系统进行了重大调整,在各军区建立综合转运和物流中心,用于进行保障物资接收、存储、发放。国防部2016年原计划到2020年前建立24个转运和物流中心,取代俄罗斯原有的330个基地和仓库,为俄军管理所有武器装备储备、维修备件。为了加速这些综合转运和物流中心的建设,俄罗斯国防部向私营企业放开6个综合转运和物流中心的特许经营权,南部军区、中部军区和东部军区各2个。虽然俄军的这一计划预计将推迟到2025年后完成,但其大趋势没有变。这表明各军事强国均注重对自身维修器材储供体系进行改造,力求通过现代军事物流方法,实现维修器材统供能力。

8.1.2 现代联合作战对装备维修保障能力的牵引

为推动联合作战环境下的装备维修保障能力建设,美国、英国、德国、俄罗斯等国军队根据自身体制特色,采取了不同的措施,来加强联合作战环境装备维修保障能力。这个实践过程,不可避免会遇到各种问题,并通过发现问题、解决问题逐步提升其联合作战装备维修保障能力。

8.1.2.1 强化建制维修核心能力

尽管军事强国在装备维修保障中都十分重视使用合同商保障力量,近几场战争中合同商保障也都取得了较好效果,但实践证明军方必须高度重视自身建制维修保障力量的建设。美国法律规定,合同商承担基地级维修的工作量比例不得超过50%,且国会明确指出通过基地二次分包给私营企业的业务以及过渡期合同商保障也都要算作合同商保障内容。为确保政策落到实处,美国国会要求国防部每年必须提交材料,给出各军兵种关于合同商承担基地级维修保障的经费额度与比例方面的详细数据。相比之下,德军对合同商保障十分依赖。陆军几乎所有的装备,包括车辆、武器和电子部件均交给HIL进行维修和保养。高度依赖合同商带来的最严重的问题是德军在阿富汗战场前线装备抢救抢修能力严重不足。俄军在"新面貌"军事改革中,曾一度将部队装备大、中、小修任务全部外包,经实践检验暴露了承包商在部队装备小修方面的能力缺陷,进而开始加强了基层部队装备维修保障力量建设,但目前仍未建立充分的维修保障能力[16]。随后,俄军恢复了部分作战师编制,并开始恢复和加强军、师级部队装备维修保障力量。随着现代联合作战对装备维修保障时效性、安全性要求的不断提高,强化建制维修核心能力的要求将日益凸显。

8.1.2.2 强化军种支援保障能力

在联合作战环境下,军种不再具有作战指挥权,成为主导军种能力建设的部门,但这不代表军种远离作战。实际上,军种是联合作战装备维修保障的关键战略支撑力量,在联合作战环境下,军种要持续支持联合作战行动,向作战部队提供强有力的装备维修保障支援,必要时还需要向联合作战部队中的其他军种提供支援,这要求军种必须密切关注作战行动的装备保障需求,深入参与到联合作战行动中,保证战时向部队提供支援的能力。一是在平时装备和保障能力建设中充分考虑支持联合作战需求。对军种之间通用的车辆、直升机、武器、弹药,可以跨军种成立联合项目机构,确保平台性能在满足各军种需求的同时,提高装备通用性,提高平台跨军种维修保障能力。二是在战时组织向军种作战部队提供装备维修保障支援。从外军实践来看,在支持联合作战装备维修保障方面,军种提供的支援方式主要是维修支援、备件支援、技术指导等。维修支援主要是军种调用基地级维修力量向战场提供基地级战时维修支援;备件支援主要是军种动用备件储备,持续向作战部队提供备件;技术指导主要是军种装备项目办公室联络装备厂家和保障承包商,向作战人员提供战场装备维修指导。

8.1.2.3 强化精确维修保障能力

精确维修保障能力是支撑联合作战装备维修保障的重要基础。在联合作战条件下,各军兵种力量集结战场,联合作战装备保障指挥部门必须能够明确掌握各种装备维修保障力量和保障资源的位置、状态、所属关系、支援关系的准确动向,才能有效实施联合作战装备维修保障指挥,确保战场保障资源有序流动和合理运用。美军在海湾战争中精确性不足给战区装备维修保障能力带来的影响至今仍有深刻借鉴意义。尽管在当时,美军已经利用信息技术,在战略级实现对装备维修器材的准确跟踪,但其在海外战场的战役和战术层面缺乏对维修器材进行精确跟踪的能力,导致战场内战役保障人员严重短缺,保障资源在战役级形成堵塞,放大了保障能力精确性不足的不良影响。这些情况给美军敲响了警钟,随后美军提出精确保障概念,陆续对其供应保障系统启动全资可视化能力建设,对其装备维修保障领域应用的诸多孤立信息系统启动一体化升级改造,启动各军种"全球作战保障系统"建设等一系列工作。历经10余年发展,到2010年,美军才能在海外战场形成比较精确的装备物资跟踪能力。美军在2010年逐步撤离伊拉克,部分装备转移到阿富汗继续使用,陆军的"全球作战保障系统"已经能够对战场装备及维修器材进行高度精确化管理。

8.1.2.4 强化战场损伤修理能力

提高战场损伤修理能力,实现维修与作战相结合,是应付现代局部战争的迫切要求。早在20世纪70年代的第四次中东战争之后,世界各国在赞赏以军战场抢修的成效时,就充分肯定了战场损伤修复的意义。而在20世纪80年代,美军则把前方维修保障能力的形成和发展作为其前方部署战略的一个部分。在海湾战争中,美军动用7艘修理船(包括潜艇供应船)作为战区维修保障中心,与其他辅助舰船和作战保障直升机群一起对200多艘舰船实施有效的前沿维修保障。在战中抢救抢修了受到严重损伤的"特里波利"号两栖攻击舰和"普林斯顿"号导弹巡洋舰等舰船。由于赋予战斗舰船编队全面的检修和后勤保障能力,实行维修与作战相结合,使得前方部署的战斗部队能坚持在前方位置上,保持其战斗能力。显然,这对于作战地域有限、时间有限但强度很大的现代技术条件下的局部战争是尤其重要的。现代高技术条件下的联合作战对装备维修提出了更新更高的要求。而就维修保障系统自身来说,尤其应当具备:高效的组织指挥,实现快速反应、灵活机动、维修与作战相结合的重要前提;高效的维修手段,特别是战场抢修和对高新技术装备进行维修的手段;高度的准备状态,实现"保障先行"和完成保障任务的必要条件。

8.1.3 新型战建关系对装备维修保障体系的重塑

第二次世界大战后美军装备维修保障始终围绕打仗来建设,保障力量可谓平战一体,转换流畅,基本没有平时和战时的区别。英军装备维修保障建设方式和美军十分相似,但由于部队规模相对较小、结构更加精简,其与作战体系结合更加紧密。而其他国家的军队,在建立符合新型战建关系装备维修保障体系方面,均需要做出一些调整。

8.1.3.1 保障组织领导体系与联合作战指挥体系紧密衔接

目前,各国军队的主流做法是建立起军种组织领导与作战指挥两条线,各自负责建设与作战指挥任务。二者之间的关系是,在各自职能领域建设与作战部门相对独立运行,但要围绕着形成既定军事能力的目标相互合作。在指挥线上,作战指挥体系负责所属装备维修保障力量平时和战时的指挥控制与集成运用,同时在装备维修保障规划方面发挥重要职责;在建设线上,军种负责部队日常建设并充分考虑作战需求,同时广泛参与部队平时和战时战略战役级保障活动。两条线中,组织建设和指挥控制部门在战略、战役层次有充分的融合沟通交流机制,形成作战装备保障需求与能力建设的密切衔接、互为一体的关系。当然,达到这种比较理想的状态需要一个过程,这方面俄军的情况比较典型。从已经采取的措施来看,俄军的军种主建、军区主战和美国、英国等西方军队有较大的区别。有些可能是改革措施还没完全落实到位,也有些是俄军出于自身需求考虑进行了特别设计。目前,俄罗斯空天军仍保留有远程航空兵和军事运输航空兵部队;两个兵种仍在作战指挥链条上;而军区保留了军区原有的兵役、动员、地区防卫以及陆军管理业务职能。可以说,军兵种和军区之间的关系仍在磨合阶段,组织建设部门和联合作战指挥机构之间如何更好开展合作仍需要逐步探索。

8.1.3.2 保障力量的平战转换及与联合作战力量协调运用

装备维修保障力量平战转换的核心包括维修保障部(分)队平战转换和维修器材储供系统平战转换两方面。要为平战转换制定详细的规章制度,努力加快平战转换,消除战保力量统筹运用障碍,努力实现平战一体。为此,需完成以下三方面的建设。一是保障部队和作战部队的模块化设计与灵活编配。部队模块化设计支持作战力量和维修保障力量快速平战转换和灵活搭配运用。在模块化设计中,核心目标是保证一个基本作战单位具有一定的自行保障能力,外部主要向其提供支援保障;同时,模块化部队能够根据任务需求进行灵活编组调整,为任务量身打造部队。二是预置装备维修保障资源和快速国家动员能力。通过战略战役储备、预置和强大的保障动员能力,为维修保障力量快速平战转换提供了重要支撑。例如,战略物资储备和众多海外军事基地是保障英军维修保障快速展开行动的重要基础。三是一体化装备维修保障信息手段建设,包括全资可视化能力、信息化维修能力、保障信息化管理能力等方面的建设,基于这些能力实现远程支援维修、维修器材供应链管理、作战和保障装备信息集成等,从而有效支撑维修保障力量的平战转换和与作战力量协调运用。

8.2　装备维修保障发展重要趋势

经济全球化、技术国际化,特别是信息技术的广泛应用,使社会生产领域更加注重质量的改进和用户需求的满足,更加注重高价值增值活动的分析和业务流程的再设计,产生了更为精简、更富有生产力的组织模式,生产领域的技术创新和成功实践逐步被引入军队装备维修保障领域,有力推动了装备维修保障发展。归纳起来主要有以下发展趋势。

8.2.1　装备维修保障集成化

集成或综合是信息化社会、信息化经济、信息化战争的要求和发展趋势。传统的装备维修主要是依靠个别或少数维修人员技艺的"作坊式"维修作业方式。而现代军事装备功能多样、结构复杂,往往都是多学科、多专业综合的现代工程技术的产物。各种武器系统、信息系统又构成一个庞大而紧密联系的体系,其维修问题已经不能依靠个别人员的技艺来解决。装备维修保障需要越来越多方面的综合或集成。一是维修与装备研制、生产、供应、使用及全寿命其他环节的集成。特别要强调可靠性、维修性和保障性设计。高新技术装备,维修问题必须在装备论证、研制时考虑,提出维修保障要求,进行维修性设计,研究制订维修方案和开发、准备维修资源,并在生产、使用过程持续地提供这些资源,建立和完善维修保障系统。二是装备维修与改造(改进)的集成(结合)。除传统的修复性维修、预防性维修外,积极发展改进性维修,结合维修改善装备的作战性能、可靠性和维修性,以提高装备的效能。软件改善性维修更不可缺少。三是装备维修与其他保障工作的集成。装备维修与订购、验收、培训、储存、供应、运输、报废处理等其他装备保障工作以及后勤保障工作,应当紧密结合、统一安排,才能形成、保持和提高部队战斗力。在现代战争压缩了的时间、空间里,这个问题将更加突出。四是跨军兵种(行业)、多装备类型维修的集成。协同作战、联合作战是现代战争的特点,装备维修应当与之相适应,实施跨军兵种、多装备类型的维修保障。这首先要求对装备进行系列化、通用化、组合化(模块化)设计;同时,要求突破传统的装备维修管理体系和模式,实行维修运作的"集中管理,分散实施"。五是各种维修类型的集成。装备维修的发展,正在创造着新的维修方式或类型,除修复性维修(CM)、预防性维修(PM)外,还有战场抢修(BDAR)、建立在对装备进行实时或近于实时监测和故障预测基础上的基于状态的维修(CBM)、改进性维修、针对故障根源的预先维修(Proactive Maintenance,PaM)等。应根据实际情况,综合应用这些维修方式或类型,以便实施及时、有效而经济的维修。六是软硬件维修的集成。随着计算机的广泛应用,计算机软件缺陷、故障已经成为影响武器系统质量的重要因素。装备投入使用后,硬件、软件都需要维修。需要研究软件和软件密集系统维修保障的一系列问题,包括维修方案、人员、设备设施、技术资料、供应以及关键技术,以建立其保障系统,形成装备软件和软件密集系统的保障能力。

8.2.2 装备维修保障精干化

军事强国均高度重视装备发展和战争需求,不断调整维修保障体系,确保装备维修保障力量形成一个有机整体,装备维修保障能力日益精干高效。以美军为例,一是国防部人员持续缩减,而维修人员比例不断提高。据历年数据统计分析,从2003财年到2014财年,美国国防部人员从368.1万人降到了288.2万人,维修人员从68.1万人减至62万人,但所占比例却由18.50%上升到21.51%。二是各军种维修人员均有调整,而陆军维修人员比例稳步上升。总体上,陆军的维修人员呈现上升趋势;海军的维修人员总体上处于下降态势,但在2011年与2015年两年里又有回升;空军的维修人员,基本上呈逐年下降之势。三是实现从规模性保障体系向高度敏捷、精准、可靠的保障体系转变。美军装备维修保障体系随着整个军队转型不断优化,特别是对于基地级维修,美国国防部确定为维修系统最高级别,是军队"核心能力"的重要保证。四是合同商保障力量进一步增强。例如,海湾战争期间,共有数百家合同商的9200名人员为美军提供价值达2846亿美元的各种保障;在伊拉克战争中,美军49%的装备保障任务由合同商提供。综合来看,由于武器装备越来越复杂,分工越来越细,维修保障任务越来越繁重,人员需求也越来越多,只靠军队建制内的保障力量难以完成大量繁重的维修保障任务,建立军民结合的装备维修保障体系,实现装备维修保障的精干化,成为外军的一项重要经验。

8.2.3 装备维修保障精确化

精确或准确维修(Precision Maintenance),是实现维修优质、高效、低消耗,提高装备可用度或战备完好性的主要途径。传统维修是一种相对粗放型的维修,既可能有"维修不足"又可能有"维修过度",从而造成故障损失或资源浪费,甚至导致人为故障。装备维修保障精确化要求突破维修越勤、越宽、越深就越好的观念,突破粗放型维修运作,在正确的时间、位置、部位实施正确的维修。从维修工程角度分析,实现精确维修的主要途径包括:按照以可靠性为中心的维修(RCM)分析方法科学地制定维修大纲;采用装备综合诊断提高故障检测和隔离能力与精确性;积极发展和应用故障预测技术与基于状态的维修技术;利用修理级别分析(Repair Level Analysis,RLA)合理确定维修级别(修理场所);开发各种实用的维修工作站;发展远程支援维修技术和系统;建立健全计算机化的维修管理信息系统。而从装备维修保障工作层面来看,装备维修保障精确化的基础是信息技术、网络技术、测试诊断技术、故障(失效)分析与预测和各种维修分析与决策技术的研究和发展,其中又以网络可视化技术最为关键。以网络平台为主实现装备维修保障可视化管理,并使之与作战和情报网络实现无缝链接,可以对不断变化的装备维修保障需求做出快速、准确的响应,从而大大提高装备维修保障的精确性和效益。

8.2.4 装备维修保障实战化

军事强国的普遍做法是,在平时针对可能遭遇的作战需求,规划不同作战场景下的装备维修保障力量运用方案,一旦作战需求出现,则根据平时方案组织应对,可以说装备维修保障力量基本上是平时怎么样战时就怎么样。当然,这只是经过一系列建设之后的外在反映。一是从顶层军事学说着手,指导平战一体建设。强调军队保持常备状态的同时,还要求保障部门保持动员准备状态,极力探索部队平战转换的理论极限时间,以满足战时需要,确保国家安全。二是全力推进平战一体的联合作战指挥体制建设。例如,俄军正在建设完善国防指挥中心,依托该中心先进的信息化终端,俄军可充分发挥"在线式""网络化"作战指挥,实现"一对一""点对面"指令传输和信息交互模式,助推俄军由机械化向信息化和网络中心化作战的加速转变。三是合理编配作战力量与保障力量。例如,英国陆军以师为基本作战单位,师配有作战旅和保障旅,作战旅没有自己建制保障部队,保障旅下属维修、供应、运输等各类保障营。战时保障旅下属保障营通常伴随一个作战旅提供支援保障。四是充分进行战略储备和战略预置。例如,美国、英国两国军队利用其拥有的全球化军事基地优势,在平时即在这些基地内储备作战所需的装备物资,在计划行动期间,还可以根据作战行动预案,快速补充前沿基地内的维修器材,为军事力量投送和保障提供快速支撑。

8.3 装备维修保障建设关键点

提高装备维修保障水平是战争发展的必然,也是维修出战斗力、维修出效益的可靠保证。适应新军事革命发展,平衡需要与可能、继承与发展、借鉴与创新的基本要求,不断推动装备维修保障向更高的阶段发展,是世界各国军队的共同选择。

8.3.1 完善装备维修保障理论体系

理论是行动的指南,只有理论先行,发挥好理论的指导和牵引作用,装备维修保障才能有更大的发展。完善装备维修保障理论体系,既是装备作战使用需求变化牵引作用的结果,也是保障系统发展和自身建设的客观要求。科学、合理的理论体系,可以进一步明确维修保障理论知识的构成及相互之间的关系,使人们对维修保障总体有一个综合的、系统的认识,有目的、有组织地开展维修保障理论研究;同时,也可为维修保障人员的业务培训提供一个共同的基础。因此,进一步完善装备维修保障理论体系,具有重要的学术价值和实际应用价值。

装备维修保障理论是建立在实践基础上的对维修系统过程与活动的科学总结,具有丰富的内涵和外延,因而装备维修保障理论体系应用一种复杂的系统结构来描述。从装备寿命周期过程来看,维修保障涉及论证设计、研制生产、试验鉴定、作战使用等;从管理层次来看,维修保障涉及宏观、中观、微观等各层次;从系统要素来看,维修保障是技术过程与管理过程的辩证统一,是一种复杂的军事经济大系统,涉及诸多要素,需要对这些要素进行统筹考虑和系统综合,而这也正是目前维修保障比较薄弱的环节。装备维修保障的基础理论、技术理论、管理理论和设计理论,从不同的侧面、不同的层次反映了科学维修的内在需求、相互作用、相互影响,构成了装备维修保障的基本理论体系结构。

(1)基础理论。基础理论是关于装备维修保障理论知识来源以及从总体上阐述维修保障的基本概念、基本规律、指导思想、方针政策、发展史等。装备维修保障理论作为一门综合性学科,其知识来源很多,涉及许多基础科学、技术科学的知识,以及某些数学、社会科学的知识,其中与其关系密切的有可靠性理论、维修性理论、保障性理论、装备理论、现代管理理论等,具体的研究内容包含:维修保障的概念、属性分类、特点、地位与作用,维修保障的学科体系和研究方法,维修保障的发展与变革,维修思想等。

(2)技术理论。技术理论是指导装备维修保障作业和修理实践技术活动的理论,其核心内容是装备故障特性研究,通过系统地研究装备的故障规律,针对故障的时间特性和故障模式,研究相应的维修规律和技术对策。具体的研究内容包含可靠性、故障规律与维修对策、故障的定性与定量分析、寿命研究、故障机理、故障检测、故障诊断与测试、事故调查与分析,以及维修工艺技术等。

(3)管理理论。管理理论是研究装备维修保障管理的本质和规律的理论,对维修保障体系实施全寿命全系统管理是该理论的核心。该理论是以维修保障体系为研究对象,通过对维修保障体系资源的有效整合,实现以最经济的资源消耗获得最大的保障收益。具体研究内容包含维修保障规划、维修保障计划、维修保障决策、维修保障组织、维修保障控制、维修保障管理技术与方法、维修保障法规、维修保障信息管理、维修保障质量管理、维修保障资源管理、维修保障心理与行为、维修保障效能分析、维修保障经济性分析等。

(4)设计理论。设计理论是关于装备维修品质及其保障性设计、采购和供应的理论,根据装备全系统全寿命管理思想,及时研究和提出装备使用和维修保障需求,从而通过优良的设计和有效的质量监控机制赋予装备优良的维修品质,为维修保障奠定良好的物质基础。具体研究内容包含可靠性设计、维修性设计、保障性设计、安全性设计、测试性设计、装备采办等。

8.3.2 开发装备维修保障技术与方法

充分利用现代科学技术成果,进一步加大装备维修保障新技术手段和方法的开发与应用力度,才能更好地满足信息化条件下装备的作战使用和保障需求。

装备维修保障技术是为保持和恢复装备完好状态所采取的技术措施,是自然科学技术和军事科学技术相结合而发展起来的交叉技术群。从不同的角度出发,装备维修保障技术可有不同的分类方法。一是按照装备维修保障工作的基本范围,分为预防性维修技术、修复性维修技术、改进性维修技术、应急维修技术等。而应急维修技术又包括自修复技术、快速黏接堵漏技术、快速贴体封存技术、划伤快速修复技术、纳米固体润滑技术、电刷镀修复技术、高速电弧喷涂技术、电子装备快速清洗技术等。二是按照装备维修保障技术的适用性质,分为通用性维修技术和专用性维修技术两类。通用维修技术应用范围很广,既可军民通用,也可在各类军事装备上应用;专用维修技术是专门应用于某种军事装备的维修技术。三是按照装备维修保障技术的发展规律,分为状态监控技术、装备检测技术、故障诊断技术、故障统计分析技术、先进的修理技术、装备维修保障评估技术和其他重要的新兴维修技术7个门类。

装备维修保障方法是在运用先进维修保障技术的基础上,结合军队自身实际,综合法规政策、管理体制、装备编配、人员能力、作战任务等多方因素所确定的技术方法。以美军为例,其针对不同的武器装备和装备维修保障的不同阶段、不同领域、不同层级创新了一系列先进、有效的装备维修保障方法,具体包括美国海军联合自动化支援系统(Consolidated Automated Support System, CASS)计划、北美海军水面舰艇维修效果评审、F-22飞机的维修设计、陆战M1坦克的维修、F-35飞机自主式保障、典型远程维修方案、可穿戴计算机系统维修工具等。其中,自主式保障是美军在开发第四代战斗机F-35时提出的一种创新性维修保障模式,它是基于状态维修的具体实现形式,通过一个实时更新的信息系统,将任务规划、维修训练和维修保障作业等各种要素集成起来,对武器系统的状态进行实时监控,根据监控结果自主确定合适的维修方案,在装备使用期间预先启动维修任务规划和维修资源调配,在最佳时机进行维修,确保武器平台保持良好的状态。

8.3.3 深化装备维修保障科学管理

按照全系统全寿命管理的基本要求,以推进装备维修保障管理现代化、规范化为目标,以管理创新为手段,完善管理体制、优化管理机制、健全法规体系、强化信息支撑,从而形成装备维修保障科学管理的模式并迭代发展。

(1)完善装备维修保障管理体制。世界各国军队采取的装备维修保障管理体制虽然不尽相同,但都是从现代战争的特点规律出发,积极改革探索,按照统分结合、提高效能的目标,科学划分职能,合理设置专业,改进组织结构,优化任务流程,减少装备维修保障的非必要环节和不合理消耗,持续提高维修保障体系核心能力。

(2)探索有效的装备维修保障全系统全寿命管理机制。依据装备全系统全寿命管理的基本要求,积极推行综合保障工程,注重从"摇篮"到"坟墓"的系统管理,积极参与,严格把关,认真把好装备系统建设和质量关,构建完善的全系统全寿命信息交流和沟通机制,持续改进装备的可靠性、维修性和保障性,不断改善装备的系统配套建设工作,从根本上扭转维修与生产、使用脱节的问题。

(3)加强装备维修保障法规标准建设。以法规、条令、规范性文件等为依据,开展装备维修保障法规和标准建设,制定平时和战时维修保障工作制度、管理细则、操作规程、作业标准、工作程序和消耗限额等法规和标准,使装备维修保障有章可循、有法可依,从根本上规范平时和战时装备维修保障行为,确保依法维修、依法管理。

(4)加强装备维修保障信息化建设。综合运用网络、通信、大数据、云计算、人工智能等先进技术,全面加强装备维修保障信息基础设施建设,完善信息管理制度,构建综合集成的管理信息系统,加强信息资源的挖掘利用,建立完整的"全资产可视系统",实现装备、维修保障人员、维修保障设施、维修保障装备、技术资料等的网络化管理和共享、共用,对未来军事行动所需的维修保障力量、资源、能力进行精确计算、精准投放。

8.3.4 创新装备维修保障模式

装备维修保障模式在很大程度上决定维修保障的质量和效益。未来战争,装备面临着繁重的作战任务、多变的作战使用需求、恶劣的维修保障环境,需要统筹需求与可能,不断创新装备维修保障模式。

(1)集约化装备维修保障模式。改变传统的"小而全""条块分割"的资源消耗型、捆绑式保障模式,按照合成、精干、高效、敏捷的基本原则,构建柔性集约化维修保障模式,探索装备维修模块按需聚合、专业技术人员定制委派的灵活保障模式,缩短维修装备在场时间,减轻维修机构负荷,提高装备维修保障效能。

(2)网络化装备维修保障模式。基于网络技术及相关技术的广泛应用,将信息基础设施纳入维修保障资源要素,构建数据信息集成环境,以远程维修保障网络和综合维修保障数据库为基础和手段,准确掌握维修保障资源状况,实时获取维修保障需求,及时有效调配维修保障力量,开展网上维修保障作业(如制订维修计划、部署维修力量、组织战时抢修等),实现维修保障资源共享、共用。

(3)虚拟化装备维修保障模式。综合应用计算机技术、通信技术、传感器技术、软件工程、人工智能技术、心理学等技术,综合集成不同地点的维修保障资源,构建一个综合模拟作战使用和维修的虚拟环境,通过这种逼真的虚拟环境,在不动用现役装备、不损失装备有效使用寿命的前提下,以较小的代价开展维修保障业务培训、战时维修保障模拟等,不断增强维修保障人员的业务和组织能力。

(4)合同商装备维修保障模式。对于新服役的、技术复杂的武器系统,军方往往无法及时建立成建制的维修保障力量,或者其保障需求会超出建制保障力量的能力范围。充分利用合同商的专业技术队伍和保障基础设施,减少军方维持的训练设施和人员,显然会提高其装备维修保障的时效性和经济性。因而,在保持军方核心能力的前提下,由合同商提供装备维修保障,特别是战时装备维修保障的模式十分重要。

8.3.5 提高战时装备维修保障能力

装备战场抢修是提高装备使用次数的有效途径和维持装备持续作战能力的重要手段,建设与装备作战使用需求相适应的维修保障能力,是装备维修保障建设的重中之重。

装备保障部门必须密切跟踪瞬息万变的战场态势,及时将装备维修保障信息传达给作战指挥部门,支撑作战指挥部门周密筹划各阶段装备维修保障力量对作战部队的支援,确保装备维修保障活动能够有效支撑作战行动。作战指挥部门也必须建立与装备保障部门之间的信息传递渠道,把作战指令实时传达给装备维修保障体系,确保充分理解指挥意图,快速调配资源、精准布局力量,形成强有力的作战装备维修保障能力。

优化装备维修保障力量编配,加强维修器材预储预备,建强军队建制保障力量,开展实战化装备维修保障训练,确保战时能够快速依托建制力量完成装备的技术检测、维护保养和器材补充等任务。以战时装备应急抢修能力为目标,成立以装备战场损伤评估与战伤抢修为基本职责的靠前应急机动支援分队,并研制配备相应保障装备和设备(工具),平时有组织地开展战场抢修能力建设和技术开发,战时随时实施靠前支援和伴随保障。

贯彻落实简化层级、前换后修的理念,从多技能维修人员、维修基础理论、维修组织结构、维修用零部件储供等方面入手,解决装备维修保障能力提升的瓶颈。联合作战环境下的战略级装备维修保障力量聚焦于战略统一供应和装备大修;战役级装备维修保障力量聚焦于战场保障资源组织协调;战术级装备维修保障力量聚焦于向作战部队提供伴随保障能力。一个重要的做法是建立区域维修保障基地,有效整合多方维修保障技术力量,配备必要的人员、设施、设备、备件器材,发挥基地的中心辐射和支援保障作用。

坚持平战结合、防打结合,切实改善装备维修保障硬件与软件"藏"的条件,必要时将基本装备维修保障力量转入地下或半地下;同时加强各类维修保障装备的隐身能力,采用先进的隐身技术,提高保障装备的抗侦察能力。加强战场装备维修保障防护手段建设,因地制宜,设置假目标,用电波、热能设备作诱饵等多种手段,对敌实施"静"中欺骗,扩大敌袭击破坏的目标范围,分散对重要目标的破坏程度。通过与区域防卫力量的有机协同及配合,以积极的防卫作战行动来提高装备维修保障体系的生存能力。

参考文献

[1] Soviet Army Equipment Maintenance[DB/OL]. (2016 – 08 – 22)[2020 – 09 – 08]. https://www.globalsecurity.org/military/world/russia/army – equipment – overview – su.htm.

[2] Factbox: Japan's military: well – armed but untested in battle[DB/OL]. (2012 – 07 – 31)[2020 – 09 – 15]. https://www.reuters.com/article/us – japan – defence – factbox/factbox – japans – military – well – armed – but – untested – in – battle – idUSBRE86U03Q20120731.

[3] 王楠,钟煜. 航空装备基地级维修军民融合发展的思考[DB/OL]. (2020 – 05 – 07)[2020 – 10 – 08]. http://www.i – zb.com/18757.html.

[4] 常好丽. 国外武器装备综合保障发展概述[DB/OL]. (2018 – 12 – 02)[2020 – 07 – 23]. http://www.163.com/dy/article/E21NFB3U0511DV4H.html.

[5] 赵天彪,徐航,陈春良. 精确保障的理论研究与发展[J]. 装甲兵工程学院学报,2004,18(1):6 – 9.

[6] FM 54 – 40 Chptr 6 Maintenance Support[DB/OL]. (2020 – 10 – 27)[2020 – 11 – 24]. https://www.globalsecurity.org/military/library/policy/army/fm/54 – 40/ch62.htm.

[7] 佚名. 俄罗斯武器装备的维修保障体系综述[DB/OL]. (2004 – 10 – 06)[2020 – 07 – 23]. http://www.defence.org.cn/article – 13 – 28937.html.

[8] 北京军鹰装备技术研究院. 国防承包商在英军装备大修中的地位和作用[DB/OL]. https://wemp.app/posts/83995c37 – 8b8e – 4ef5 – bcd0 – bc827a6cc8db.

[9] 译普赛斯技术咨询团队. 印度军队装备保障建设与改革分析[DB/OL]. (2019 – 12 – 10)[2020 – 07 – 23]. http://www.360doc.com/content/19/1210/16/33989007_878766702.shtml.

[10] 杜人淮. 日本国防工业发展的寓军于民策略[DB/OL]. (2020 – 09 – 28)[2020 – 11 – 20]. http://www.bjlhcq.com/index.php/Home/News/detail/news_id/3515.

[11] 汉无为. 美军装备维修保障趋势研究及启示[DB/OL]. (2018 – 10 – 01)[2020 – 07 – 19]. http://www.360doc.com/content/18/1001/16/99071_791194109.shtml.

[12] 许佳,张慧. 俄军武器装备维修保障体系发展研究[C]. 2019 舰空装备服务保障与维修技术论坛暨中国航空工业技术装备工程协会年会论文集,2019:153 – 156.

[13] 任淑霞,宋可为. 俄空军装备维修保障管理体制研究[DB/OL]. 航空维修与工程,(2019 – 07 – 06)[2020 – 07 – 22]. https://www.sohu.com/a/325263175_614838.

[14] 王威. 俄军装备维修保障训练体系[DB/OL]. 军民融合资讯,2019 – 04 – 02[2020 – 09 – 07]. http://www.zgcjm.org/NewsInfo? id = 1270.

[15] 天宇. 俄各军区组建修理后送团[N]. 中国国防报,2019-08-02(4).
[16] THORNTON R. Military Modernization and the Russian Ground Forces[R]. Strategic Studies Institute, June, 2011:19.
[17] Association of The United States Army. Operations Desert Shield And Desert Storm: The Logistics Perspective[R]. 1991.
[18] GAO. Desert Shield/Storm Logistics Observation by US Military Personnel[R]. GAO,1991.
[19] 陈龙. 美陆军伊拉克战场维修保障的经验教训[J]. 装备维修保障动态,2008(22/23).
[20] RENAUD S. A View from Chechnya: An Assessment of Russian Counterinsurgency During the two Chechen Wars and Future Implications[D]. Palmerston North, New Zealand:Massey University,2010.
[21] 黄琼. 从车臣战争看俄军后勤保障体制的建设与发展[J]. 外国陆军,2014(4).
[22] Grau L M,Thomas T L. "Soft Log" and Concrete Canyons: Russian Urban Combat Logistics in Grozny[J]. Marine Corps Gazette,1999(10).
[23] 赵武,等. "五日战争"俄军后勤保障[J]. 外国军事后勤,2017(2).
[24] BADSEY S. The Logistics of the British Recovery of the Falkland Islands 1982[C]//Proceedings of the International Forum on War History 2013:Defense of the Wider Realm:the Diplomacy and Strategy of the Protection of Islands in War. Tokyo:National Institute for Defense Studies,2014:107-114.
[25] RAND. European Contributions to Operation Allied Force:Implications for Transatlantic Cooperation[R]. RAND,2001.